JISHU DAFAMING
技术大发明
——100则故事启示录

董仁威 ◎ 编著

四川教育出版社

图书在版编目（CIP）数据

技术大发明：100 则故事启示录 / 董仁威编著.
—成都：四川教育出版社，2015.11（2019.9 重印）
ISBN 978-7-5408-6434-7

Ⅰ. ①技… Ⅱ. ①董… Ⅲ. ①科学故事—作品集
—世界 Ⅳ. ①I14

中国版本图书馆 CIP 数据核字（2015）第 269772 号

技术大发明
——100 则故事启示录

董仁威 编著

策划编辑 雷 华 何 杨
责任编辑 林中英
装帧设计 金 阳
责任校对 王立戎
责任印制 杨 军 陈 庆
出 版 四川教育出版社
　　　　地 址 成都市槐树街 2 号
　　　　邮政编码 610031
　　　　网 址 www.chuanjiaoshe.com
发 行 新华书店
印 刷 北京天宇万达印刷有限公司
制 作 四川胜翔数码印务设计有限公司
版 次 2015 年 11 月第 1 版
印 次 2019 年 9 月第 2 次印刷
成品规格 170mm×240mm
印 张 18.75 插页 1
书 号 ISBN 978-7-5408-6434-7
定 价 52.00 元

前　言

　　我是一个老科普工作者，自小以当"赛先生"的战士为荣，为宣传科学，捍卫科学的尊严，奋斗了 30 多年。有一天，我忽然发现，如今的科学已不如过去"吃香"了。极端的反科学主义者将科学作为"贬义词"，认为现代社会的种种"疾病"正是科学主义、技术主义和工业主义等流行和统治的结果。

　　我懵了，晕头转向了。科学怎么啦？技术怎么啦？

　　我开始了思索。在我为"赛先生"奋斗的 30 多年中，创作出版了80 多部科普著作，主要是普及我的专业生命科学的，还有形形色色的科学家传记与科学家报告文学作品。同时，我主编并主创了 20 多套大型科普丛书，这些丛书包含了数理化天地生等多学科的知识及各门类的科学和科学家的故事。

　　我把这些著作与丛书拿来重新翻阅，想悟出一点有关科学和技术的道道来。我是生物系细胞学专业毕业的研究生，本来只熟悉生命科学和生物技术，但是，我在主编各类丛书的过程中，却同数理化天地生及人文科学的学者打交道，从同他们合作编著百科全书式的著作过程中，耳濡目染，学到了广博的科学知识，知道了不少科学发现的故事。同时，我又是一个教授级的高级工程师，在自身从事的生物工程行列是技术专家，同各行各业的技术专家多有交道，出版了不少技术普及读物，熟知许多技术发明的故事。

　　我再一次通览了我主编并参与创作的这些百科全书式的科普著作及技术普及读物，钻研了科学主义与反科学主义的理论，从科学大发现和技术大发明的故事中悟出了一些道理，初步解了我这个"赛先生"战士的"迷惑"。

我悟到：科学是把双面刃，有利也有弊。科学主义与非科学主义有对也有错。

科学主义认为自然科学是真正的科学知识，唯有自然科学的方法才能富有成效地用来获取知识，它能够推广用于一切研究领域并解决人类面临的各种问题。

科学主义主张科学万能论，坚信理性或科学能解决人类的一切难题，而且认为科学的发展是无限度的。然而，他们根本没有意识到理性是有限的，科学也有负面的效应，倘使科学的发展丧失了人的目的和价值，迷失了方向，甚至可能成为毁灭人类自身的异己力量。

科学主义把自然科学的一般有限原则加以不适当地推广和转换，将自然科学的观念、方法不加限制地外推搬并用以规范人文科学和社会科学，这是违背科学精神的，凡是严肃的科学家都不会赞同。科学至上、科学方法万能的主张，绝不是科学共同体所共有的信念。

反科学主义则有许多流派。激进的反科学主义认为科学和技术的发展必然给人类带来灾难，从而主张科学与技术必须停止乃至后退，甚至退回农业时代去。建设性的反科学主义并非反科学，而是针对科学主义缺陷的批判，反对将科学绝对化，反对滥用科技破坏环境等。

如何对待科学主义和反科学主义？

自 1992 年起，我国共开展了八次公民科学素质调查。第八次中国公民科学素养调查结果显示：2010 年我国具备基本科学素养的公众比例为 3.27％，仅相当于日本（1991 年 3％）、加拿大（1989 年 4％）和欧盟（1992 年 5％）等主要发达国家和地区 20 世纪 80 年代末 90 年代初的水平，远远落后于美国。2000 年美国公众基本科学素养水平的比例就已达到 17％。因此，在当今中国实现现代化的过程中，我们的"科学主义"不是多了，而是还很缺乏。中国现代化的实现，关键在于科学技术的现代化。所以，高扬科学的精神，倡导科学的方法，申明科学的价值，仍然是我们面临的一项紧迫的任务。

同时，也要理性对待反科学主义。他们指出科学的弊端、科学和技术的发展带来的负面影响。避免核武器、化学武器、生物武器、智能机器人以及因环境恶化而毁灭人类的危险，也是人类刻不容缓要着力解决的问题。

因此，有了这两部通过 100 则科学大发现和 100 则技术大发明的故事，反思科学与技术的"科学启示录"和"技术启示录"。

我要特别感谢为这两部书提供各学科资料的时光幻象成都科普创作中心的顾问和签约作家：刘兴诗、王晓达、松鹰、陈俊明、徐渝江、杨再华、李建云、尹代群、韦富章、董仁扬、姜永育、董晶、黄寰、罗子欣等，没有他们的帮助，这两部书是无法写成的。

董仁威　2014－8－20

目　录

第一章
古代技术发明

启示录 技术与人类

技术是指在劳动生产方面体现出来的经验和知识，也泛指其他操作方面的技巧。它是关于劳动工具的规则体系，包括制作方式与使用方法，其目的在于提高劳动工具的效率性、目的性与持久性。因此可理解为，技术是由科学知识延伸与扩展出来的原理，包括劳动工具、装置和工艺，广义的概念还包括具备特殊技艺的人和操作方法及管理模式。

从人类诞生那一天起，技术就诞生了。最早的技术是单纯地利用现有的天然资源做成简单的工具，如石头、树木或其他草木、骨头和其他动物副产品，经由如刻、凿、刮、绕及烤等简单的方式，将原料转变为有用的制品。此一时期为石器时代。

人类学家发现了许多早期人类由天然资源所制造出的住所和工具。虽然现在已有人类诞生于700万年前的证据，但迄今所知最早的石器发现于东非肯尼亚的科比福拉，以及埃塞俄比亚的奥莫和哈达尔地区，年代距今约200万年～250万年。

人类诞生后的一个重要的发明是使用火的技术。

约50万年～100万年前，人类开始使用火而后掌握它，这是人类历史上技术演进的重要转折点。火在后来扩展到用于天然资料的加工上，出现了制造武器和陶器以及冶炼自然金属等技术。此一时期为新石器时代。科学家们找到的约25万年前的最古老的抛射武器——用火烧固的木制长矛就是这一时期的。

约8 000年前，人类发明了冶铜技术。约4 000年前，青铜和黄铜等合金的发明，使人类进入了青铜时代。

以后，人类发明了冶铁技术，进入铁器时代。

人类在大约 10 000 年前，发明了作物栽培技术、灌溉技术、动物驯化技术。人类进入农业时代。

所以，有了人类，就有了技术，技术是人类生存与发展不可或缺的工具。

1. 作物栽培技术

导言

在距今约 10 000 年前，生活在尼罗河地区的古埃及人率先学会了农耕，中国的长江流域和黄河流域亦在不久后出现了原始农业。人类的四大粮食作物：水稻、小麦、玉米、大豆，其人工栽培技术，人类在万年以前就发明了。

水稻究竟起源于何地，学术界对此已有近百年的争论。20 世纪 30 年代，苏联著名遗传学家瓦维洛夫，在肯定了中国是世界上最早、最大的作物起源中心之一的同时，却认为水稻起源于印度，中国的水稻是从印度传入的。

20 世纪 70 年代，浙江余姚河姆渡新石器遗址出土了大量距今约 7 000 年的稻谷、米粒、稻根、稻秆堆积物。这些丰富的遗存，证明早在 7 000 年前，我国长江下游的原始居民已经完全掌握了水稻的种植技术，并把稻米作为主要食粮。这表明中华民族的祖先早已学会了栽培水稻，对此前有关水稻起源于印度、印度阿萨姆邦至中国云南的说法是一个很大的冲击。于是，国内外学者不得不改变看法，把目光纷纷投向中国的余姚河姆渡。

更重要的发现是被列为 1989 年中国考古重大发现之一的湖南澧县彭头山早期新石器文化遗址，这里发掘出土了经文物部门测定为距今约 9 100 年的稻谷遗存，又将中国的稻作历史推前了两千多年，比印度当时出土的稻谷遗存早数百年乃至上千年。

1995 年至 2004 年，考古工作者通过对湖南道县玉蟾岩遗址连续发掘后，发现上下叠压的距今约 12 000 年的几粒野生稻谷和距今约 10 000 年的人工栽培稻谷。接着又在江西万年仙人洞和吊桶环遗址的土样标本中检测到人工栽培稻谷的孢粉，从而找到迄今为止世界上最早的人工栽培稻谷和它从野生稻驯化而来的科学依据。

人类稻作起源的谜底揭开了。事实证明，人工栽培水稻是中国人万年前的一大发明，是中国人对人类文明的一大贡献！

水稻在我国推广种植后，很快传到了东亚近邻国家。大约在 3 000 多年前的殷周之交，我国水稻北传朝鲜、日本，南传越南。汉代，中国粳稻传到菲律宾。公元 5 世纪，水稻经伊朗传到西亚，然后经非洲传到欧洲。新大陆被发现后，再由非洲传到美洲以至全世界。

目前，中国稻作面积约占世界稻作总面积的 1/4，占全国粮食播种面积的 1/3，而产量则约为世界上稻谷总产量的 37％，近全国粮食总产量的 45％。水稻养活着全世界数十亿人口。

大豆栽培技术是中国在 5 000 多年前发明的，大豆由中国人将野生大豆通过长期定向选择、改良驯化而成。大豆于 1804 年引入美国。20 世纪中叶，在美国南部及中西部成为重要作物。世界各国栽培的大豆都是直接或间接由中国传播出去的。

大豆古称"菽"，起源于中国，从中国大量的古代文献可以证明。汉司马迁（公元前 145—前 93 年）编写的《史记》中，头一篇《五帝本纪》中写道："炎帝欲侵陵诸侯，诸侯咸归轩辕。轩辕乃修德振兵，治五气，蓺五种，抚万民，度四方。"郑玄曰："五种，黍稷菽麦稻也。"司马迁在《史记》卷二十七中写道："铺至下铺，为菽。"由此可见轩辕黄帝时已种菽。朱绍侯主编的《中国古代史》中谈到商代（公元前 17 世纪—前 11 世纪）经济和文化的发展时指出："主要的农作物，如黍、稷、粟、麦（大麦）、来（小麦）、秕、稻、菽（大豆）等都见于《卜辞》。"卜慕华指出："以中国而言，公元前 1000 年以前殷商时代才有甲骨文，当然记载得非常有限。在农作物方面，辨别出有黍、稷、豆、麦、稻、桑等，是当时人们主要依以为生的作物。"清严可均校辑《全上古三代秦汉三国六朝文》卷一中指出："大豆生于槐。出于泪石之峪中。九十日华。六十日熟。凡一百五十日成，忌于卯。"

中国自古栽培大豆，至今已有 5 000 多年的种植史。全国普遍种植，在东北、华北、陕、川及长江下游地区均有出产，以长江流域及西南栽培较多，以东北大豆质量最优。由于它的营养价值很高，被称为"豆中之王""田中之肉""绿色的牛乳"等，是数百种天然食物中最受营养学家推崇的食材。

关于小麦的起源至今没有一个确切的说法，只留下"人类最古老的粮食""神下凡的时候留给人间的粮食"这样的说法，这似乎让我们相信小麦是和人类一起诞生的粮食。

一般认为，小麦起源于西亚从地中海延伸到伊朗的一个称为肥沃月湾的广阔地区。在那些地区进行的发掘工作表明，早在 13 000 年前，当地的采集狩猎人就开始收集和种植野生的小麦、大麦和扁豆等谷类和豆类植物的种子。这种耕种文化出现数千年后，这些野生植物基因突变成新的人工种植物种，这样一来更便于管理和收获，也使得农耕更多产和有效。

人工栽培玉米则是美洲印第安人的发明。野生玉米原产于拉丁美洲的墨西哥和秘鲁的安第斯山麓一带，原本是体型很小的草，喜高温，经美洲原住民培育多代后才出现较大型的玉米，在南北美洲都有栽培。

1492 年，哥伦布在古巴发现玉米。1494 年，他把玉米从美洲带回西班牙后，逐渐传至世界各地，成为人类最重要的粮食作物之一。

玉米于 16 世纪传入中国，最早记载见于明朝嘉靖三十四年的《巩县志》，称其为"玉麦"，其后嘉靖三十九年《平凉府志》称作"番麦"和"西天麦"。到了明朝末年，玉米的种植已达十余省，如吉林、浙江、福建、云南、广东、广西、贵州、四川、陕西、甘肃、山东、河南、河北、安徽等地。

目前，全球有两大著名玉米黄金带，分别位于美国和中国。中国是全球第二大玉米生产国，同时也是全球第二大消费国。曾经局限于以食物和饲料为主要消费方式的玉米如今有了巨大变化，除了稳步增长的饲料消费外，这些年玉米深加工业也在飞速发展。

2. 家猪驯化技术

导言

人类开始培育动植物新品种，是人类从野蛮走向文明的重要标志之一。

在一万多年间，处于不同地区和不同时代的人，培育了我们至今还赖以生存的粮食作物、家畜、家禽、蔬菜、水果等动植物品种。

家猪缘自野猪的驯化。家猪起源于何时、何地？系单一起源，抑或多个起源呢？诸如此类的问题，皆为学术界长期关注。多年来，国内外学者从不同角度，孜孜以求地探索家猪的起源与驯化，已取得颇为丰硕的成果。

当前，探索家畜起源主要借助于动物考古学的研究成果。一般说来，判断考古遗址出土的动物骨骼是否为家畜，主要依据以下三个原则：一是基于骨骼形态学的判断，即通过观察和测量，比较骨骼、牙齿的尺寸、形状等特征信息，以区分家养动物和野生动物。二是考古遗址中某些动物经过了古代人类有意识的处理，可认为属于家养动物。三是把动物的年龄结构及骨骼形态上的反常现象与考古学分析有机地结合在一起进行判断。

据报道，世界上最早的家猪发现于土耳其安那托利亚东南部的 Cayonu 遗址，其年代距今约 9 000 年。

我国迄今发现最早的家猪，一般认为是出土于距今约 8 000 年的河北省武安县磁山遗址。这一认识的根据如下：该遗址窖穴中发现有完整猪骨，在其上面堆积着小米；绝大多数猪的年龄介于 1～2 岁间；猪上下臼齿的测量数据，与新石器后期遗址出土的猪的数据相近；稳定碳同位素的分析表明，猪以碳-4 类植物为主要食物，表明与饲养相关。

借助分子生物学方法，是研究家猪起源的另一重要途径。分子生物学理论指出，在长期的进化道路上，生物的 DNA 分子既保持着基本稳定的遗传，又容忍偶然变异的产生。显然，DNA 分子的遗传稳定性，保证了亲代与子代之间的遗传连续性；而 DNA 的变异，又使得子代与亲代出现差异，导致了物种的进化。

研究表明，突变导致的 DNA 中核苷酸序列的改变，与时间的累积成正比，即时间越长，DNA 中核苷酸序列的改变越大。这种变化的速率是恒定的，两种生物分离的时间越长，其分子的差异则越大，这就是所谓的"分子钟"。这样，若探明现存物种 DNA 的核苷酸序列，便可望估计它们共同祖先的分离时间，即其物种的起源。由于动物体内的线粒体 DNA 具有母系遗传、变异速率快、拷贝数目多的特点，故常将其作为研究物种系统进化的首选。利用分子生物学方法，科学家们发现亚洲猪和欧洲猪存在着很大的遗传差异，表明两者应有独立的起源，也表明家猪分别缘自欧洲和亚洲野猪的驯化。

此外，各学者还利用"分子钟"理论估算了家猪的起源时间，估算出欧洲家猪和中国家猪可能在 280 000 年前来自同一祖先。亚洲野猪的变异发生在 7 000～15 600 年以前，即亚洲家猪的驯化发生在 7 000～15 600 年前。

20 世纪后期，家猪的发展培育达到成熟，除了宗教因素，猪肉已是人类主要的肉食品之一。家猪分为 3 种类型：大骨架脂肪型、咸肉型及鲜肉型，豢养区域多为生产谷物或玉米的农产产地。

根据世界粮食组织的统计，截至 2010 年底，全世界家猪约有 9.65 亿头。其中，中国家猪约有 4.76 亿头，占总数的 49%，居世界第一，第二名则为美国，为 6 490 万头，屠宰头数则以中国最多。

3. 多种畜禽驯化技术

导言

家牛的起源与驯化是一个令考古学家和古生物学家非常困惑的问题。多数学者认为，约 10 500 年前，人类在中亚地区开始驯化牛，以后扩展到欧洲、中国和亚洲。8 000 年前在南亚地区出现人类对瘤牛的驯化，驯养出水牛的祖先。

2010 年，云南师范大学张虎才教授与北京大学、黑龙江省博物馆、西北农林科技大学、英国约克大学、爱尔兰都柏林三一学院、丹麦哥本哈根国家历史博物馆的科学家合作，通过对团队首次发现于东北哈尔滨附近具有人类驯化痕迹的牛类化石进行研究，在完成了年代学、形态学、DNA 测序等多项指标的综合分析后，确认该化石具有人类驯化痕迹，证明我国东北地区可能是至今未知的动物驯化起源地之一。同时，对该化石的系统测年结果显示，其校正年代为距今 10 660 年左右，早于目前世界公认的 10 500 年，因此我国东北地区很可能是世界上最早的动物驯化地。

此外，通过与英国约克大学生物系的科学家合作，张虎才及其团队完成了东北牛类化石 DNA 的完整测序。作为牛类驯化的第一个完整标本，DNA 结果显示其为原始牛和现代家牛的过渡种，与化石形态特征和驯化痕迹一致。综合以上证据和严格的数据分析，确认中国东北地区至少是人类驯化动物的重要起源地和家牛驯化的扩散中心之一。

家鸡是由丛林鸡驯养来的。鸡的驯养时间大约在 8 000 年前，地点可能是泰国或印度。达尔文曾经在 1868 年发表的《动物和植物在驯养下的变异》一书中，提出家鸡起源于印度的红色丛林鸡，主要证据是家鸡在形态上和红色丛林鸡最相似，而家鸡与红色丛林鸡杂交可产生有繁殖能力的后代。

近年来，通过分子亲缘关系的研究，我们可以更精确地了解家鸡的起源和演化。第一个分子亲缘关系的证据来自日本明仁天皇的王子——

文仁亲王。文仁亲王和著名的日裔美国演化遗传学家大野干等人利用线粒体 DNA 研究家鸡和各种丛林鸡的亲缘关系，他们认为所有的家鸡都是单系群，也就是所有的家鸡只有一个共同的祖先。他们指出，来自东南亚的红色丛林鸡是所有家鸡的始祖，而驯养家鸡是发生在泰国邻近地区的单一事件。

4. 人工选择育种技术

导言

人类发明了将野生植物变为人工栽培作物的技术和将野生动物驯化为家养动物的技术后，进一步发明了人工选择育种技术，使各种人工栽培作物和家养动物变成适应人们不同需要的新品种。

人工选择的概念最早是由达尔文提出的，他在《物种起源》和《动物和植物在家养下的变异》两部著作中，援引大量事实说明人工选择的原理和方法。其要点如下：一切栽培植物和饲养动物皆起源于野生的物种；生物普遍地存在着可遗传的变异，但单靠变异还不能形成新品种，虽然有少数品种可以由显著的变异一步形成，如安康羊、矮脚狗，但大多数品种却是由微小变异，特别是延续性变异逐渐积累而成的；人工选择的要素是变异、遗传和选择，变异是形成品种的原材料，遗传是传递变异的力量，选择则是保存和积累有利变异的手段。

人工选择包括两个方面：一是淘汰对人没有利的变异，二是保存对人有利的变异。人们往往喜欢一些极端变异的类型，于是经过一代一代的人工选择，就从一种祖先分化出不同的品种，这就是在家养状况下所看到的性状分歧。

人工选择是人工进化的初级阶段，在这个阶段，人工选择的对象是自然变异。

人工选择在古巴比伦时期就有了。在阿拉伯，考古学家曾经挖出一块古巴比伦时代的石头。这块石头是公元前 5 000 年左右的，石头上面从上到下刻着一种马的谱系，说明古巴比伦在 7 000 多年前就有人根据谱系来进行动物选种了。

现在人们公认的马的祖先是 5 600 万年前生活在北美原始森林里的始祖马。这些始祖马的身体只有狐狸那么大，前足四趾，后足三趾。大约过了 1 000 多万年，马才进化到如羊般大。到 100 万年前，冰河纪到来，白令海峡冰封，马从白令海峡转移到欧亚大陆，以后马在北美森林就逐渐绝迹了。

真正的现代马出现在距今5 000多年的古巴比伦，在这之前，马还没有被人们驯化，是被人们当作食物来捕猎的。

这种古巴比伦马应该就是阿拉伯马的祖先，到后来唐太宗时的波斯马应该也是这个马种。英国人引进了阿拉伯马后，通过人工选择，培育出英国纯血马。

阿哈尔捷金马就是我们俗称的"汗血宝马"，大约有3 000多年的驯养历史，是世界上三大纯种马之一。汉代时，张骞出使西域，知道大宛国有汗血宝马，日行一千，夜走八百，汉武帝想要得到这种宝马，以抵御匈奴的袭扰。他派使者去大宛国，想以一匹用黄金铸造的金马和许多贵重礼物交换汗血宝马，结果，大宛国不想交换，但又想得到金马，便截杀了汉使，夺去了金马。汉武帝大怒，派李广利为帅，攻打大宛国，结果打输了，损兵折将，伤亡惨重。汉武帝第二次派兵攻打，这次打赢了，得到了大批汗血宝马。

一般认为，狗的驯化大概发生在15 000年前。

近年来，经科学研究证实，全世界的狗具有相同的遗传基因，起源于东亚，之后扩散到全世界各地。既然全世界的狗都来自于同一祖先，为什么现在却有如此多的不同品种呢？其中真正起到影响的就是人为差异化的选择过程，即人工选择。在过去一万多年间，人工选择大大加快了狗的进化过程。从体型、外观和行为上来看，狗都是地球上品种最多样化的动物。人类依据不同特性至今培育出约350种品种的狗。

中国古代有许多关于人工选择的记载。明朝有个名叫耿荫楼的人，在《国脉民天》中详细叙述了人工选育良种的方法。他说，将五谷、豆果、蔬菜的种子，经过仔细挑选，颗颗粒粒均要"肥实光润"，然后播种到田地中精心培育。"如此三年三番者，则谷大如黍矣"。在我国著名古代农书如《氾胜之书》《齐民要术》《农桑辑要》，及专业育种书如《朱砂鱼谱》《竹谱》《荔枝谱》中，均有关于人工选择培育动植物品种及选育方法的详细记载。

5. 灌溉技术

导言

农耕文明是在大江大河两岸发展起来的。以农耕文明著称的四大古国，古中国依托黄河流域和长江流域，古巴比伦依托幼发拉底河与底格里斯河流域，古埃及依托尼罗河，古印度依托印度河，发展了黄河流域和长江流域文明、两河流域文明、尼罗河文明和印度河文明。

这四大文明都发明了自然灌溉和人工灌溉技术。

中国是世界上从事农业、兴修水利最早的国家。早在 5 000 年前的大禹时代就有"尽力乎沟洫""陂障九泽、丰殖九薮"等农田水利的内容，在夏商时期就有在井田中布置沟渠，进行灌溉排水的设施。西周时在黄河中游的关中地区已经有较多的小型灌溉工程，如《诗经·小雅·白华》中就记载有"泥池北流，浸彼稻田"。意思是引渭河支流水灌溉稻田。春秋战国时期是我国由奴隶社会进入封建社会的变革时期，由于生产力的提高，大量土地得到开垦，灌溉排水相应地有了较大发展。著名的如魏国西门豹在邺郡（现河北省临漳）修引漳十二渠灌溉农田和改良盐碱地；楚国在今安徽寿县兴建蓄水灌溉工程芍陂；而秦国蜀郡守李冰主持修建的都江堰水利工程最为伟大。

在李白《蜀道难》这篇著名的诗歌中，"蚕丛及鱼凫，开国何茫然""人或成鱼鳖"的感叹和惨状，就是那个时代的真实写照。这种状况是由岷江和成都平原"恶劣"的自然条件造成的。岷江出岷山山脉，从成都平原西侧向南流去，对整个成都平原而言是地道的地上悬江，而且悬得十分厉害。成都平原的整个地势从岷江出山口玉垒山，向东南倾斜，坡度很大，都江堰距成都 50 千米，而落差竟达 273 米。在古代，每当岷江洪水泛滥，成都平原就是一片汪洋；一遇旱灾，又是赤地千里，颗粒无收。岷江水患长期祸及西川，鲸吞良田，侵扰民生，成为古蜀国生存发展的一大障碍。

战国末期，秦昭王委任知天文、识地理、隐居岷峨的李冰为蜀郡太守。李冰上任后，首先下决心根治岷江水患，发展川西农业，造福成都平原，为秦国统一中国创造经济基础。

公元前 256 年，秦国蜀郡太守李冰和他的儿子，在古蜀国丞相鳖灵治水的基础上，主持修建了著名的都江堰水利工程。

都江堰是一个集防洪、灌溉、航运为一体的大型综合水利工程，由鱼嘴、飞沙堰、宝瓶口三大工程组成。

鱼嘴分水堤是都江堰的分水工程，因其形如鱼嘴而得名。它昂头于岷江江心，包括百丈堤、杩槎、金刚堤等一整套相互配合的设施。其主要作用是把汹涌的岷江分成内外二江，西边叫外江，俗称"金马河"，是岷江正流，主要用于排洪；东边沿山脚的叫内江，是人工引水渠道，主要供灌溉渠用水。夏季岷江水涨，分水鱼嘴被淹没，夹在内外江之间的金刚堤就成为第二道分水处。

飞沙堰溢洪道自动调节内外江的流量。飞沙堰采用竹笼装卵石的办法堆筑，堰顶做到比较合适的高度，起一种调节水量的作用。当内江水位过高的时候，洪水就经由平水槽漫过飞沙堰流入外江，使得进入宝瓶口的水量不致太大，保障内江灌溉区免遭水灾。同时，漫过飞沙堰流入外江的水流产生了漩涡，由于离心作用，泥沙甚至是巨石都会被抛过飞沙堰，因此还可以有效地减少泥沙在宝瓶口周围的沉积。

宝瓶口具有节制水流的作用。由于当时还未发明火药，李冰便带领民众以火烧石，使岩石爆裂，在玉垒山凿出了一个宽 20 米、高 40 米、长 80 米的山口。因其形状酷似瓶口，故取名"宝瓶口"。

都江堰水利工程的科学奥妙之处，集中反映在以上三大工程组成了一个完整的大系统，形成无坝限量引水并且在岷江不同水量情况下的分洪除沙、引水灌溉的能力。

此外，与之配套的都江堰灌溉区也很有特色。内江水自宝瓶口进入密布于川西平原之上的灌溉系统，"旱则引水浸润，雨则杜塞水门"，保证了大约 300 万亩良田的灌溉，使成都平原成为"水旱从人、不知饥馑"的"天府之国"。目前，都江堰灌溉区已扩大到一千多万亩良田，总引水量达 100 亿立方米，成为目前世界上灌溉面积最大的水利工程。

也是在大约 5 000 年前，古埃及的前王朝时期兴修了尼罗河灌溉体系。古埃及是一个典型的以河流为中心的国家，除了几个小绿洲之外，周围几乎全是沙漠，又加上少雨的气候条件，这就决定了水利灌溉在古埃及农业及社会发展中的重要地位。

尼罗河是古埃及主要的灌溉水源。尼罗河的定期泛滥不但为下游特别是三角洲带来肥沃的冲积土壤，而且还使土地得到了充足的灌溉水源，从而给尼罗河流域和三角洲地带的人们的生存和经济发展创造了一切自然的前提。

古埃及的水利灌溉既有尼罗河的定期泛滥而形成的自然灌溉，又有人们修建堤坝、开凿河渠等有目的规划的人工灌溉。人工灌溉既有小规模的局部的地方性盆地灌溉，也有较大规模的由中央政府主持的灌溉网络系统的建设。

与此同时，约5 000年前，依托幼发拉底河与底格里斯河流域建立的古巴比伦国，因两河平原干旱少雨，河流水量又不稳定，所以两河沿岸的农业更多地依靠人们修建的灌溉系统。

古印度则在约4 000年前，在印度河流域修建灌溉系统，发展了印度河文明。

6. 青铜技术

导言

青铜是一种合金。青铜技术的发明，是人类历史上的一次划时代事件，人类自此进入青铜文明时代。

一般认为，青铜技术是两河流域的古巴比伦王国苏美尔人发明的。最早的青铜器出现于6 000年前的古巴比伦王国苏美尔文明时期。那时他们便开始铸造青铜器，而这时候的古埃及、古印度乃至古中国还尚在新石器时代晚期。

古巴比伦人与青铜的联系一直持续了2 000多年，在此过程中，他们创造了为数众多的青铜雕像，"大胡子"国王雕像、青铜女神立像、祭师铜像便是这其中的精品，尤其是出土于海法吉遗址，高达176厘米的带冠祭师立人像，被考古界誉为古巴比伦青铜文明的象征和早期世界青铜文明的最高成就。

千年以后，古巴比伦人先进的青铜铸造技术如同森林大火一样蔓延到其他国家，几乎引燃整个世界。其中近水楼台的古埃及人、古印度人最早得到真传。

从古埃及第十二王朝开始，古埃及的艺术家获得了铸造青铜艺术品的权利。国王和神是古埃及人创作的永恒主题，这在他们的青铜雕刻中表现得更为明显，尼斯女神青铜坐像、塞特神青铜立像、佩比一世铜像是这其中的代表。古印度的青铜雕像以舞女、农夫等平常人为主，王室的青铜雕像的精美程度反而不如这些舞女和农夫。

目前已知的中国最早的铜器，是1973年出土于陕西临潼姜寨仰韶文化遗址（约公元前 3700 年）的原始黄铜片和出土于甘肃东乡马家窑文化遗址（约公元前 3100 年）的青铜刀，说明中国冶铜术的起源不会晚于公元前 3100 年。也就是说，中国在 5 000 年前就掌握了冶铜技术，虽然比世界晚些，但是就铜器的使用规模、铸造工艺、造型艺术及品种而言，世界上没有一个地方的铜器可以与中国古代铜器相比拟。这也是中国古代铜器在世界艺术史上占有独特地位并引起普遍重视的原因之一。特别是三星堆青铜器的发现，使中国青铜技术在世界青铜器史上的地位得到显著提高。

1986 年 8 月 23 日，新华社向全世界公布，在中国西南三星堆古文化遗址发现了距今 3 000 到 5 000 年的早期文明，横空出世的 900 多件青铜器举世皆惊。尤其高达 260.8 厘米的青铜大立人，残高 396 厘米的青铜盘龙神树，造型奇特、宽达 138 厘米的青铜纵目面具等，迄今都是世界同期最大青铜国宝重器。这些青铜重器不仅重新改写了中国青铜文明史，同时改写了世界青铜文明史。

从铸造技术上来说，三星堆人的青铜铸造方法在当时是先进的，这包括两个方面：首先是冶炼技术。冶炼时，三星堆人大约要加入磷，这可以增加铜水的流动性，铸造的时候也不容易起气泡；除磷以外，他们的铸造配方一般还含有铜、锡、铅三种成分，这样的合金成分能让这些青铜器的硬度远远地超过红铜，并且出土后经过清理依旧可以闪闪发光。

其次是铸造技术。考古学家认为，三星堆人已经掌握了焊铆法、热补法、分铸法、浑铸法等多种青铜铸造技巧。三星堆的铜像群一般采用空心铸造，这样的方法远比埃及铜像将分段制好的铜像肢体固定在木柱上，再回工制作而成的技术高明。

3 000 年前中国西南的三星堆文明最终成为中国青铜雕像的代言人，它自成体系、无人能解的青铜雕刻内容，成为世界文明悬而未解的谜团，也成为世界青铜文明的至高点。

7. 冶铁技术

导言

冶铁技术的发明，是人类技术发明史上又一大里程碑，人类从此进入了铁器时代。

最早进入人类视野的铁矿物无疑是铁陨石，又叫陨铁，这种不折不扣的天外来客，为人类提供了有关铁的最初知识。人类利用陨铁制造铁器的历史悠久。但是，陨铁资源有限，掌握冶铁技术，大规模地使用铁器，则是 3 000 多年前的事。

最早开始人工冶铁的国家是小亚细亚的赫梯帝国，赫梯人掌握冶铁技术是在公元前 12 世纪，距今约 3 200 多年。

赫梯人掌握冶铁技术有其得天独厚的条件。当时的赫梯帝国占据了西亚地区，那里有丰富的露天铁，便于开采。同时，冶铁需要比冶铜更高的温度，而赫梯帝国所在的安纳托利亚高原海风呼啸，风力强劲，通过对海风的利用，赫梯人具备了冶铁所需要的温度，也就顺理成章地成为第一个掌握冶铁技术的民族。

公元前 12 世纪前后地中海沿岸西亚地区铁器的使用日益普遍。中亚多数地区在公元前 10 世纪开始了早期铁器时代。

人工冶铁术由西亚、中亚经新疆向中原传布的路线也基本清楚。中国掌握冶铁技术是在公元前 5 世纪的春秋战国时期。虽然中国开始冶铁较西方晚，但秦汉以后的冶铁技术长期领先于世界。

冶铁术传入中原后，在已经十分发达的青铜冶炼技术的基础上，很快发明了冶铸生铁技术，这项工艺早于西方一千多年，从此中国的冶铁术开始领先西方。

8. 轮子制造和应用技术

导言

轮子是当今人们能见到的普通事物，但是，人们掌握车轮的制造技术和应用，却是近 6 000 多年前的事。

在掌握锋利而坚固的工具以前，人类是不可能拥有轮式车辆的。用石器工具难以将木头加工成合适的圆柱形，更不必说复杂到带辐条的轮子了。所以，车轮的出现只能是青铜时代以后的事情。

现在，一般认为，最早的轮子是在美索不达米亚平原上发现的。美索不达米亚平原在两河之间，所产生和发展的古文明称为两河文明或美索不达米亚文明，它大体位于现今的伊拉克，在两河平原上出现了著名的古巴比伦国，其存在时间从公元前 4000 年到公元前 2 世纪，是人类最早的文明。美索不达米亚 6 000 多年前发明的最早的轮子只是一些圆形的板，和轴牢牢地钉在一起。到公元前 3000 年时，已将轴装到手推车上，轮子不直接和车身相连。以后不久，又出现了装有轮辐的车轮。这种原始的手推车虽然很笨拙，但比从前一直使用的人的肩膀和驮兽要好得多。

车轮还很早就用于制造战车。这种战车先是用来冲入敌阵，迫使敌人溃散；后来又当作战台使用，战车兵可以站在战车上朝敌人掷标枪，杀死敌人。

美国著名人类学家罗伯特·路威曾断言：凡使用轮车的民族，无一不是直接或间接从古巴比伦学来的。美洲的印第安人知道在滚木上拖船，也使用纺轮，又有滚铁环之戏，但始终没有想到以轮行车。

路威对轮子起源的观点也是大多数考古学家的观点。但新的考古发现往往颠覆陈旧的理论。德国巨石墓下的车辙是公元前 4800—前 4700 年间留下的。在波兰发现的带车形图案的罐子被定位在公元前 4725 年以前，但是对该地层的七次碳-14 测年倾向于公元前 4610—前 4440 年的结论。而近东出现轮式运输工具的最早证据是美国考古学家在位于叙利亚的晚期遗址发现的。那里出土了一个带有轮子的模型和“货车”的壁画。这些东西是先民在距今 6 400 年～6 500 年留下的。

所以，轮式车辆很可能是在欧洲出现的，而后才传到近东，或是由东方人再次发明。

据英国科学史家李约瑟考证的结论，约在 3 500 年到 4 500 年前，中国出现了第一辆车子。《左传》中提到，车是夏代初年的奚仲发明的，如果记载属实，那是 4 000 年前的事情。在商代（距今 3 000 多年）文物中，考古学家也发现了殉葬用的车，当时的车子由车厢、车辕和两个轮子构成，已经是比较成熟的交通工具了。

轮子的发明不但是交通运输的一大突破，更是人类技术的一项重要成就。由轮子衍生的现代技术还有螺旋桨、喷射引擎、飞轮、陀螺仪、涡轮机等。

第二章
科学带来的发明

启示录　技术与科学

　　科学与技术的关系可分为两类：一类技术来源于科学。当科学发现与研究积累成学术理论后，有一部分指向实际应用，并转化为技术及产品。比如，电磁理论建立以后，在该理论的指引下，发明了电磁感应发电机、电磁炮、微波炉等。

　　另一类技术，则与科学发现没有直接的关系。技术和技艺，有不少是独立发展成人类生活和生产的应用成果的。比如中国的四大发明之一——造纸术，就是典型的制造技术。其并不是先研究出理论再发明的。火药、指南针、印刷术也是。指南针虽涉及科学知识，恐怕也并不是先知晓了地磁理论才发明的。

　　20世纪，科学和技术之间的关系发生了影响深远的重大变化。在第一次世界大战中，科学家被送上前线，战死在战壕；在第二次世界大战中，他们被当作国家精英，豁免兵役，委以机密，集中起来在幕后支持战争。原因不难寻找：政府终于认识到，理论研究在工业、农业和医学方面能够产生出有实用价值的效果。这种认识随着抗生素的发现和原子物理学应用于制造原子武器而愈加坚定。科学和功利已经密不可分，以至于人们普遍以为，技术依赖科学乃是一种亘古通今的关系、唯一的模式。科学和技术，研究和开发，被看作几乎不可分离的连体孪生姐妹。科学与技术，已成为我们这个时代的神圣词组。认为科学和技术密不可分，反映在现有辞书中，是把技术定义为应用科学。甚至报刊上"科学新闻"栏里的报道，其实也多半说的是工程技术，而非科学成就。

　　《世界史上的科学技术》一书谈到一个重要的观点：当专家问及中学生，什么是科学时，同学们回答的实例，其实大多数是技术而不是科学。人类对技术知识的积累及成果，很多是直接发明的，而不是经由科学发现转化的。发明的知识同样有普及的必要。我国的工业化还没有完全完成，很重要的一个原因是对技术发明的企业创新的主体研究不够，普及不够。当然，这样分析得出的看法，丝毫没有轻视科学的意思。

李约瑟的《中国科技史》大部分记录的是技术成果，该书提出了中国近代为何没产生科学的问题，成为著名的"李约瑟难题"。科普界的张开逊先生的《人类发明史》，大部分写的也是技术成果。

技术与科学产生密切联系是在近代科学诞生以后。科学上的发现是对自然界某些规律的认识。一个科学上的发现往往会带来一连串的发明，为本已五光十色的世界添加几件新产品，使世界变得更加绚丽多彩。哥白尼发现地球是绕着太阳转的，牛顿发现了物界三大定律，达尔文发现了生物进化规律，爱因斯坦发现了质能转化规律。可以说，这四大科学发现是近现代一切技术发明之母。一些比较具体的发现，则带来一些比较具体的发明，带来一批新产品。

电学上的发现与发明的关系很说明问题。雷电、摩擦生电虽然早已为古人注意，但是发现电的规律和本质，却是近两百年来的事。随着对电的认识的不断深入，才有越来越多的电器产品进入人类的生活。电学上的第一次重大发现是由美国科学家本杰明·富兰克林完成的。富兰克林四十岁的时候，受电学先驱者发明的静电起电机和莱顿瓶的启示，开始电学研究，并很快成为主将。他发现电荷有正负之分，并揭开了雷电的秘密，指出电是可以为人驯服利用的。1751 年，富兰克林在《电学的实验和研究》一书中，公开了他在电学上的发现。三年后，他利用电学上的发现，发明了以后风靡世界的避雷针。

电学上的新发现带来的新发明当然不止一个避雷针。随着对电的认识的深入，人类驾驭电的能力越强，利用电为人类服务的新发明就越多。1800 年，电学先驱伏打发明了世界上第一个化学电池，将电的应用推上了一个新的台阶。1820 年，丹麦科学家奥斯特发现了电流的磁效应，法国科学家安培进一步证实了这一发现。此后不久，在奥斯特和安培发现的基础上，电学上的第二次重大发现由英国科学家法拉第完成了。他发现了电磁感应现象，实现了将磁转化为电。在这些重大发现的基础上，他发明了世界上第一台电动机。1831 年，法拉第发明了第一台电磁感应发电机。

电磁感应发电机是一种超时代的发明，法拉第不知它有什么用，以后法拉第也未能将之投入实用。难怪当法拉第兴致勃勃地向人们展示他的发电机时，有人泼来一瓢冷水，问他这玩意有什么用。法拉第幽默地回答这位冷嘲热讽者，反问他初生的婴儿有什么用。

伟大的发明家爱迪生抱起了这个"初生的婴儿"，把法拉第发明的发电机和电动机的用途推向极致。1879年10月21日，爱迪生通过艰苦的研究，使发电机发出的电有了一个大用途：可以为家庭带来光明的白炽电灯试验成功！虽然在1878年，英国的斯旺曾在一次学会上展示过他发明的白炽电灯，但世界还是更看重爱迪生的发明，将之视为电灯的始祖。因为爱迪生不只是发明了白炽电灯，而且，为使白炽电灯推向实用，发明了大功率的发电机以实现集中供电；为实现电力分流而发明了相适应的灯座、灯泡、配电等二十多项相关产品。从此，电灯才为世人接受，并世世代代伴随着千千万万个家庭，使生活日日夜夜充满了光明和温馨。1889年，爱迪生发明了活动电影，用发电机发出的电为世界带来了欢乐。如今，与发电机发出的电有关的创造发明俯拾即是，何止成千上万。从用电带动的工农业机具，到家庭中的电视机、电冰箱、空调机、洗衣机、电吹风，难以数计。只要停电，你就会清楚地感受到，现代社会已须臾离不开发电机发出的电。

1862年，英国科学家麦克斯韦提出了电磁波理论。1888年，德国科学家赫兹证实了电磁波的存在。紧跟着这项伟大发现的，是一连串伟大的发明，如无线电报、广播、无线电话、导航、传真、电视、雷达、无线电遥控、无线电遥测、无线电遥感、卫星通信等。这仅仅是电学领域中发现与发明的关系的例子。至于数理化天地生中发现与发明的关系的例子，那就不胜枚举了。

9. 美国画家莫尔斯与电报

导言

当发明的机遇出现在你的面前时，你能否舍弃一切抓住它，是能否成功的关键。"有舍才有得，小舍小得，大舍大得"，"舍得"就是讲的这个道理。美国画家莫尔斯舍弃已有小成之绘画界，投入陌生的电报界，终至发明了莫尔斯电报机，成为名垂千古的发明家，就是一例。

19世纪30年代，电磁铁的原理还鲜为人知。

1832年10月的一天，"萨利"号邮船从英吉利海峡出发，驶入浩瀚的大西洋，向美国驶去。船上有一位叫杰克逊的年轻医生，正在向旅客们讲述一个有趣的实验：只要在一根普通的铁棒上绕上电线，然后给电线通上电，这根铁棒就会一下子变成磁铁，能吸起铁钉和铁屑。无论电线有多长，电流一瞬间就能通过。

也许杰克逊自己不知道，他的这次精彩演说改变了其中一位旅客的后半生。这位旅客就是赴欧学习归来的美国画家莫尔斯，他想：既然电能在一瞬间传到千里之外，那么为何不用电来传递信息呢？

当时已是四十出头的莫尔斯，一夜之间毅然做出一个惊人的决定：丢下画笔，放弃为之奋斗了半辈子的事业，转而进行使用电来传送信息的研究。他还准备把用电来传送信息的方法取名为"电报"。

第二天，当莫尔斯把自己的决定告诉杰克逊时，杰克逊十分愕然："你连电学的基础知识也不明白，就想发明电报，这不是在异想天开吗？"

莫尔斯的决定在美国绘画界引起了不小的震动。关心他的朋友用异样的目光审视莫尔斯的举动，都阻止他放弃为之奋斗半生的事业。有的挚友甚至当面质问他："莫尔斯，你做出这等愚蠢的决定，是不是发疯了？"

莫尔斯对来自各方的责难和规劝，都置之一笑。他主意已定，毫不动摇。他认为，自己遇到的最大阻碍，不是人们的难以理解，而是自己的电学知识几乎为零。

怎么办？后悔吗？不！莫尔斯走进图书馆，像个饥饿的孩子吞噬面包那样学习电学知识；他走进大学的课堂，像一个学生那样，聆听电磁学理论知识。很快，他便掌握了电磁理论。

莫尔斯从书本上得知，早在 1753 年，一位叫摩立孙的人，曾经做过用静电来传递信息的实验。1800 年，意大利人伏打发明了伏打电池。在此基础上，莫尔斯开始了他的电报机的研制工作。

3 年过去了，试验几乎花光了莫尔斯的全部积蓄，电报机还是没有研制出来。

问题出在哪儿呢？失败的原因究竟在哪里？

失败使莫尔斯变得冷静了。他总结自己屡次受挫的教训，终于意识到：不能总跟在别人后面重复那些失败了的实验，一定要另辟蹊径，独树一帜。

莫尔斯最终找到了自己失败的原因。在他之前，电报的发明一直沿两条路探索：一种是采用多根导线，每根导线代表一个字母；另一种是用磁针偏转不同位置代表不同的字母。这两种信息传递方案为表达 26 个字母需要很复杂的设备。为何不把 26 个字母的信息传递方法加以简化呢？

莫尔斯思考着：电流是神速的，能够在导线里很快传遍全世界。电流只要停止片刻，就会出现火花。出现火花是一种符号，没有火花是另一种符号；通过火花的有无、长短，就能够表达全部字母所包含的意义。这样，电流不就能够传递消息了吗？

但是，用一种什么样的符号来代替 26 个英文字母呢？莫尔斯画了许多符号：点、横线、曲线、正方形、三角形。他发现，每一种符号只能代表一个字母，这使他十分苦恼。如果每一个字母都要用不同的符号代替，那么，26 个字母就有 26 种符号，这不但没有简化符号，反而使符号更为复杂了。

他苦苦思索着。后来，他意外地发现多种符号中，点和横线是最简单的符号。还有没有比这更为简单的符号呢？有，那就是在符号与符号之间的"空白"。

发明家终于找到了承担发报机信息传递任务的"精灵"——点、横线和空白。莫尔斯用点、横线和空白的不同组合，来代表每一个英文字母和不同的阿拉伯数字。这些符号组合，就是世界电信史上最早的电码，后人把它命名为"莫尔斯电码"。

有了电码，必须再有能发送电码信号的电报机。那么，怎样将这些承载着信息的"精灵"发送出去呢？

莫尔斯又一头扑在设计制作发送和接收电报装置的研究上。经过前后 5 年时间的努力，1837 年，莫尔斯终于研制出第一台传送电码的电报机。这台电报机利用电磁铁的原理制成，当莫尔斯用颤抖的手指按动发报机上的电键时，导线另一端的收报机上发出了振奋人心的"嘟嘟嘟，嘟——嘟——"的声音。他设法把笔连在接收端的电磁铁上，随着电流的变化，笔尖在纸上画出了间隔着空白的点和横线，莫尔斯电码被成功地记录在纸上了。

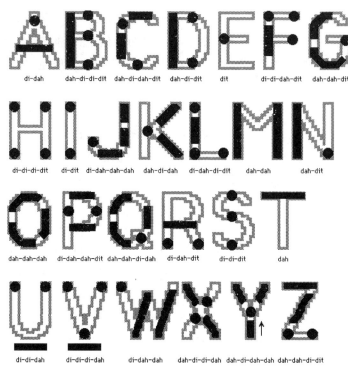

国际标准莫尔斯电码

　　与前人发明的各种电报机相比，莫尔斯电磁式电报机的发明是个重大突破。可是当他把这项新发明公布于众后，却不被有些人所理解：用导线传递信息，这简直是天方夜谭！所以当时驿站马车送信的方式仍然很流行。莫尔斯为了争取政府的支持，把自己发明的电报机装在皮箱里四处奔走，不断演示、游说，谁知这反而激起了美国国会中保守派的激烈反对。

　　经过许多周折，正当莫尔斯贫困交加、濒临绝望之际，1843 年，美国国会终于给予他 3 万美元的资助，准许他在华盛顿与巴尔的摩之间架设一条实验电报线路。

　　1844 年 5 月 24 日，一个人们永远纪念的日子：人类通信史上激动人心的时刻到来了！这一天，莫尔斯在华盛顿国会大厦最高法院的会议室，用激动得颤抖的双手按动着电报机前的电键，伴随着动听的"嘟嘟"声，几十公里外的巴尔的摩收到了人类历史上的第一份电报——"上帝创造了何等奇迹"。

　　人类电报通信时代的帷幕就在这一刻被拉开了，莫尔斯梦寐以求的目标终于实现。

10. 威廉·汤姆孙与海底电缆

导言

古今中外凡有重大发明创造的人，都是勤于思考、善于分析的典范。汤姆孙冥思苦想，终于从一个朋友无心的玩笑中得到启示，攻克了在海底敷设电缆的难题，便是例证。

电报的发明使人们传递信息的本领大大增强，转瞬之间就能把文字信息传送千里之外。但是，当时的电报不仅是有线传送，而且还只能在陆地上使用。国与国之间，洲与洲之间，常常被海洋隔开，那么又该怎样架线联系呢？虽说在陆地上敷设电缆比较容易，但仍要克服所遇到的一些困难。在海洋里敷设电缆就更不容易了，因为海洋辽阔浩瀚，深不可测，且常常有暴风骤雨，所以不管是通信机还是电报机，都只有"望洋兴叹"了。

1850 年，英国和法国曾在多佛尔海峡之间，敷设了世界上最早的海底电缆。这条电缆很短，它的特点同陆地电缆没有多大区别。在敷设它的时候，没有形成系统的海底电缆通信理论，电缆也没有钢丝保护层，结果只打了几份电报就中断了，这是因为有个打渔人用拖网勾起了一段电缆并截去了一节。

要在浩瀚的大西洋海底敷设电缆，是一项涉及多学科的综合性工程。它的敷设本身就是一项发明壮举，有许多理论上的和技术上的问题需要解决，而核心问题，就是研讨出在海底进行通信电缆敷设的理论。这个历史重任落到了英国格拉斯哥大学教授威廉·汤姆孙的身上。

汤姆孙从小就迷上了电学实验，长大后又开始向热力学领域探索。在研究海底电缆通信的有关技术问题的过程中，汤姆孙遇到的最大问题是没有现成的技术资料可以借鉴，他只能查找有关多佛尔海峡海底电缆敷设时的技术资料。但是，因为这条电缆过短，敷设技术跟陆地电缆的敷设几乎没有多大的区别，所以借鉴这些资料的意义并不大。

然而，多佛尔海峡海底电缆敷设工作中的一个偶然事件，却引起了汤姆孙的注意。原来，有个叫克拉克的电信工作者，发现在收电报时，信号通过海底电缆后被终端机收到的时间，比发电报时的时间延长了一些。这种现象后来被称为"信号延迟现象"。

思维敏捷的汤姆孙教授听到这个情况后，起初感到十分怪异，后来马上意识到克服信号延迟现象是敷设远距离海底电缆成败的关键。道理不难理解，电缆越长，信号延迟现象就越明显，信号衰减和失真也越厉害，最终可能导致不能正常传递电报信号。

汤姆孙教授和他的助手经过整整一年的实验研究，获得了一套完整的技术数据，初步形成了海底电缆敷设的理论。他在 1855 年发表的论文里，系统地论述了海底电缆通信信号延迟和衰减的原因：由于海水本身也是导体，这就造成了电缆传递信号时有个充放电过程。怎样克服这个障碍呢？汤姆孙指出，如果增大铜线面积来减少电阻，加厚电缆的绝缘层来减少分布电容，在传递信号过程中使用小电流，就能使信号延迟现象大大降低。这个理论尽管还没有达到尽善尽美的地方，但它为后来人们设计海底电缆通信工程提供了重要的理论依据。

1856 年，英、美两国决定实施大西洋海底电缆工程，威廉·汤姆孙被苏格兰地区的股东聘为公司的董事。

1857 年，将要用来连接欧洲和美洲大陆的第一条海底电缆制造完工，但是在把电缆沉放于大西洋海底的过程中，电缆因机械强度不够而发生断裂，第一次下海沉放电缆的行动宣告失败。

在核查事故原因时，威廉·汤姆孙意外地发现了另一个棘手的问题：莫尔斯电报终端机不能接收到从遥远的大洋彼岸发出的微弱信号。必须发明一种灵敏度更高的电报机，来取代莫尔斯电报机，利用海底电缆传递信息才能变成现实，否则即使敷设了海底电缆，也不过是在大西洋下面沉放一条没有用的"金属长龙"而已。

如何接收电报机发出的微弱信号呢？

整整一个冬天，汤姆孙一直把自己关在屋子里，苦苦地探索着，试图设计出一种高灵敏度的电报机。幸运的是，汤姆孙的父母不仅遗传给汤姆孙学者和工程师的气质，也在生活中培养和造就了他发明家的天赋。

一个阳光和煦的春天的早晨，汤姆孙的好朋友、德国物理学家赫尔姆霍斯，邀请被高灵敏度电报机缠得头昏脑涨的汤姆孙到海湾去旅游。他们在海湾租了一条游艇，当赫尔姆霍斯与另外一些朋友登上游艇准备起航时，却发现汤姆孙"失踪"了。

赫尔姆霍斯焦灼地来回踱着步，他有点不高兴了，约朋友来玩，怎么可以跟大伙儿捉迷藏呢？他下意识地向船舱里望了一下，没想到却看到汤姆孙正躲在船舱里，在一个小本子上画他的电报机的机械图呢！

赫尔姆霍斯觉得又好气又好笑，他决定"报复"一下这个年轻的教授。他从自己的衣袋里取出眼镜，对着太阳，巧妙地把阳光折射到汤姆孙的脸上。

汤姆孙正聚精会神地记录着一个新构想，忽觉脸上有一个亮点在晃动，抬头一看，只见赫尔姆霍斯伏在甲板的挡板处，手中拿着眼镜片，正俏皮地望着他笑。

望着赫尔姆霍斯手中晃动的眼镜，突然，汤姆孙一跃而起："有啦！有啦！感谢您，亲爱的赫尔姆霍斯！一种高灵敏度的电报机就要诞生了！"

友人们望着近乎癫狂的汤姆孙，不知发生了什么事情。而汤姆孙竟抛下旅伴们，撒腿就往岸上跑，朝城里的实验室奔去。

这次没有成行的旅行成就了威廉·汤姆孙一项重大发明——他解决了敷设海底电缆工程中的一大技术难题。原来，当时汤姆孙正在为电报机的弱信号放大问题而绞尽脑汁。正是赫尔姆霍斯手中的眼镜启发了他，镜片在赫尔姆霍斯手中稍微一移，远处的光点就会大幅度移动，这不也是一种放大吗？

汤姆孙想根据这种原理发明一种镜式电流计电报机。他查阅了有关资料，发现自己的想法与电学家高斯和韦伯不谋而合，他们也曾设计过这种电报机，但是他们的镜式电流电报机装置都因为没有达到实用标准而宣告失败。

汤姆孙从高斯和韦伯的设计中汲取了许多有益经验，从而少走了不少弯路。就这样，世界上第一台镜式电流计电报机终于诞生了，汤姆孙获得了这项发明的专利，并正式步入发明家的行列。最重要的是，这项发明帮助汤姆孙克服了敷设海底电缆中最大的技术障碍。

1966 年 6 月，在敷设大西洋海底电缆历经两次失败之后，第三条海底电缆终于成功地连接了纽芬兰和爱尔兰。1966 年 7 月 27 日，人们在这条永久性的海底电缆上拍发了第一份电报，效果很好。

大西洋被征服了，从这一天起，海底电缆就成了人类一种不可或缺的通信工具。各种信息终于可以在国际和洲际间快速地传递，从而节省了人们大量的时间。它究竟创造出多少经济效益，挽救了多少人的生命，那是无可估量的了。

11. 贝尔发明电话机

导言

在科学实验的未知王国里，正如在南非的土地上一样，有时你被绊倒了，但说不定在跌倒时顺手抓到的一把泥土里面就有闪光的钻石和黄金！贝尔是在失败的实验中，注意到常人不会关注的细节，而产生了解决电话技术难题灵感的。

今天，只要你拿起电话，拨通远方朋友或亲人的电话号码，你就可以与相隔千万里的亲人或朋友进行交谈了，就仿佛面对面说话一样。用电话来传递信息真是又快又方便。对此你也许熟视无睹，习以为常了。可是，你有没有想过，电为什么能够传递声音呢？人们是怎样发明并利用电来传话的？

关于远距离传输话音的想法，早在 17 世纪就有人提出了。1684年，英国著名科学家胡克不仅提出了远距离传输话音的建议，而且还用一根拉紧的导线进行了"传话"的试验，居然也能在相隔 200 米的距离听到耳语声，但更远就听不见了。

自从电报发明出来以后，有人想：既然电能把文字信息传送到远处，是不是也能把话音信息通过导线往远方传送呢？

如果能实现这种想法，那真是太好了！想想看，一个人待在一个地方就能听到远在千万里外的另一个地方另一个人说话的声音，那不就成了人们梦寐以求的古代神话传说中的"顺风耳"了吗？

贝尔出生于苏格兰爱丁堡一个语言学世家，祖父和父亲均是著名的语言学教授，从事训练聋人练习发声的工作。所以贝尔在孩提时代就对人体的发音和听觉器官的构造奥妙深感兴趣，还用橡皮、棉花和风箱做过一台"自动说话机"来模仿人的说话。

从 1868 年开始，年轻的贝尔一边在学校上语言课，教导先天耳聋的孩子，一边在爱丁堡大学和伦敦大学攻读语音学、解剖学和生理学，同时还协助父亲从事"可视语音系统"的研究实验。有一次他们在医学院里得到一只人耳，把一根稻草梢粘在鼓膜上，随着人语声波的振动，稻草梢在熏黑的玻璃片上划出了相应的波形曲线，成为语图，使耳聋者看出"话"来。但由于曲线很难识别，设计最终搁了浅。

有心人贝尔在上述实验失败之余，意外地发现了一个有趣的现象：

在电流流通和阻断时，螺旋线圈会发出噪声，类似于电报机发送莫尔斯电码时发出的嘀嗒声。

这种细节常人是根本不会在意的，贝尔却从这一不起眼的现象中坚持不懈地深挖到了一个"大金矿"！他反复思考着：这个发现意味着什么？有什么价值？难道只是毫无意义的嘀嗒声吗？

一个大胆而又新奇的设想在贝尔的头脑里产生了：能否用电流强度的变化来模拟人在讲话时的声波变化呢？

这一设想，后来成为贝尔设计电话机的理论基础。贝尔是怎样最终实现让电来传递声音的呢？其中又有哪些艰难曲折呢？

1875 年，贝尔获得多路电报专利权。多路电报是一种能同时在一根电线上传递两个以上信息的电报系统。贝尔在研制多路电报的实验过程中，一个偶然的失误激发了他的联想：假如对着铁片说话会引起铁片振动，那么在铁片后面放一块绕有导线的磁铁，铁片振动不就会在导线中产生时大时小的电流吗？如果把波动的电流沿着线路传到另一块相同的磁铁上，不就可以还原为声音振动吗？

这个想法基于他对声音及其振动的深刻理解，但他却缺乏电学知识，以至于电学界的几位能人在听了贝尔的奇思怪想之后，不是耸耸肩膀，就是哑然失笑。一位胖乎乎的电技师甚至以嘲弄的口吻对他说："小伙子，你连电学常识都不懂，还胡搞什么电话机！还是多读两本《电学入门》吧，什么导线可以传递声波，简直是痴人说梦。"

胖子的话没有使贝尔变得灰心丧气，反而从胖子的话中发现了一丝光亮。他决心从头学习电学，并决定到美国华盛顿去拜访一位电学权威——早年曾与法拉第各自独立地发现电磁感应现象的约瑟夫·亨利。

1875 年 3 月的一天，亨利老人听了贝尔的陈述，早已被他的创新热忱所感动。他慈爱地笑着对犹豫不决的贝尔说："年轻人，你有了一项了不起的发明理想，干吧！"

"可是，先生，我在电学上还是个门外汉……"贝尔还是犹豫不决。

"掌握它！"科学老前辈坚定地说。

这三个字像重锤一样撞击着贝尔的心扉。深受鼓舞的贝尔回来后，在郊外建起了一间简陋的实验室，一边探索声电转换原理，一边设计实用的装置，常常是夜以继日，废寝忘食。他的年轻助手、电工技师华生成了他终生不变的好搭档。有时半夜来了灵感，贝尔立即翻身起床画图，并推醒华生马上照图施工。每次失败的挫折和各种困难困扰着他们时，贝尔的耳边总会响起老科学家那句坚定的话："贝尔，你有了一项了不起的发明理想，干吧！"

1875年5月的一天，贝尔和华生设计制造了两台粗糙的样机。这两台样机的工作原理是：在一个圆筒的底部蒙上一张薄膜，薄膜的中央垂直连接一根炭杆，炭杆插在硫酸溶液里。人在讲话时，薄膜受到振动，炭杆同硫酸接触处的电阻就会发生变化。随着这个变化，电流强度也随之改变，再根据电磁原理，将电信号复原成声音，这就实现了声波的传送。

为检验通话效果，华生把导线的一头拉到小屋外，对着连接着导线的一台机器大喊大叫。

附近农舍的农民们看到这两个人各守着一个铁玩意高喊，都觉得很奇怪，纷纷围上来观看。有个老头见华生喊得脸红脖子粗，好心地劝他："小伙子，你是在喊屋里的那个人吗？你走过去说，他不就听见了吗？"一句话说得贝尔与华生哭笑不得。唉，看来辛苦了这么久，做出来的竟是两台哑巴机！

显然，这是由于送话器和受话器的灵敏度太低，声音太过微弱，难以辨认的缘故。

"怎样提高音量呢？"贝尔苦苦思索着。

一天晚上，正当贝尔锁眉沉思时，忽然听到华生轻声的呼喊："先生，你听！"

贝尔侧耳凝神倾听，从晚风中隐隐传来一阵阵吉他弹奏的乐曲声，如泣如诉，如山泉在叮咚作响，又仿佛松涛在夜空荡漾。听着，听着，他豁然醒悟，跳起来朝华生猛击一拳："找到了！找到了！"

吉他乐器的共鸣启发了他们：造一个共鸣器！贝尔马上设计起来，一时找不到材料，他就把床板给拆了，连夜赶制音箱，完成时天已大亮。

1876年3月10日，贝尔和助手华生正在相隔数个房间的两处进行通话实验。突然，贝尔不小心将实验部件滑落进蓄电池的硫酸中，硫酸溶液飞溅到他的腿上。情急之中，贝尔拿起电话机话筒，大声呼救："华生，快来呀，我需要你！"

没想到，这句求救的惊呼竟成了人类历史上第一次用电话成功地传送的一句完整的话。

华生正在远处房间里像往常那样伏案屏声静息地听着时，受话器里突然有响动声，原来细若游丝的声音旋即变得清晰洪亮。

"天，是贝尔的求助声！"喜不自禁的华生冲着话筒回答："贝尔，我听见了！听见了！"

贝尔顾不得硫酸腐蚀刺激引起的腿部剧痛，冲出了房间，在走廊上同飞奔而来的华生紧紧拥抱。两人热泪盈眶，欲说无语。他们意识到：一个新时代到来了！

两年后的1878年，贝尔成立了电话公司，并实现了波士顿和纽约之间相距300千米的长途电话试验。从此，电话很快在北美各大城市盛行起来，并且迅速地风靡全球。

12. 爱迪生发明留声机

导言

从一种发明，引出另一种发明，是一种科学思维方法带来的。这种科学思维方法叫联想思维。爱迪生在思考贝尔的电话机的缺点时，发明了留声机，便是一例。

伟大的发明家爱迪生由衷地钦佩发明了电话的贝尔。但是，他敏锐地感到，贝尔的电话机有明显的缺点。如果改用炭精代替硫酸和炭杆制作送话器，效果要好得多。经过他和研究人员的共同努力，终于发明了爱迪生炭精送话器，使贝尔发明的电话机得到了进一步的完善。

一天，爱迪生调试炭精送话器时，因为右耳失聪，他用一根钢针代替右耳检测传话膜片的振动。当他用钢针触动膜片时，随着讲话声音的强弱，送话器就发出有规律的颤音。发明家灵机一动：如果使钢针颤动，是不是可以把颤音还原成讲话人的声波呢？

想到这里，爱迪生不由心中一阵狂喜："啊，上帝赋予我灵感！"

为使这台"储存声音"的机器早日问世，爱迪生几乎到了着魔的程度。经过四天四夜废寝忘食的实验，1877年8月20日，一大早，他就来到办公室，兴奋地交给助手克鲁茨一张图纸："你快去照图纸把留住声音的机器做出来！"

尽管克鲁茨是研究所里技艺高超的机械师，但他捧着图纸看了好一会，也看不出是什么东西，便问道："这就是会说话的机器？"爱迪生急不可耐地说："别多问了，快去做吧！"

机器终于造出来了。爱迪生和克鲁茨顾不上吃晚饭，接着就进行开机实验。整个研究所轰动了，人们好奇地围拢在爱迪生发明的"会说话的机器"面前。看起来，这台机器的结构并不复杂，有个圆筒连在金属中心轴上，金属筒上刻着纹路，并和一个曲轴相连，旁边安有一个喇叭状的粗金属管，金属管的底膜板中心焊着一根钢针，钢针直对着金属筒上的槽纹。

只见爱迪生胸有成竹地把一张锡箔裹在圆筒上，接着把连着膜片的针尖对着锡箔。再用左手转动手柄，然后，对着喇叭状的圆筒唱起歌来。随着歌声的强弱起伏，钢针在锡箔上刻出了深浅不同的槽纹。这张锡箔，就是世界上第一张唱片。

歌唱完后，爱迪生停止转动手柄，然后把钢针放回开始的位置，再次摇动手柄。这时，一阵细微、清晰的歌声从机器里飘出来："玛丽有只小白羊，它的绒毛白如霜……"

人们不禁欢呼起来："会说话的机器真的造出来啦！"

原来，连在膜片上的金属钢针先是把声波转化成锡箔上的槽纹，当钢针再沿着槽纹重新振动的时候，被储存的声音就再现出来了。

留声机的诞生，第一次实现了人的声音的贮存和再现。这无疑是继贝尔发明电话机之后，电声学领域又一伟大的发明和创造，使得信息也能够以声音的形式保存下来，在需要时再"释放"出来。

然而，百闻终不如一见，对于人类最重要、最可靠的获取外界信息的器官——眼睛来说，一幅图像告诉人们的信息，往往胜过千言万语。既然声音可以用电来传递，那么图像是否也可以用电来传递呢？

13. 贝兰发明传真机

导言

科学发明是一个接力棒。虽然世界公认传真机是法国物理学家贝兰发明的，但这之前已有许多科学家作了奠基工作，他是接到最后一棒的人。

关于用电信技术把图像，包括文字、图纸、照片等，按原样从一个地方传到另一个地方的设想和原理，早在 1843 年就由一位苏格兰科学家贝斯提出来了。这是莫尔斯拍发世界上第一份电码电报前一年的事，比贝尔的电话发明获得专利还早 33 年。

到了 1850 年，英国的巴克韦尔发明了一个能够传输手迹和线条图的电传系统。他先是用一种不导电的墨水在金属板上书写，然后再用几组金属针进行扫描，每根针与一条电路相连，每条线路的电流都将在接收端的一个旋转的鼓上留下印记，从而使原来的手迹或图表，在覆盖于鼓面上的经过化学处理的纸上再现出来。

但是，巴克韦尔的电传系统还不可能传递照片。真正能用来传递图片信息的"传真机"，是法国的物理学家贝兰发明的。

贝兰年轻时就喜欢摄影，经常摆弄照相机，但他不是以照相为乐，而是想通过照相来对摄影技术进行探索，比如 1894 年他发明了一种"秘密照相术"，相机里装有一套三棱镜，当拍摄者将相机对着正前方时，实际拍到的是右方的人物。这使他获得了一个发明专利权。

不久之后，贝兰如痴如醉地进行电报图像传输技术的研究。他在法国摄影协会大楼的地下室工作，这儿有个有利条件，那就是这栋大楼正好是巴黎—里昂—波尔多—巴黎电信线路的起点和终点。利用这个有利条件，贝兰向电报局信誓旦旦地说，如果他的图像传输技术取得成功，那么他首先将该技术供巴黎电报局使用。于是他的研究工作得到了巴黎电报局的支持，允许他在夜间使用这条线路做实验。

1907 年 11 月 18 日，贝兰当着许多观众的面，第一次成功地进行了图像传真的实验。从此，传真机诞生了。

以后，贝兰又改进了自己的装置，于 1913 年推出第一部专供新闻采访使用的手提式传真机。第二年，法国巴黎的一家报纸上刊出了用这部传真机传送的第一幅传真照片。而首次成功地应用传真技术在国际传送手稿真迹，则是在 1924 年。一年之后，传真技术进一步扩大到无线电领域。

传真，不仅能传递信息的内容，还能将所传送材料的真迹原封不动地从一个地方传送到另一个地方。这对于想要传送照片、图纸等信息资源的人们来说，真是太方便不过了。

传真机真正付诸实用却是近几十年的事。20 世纪 60 年代，这项通信技术进入了繁荣昌盛的时期，出现了用途不同的很多种类的传真机。比如，传送天气图和气象资料的叫气象传真机，传送新闻报纸的叫报纸传真机，传送手抄文字或打印文字的叫文件传真机，等等。此外，还有单路传真机和多路传真机，普通传真机（只能传送黑白图像）和彩色传真机之分。

也许，对于新闻界来说，传真机的出现使其获益最大。这是因为，即使新闻记者到很远的地方甚至到国外去采访，也能够在最短的时间内通过传真线路将文稿或新闻图片发回自己的编辑部，使发生在全世界各个地方的重大事件，能够在第二天及时生动地呈现在广大读者面前，真正做到了使人们足不出户，便知天下事。而且，传真机还可使报纸的出版变得方便、快速。例如，在北京出版的《人民日报》，若用传真机把版面传送到全国各地印刷，只需要短短几分钟就行，这样全国各地都能看到当天的《人民日报》了。

对于商业财贸系统来说，传真机也是一种十分方便的通信工具。比如，用传真机来传送文件、图表、图纸、数据等，可以减少差错，提高工效，节省大量的人力、物力。

此外，在军事上利用传真机传送作战地图、亲笔手令、航空航海图件，在气象上用传真技术传送卫星云图、天气图和气象资料，在医学上用传真机传送病人的病历和检查结果，等等，大大提高了工作质量，节省了工作时间。

用传真机来传送信函，可以大大节省时间。例如，从英国伦敦国际邮局发一封信，通过传真只用 1 分钟就横越大西洋来到了彼岸加拿大的多伦多。信函不用汽车、火车、飞机来运送而靠电波来传递，成了名副其实的"电信"了。

14. 马可尼与波波夫发明无线电报机

导言

科学发现可能使不同地区互不往来的人产生同一种发明冲动，出现同一种发明，这在科技发明史上并不鲜见。马可尼与波波夫在互不知情的情况下同时发明无线电报机，就是突出的例子，我们要同时记住他们对人类做出的贡献。

意大利工程师马可尼和俄国科学家波波夫在麦克斯韦的电磁波理论和赫兹电磁波的实验基础上，利用电磁波作为通信媒介，分别发明了能够快速、远距离传送信息的无线电报，开创了人类通信事业的新纪元。

当赫兹用实验探测到电磁波存在的消息传到俄国后，波波夫敏锐地指出：赫兹的成功将引起工程技术领域的一场革命。他认为，利用电磁波在空间传播的原理，也可以为人类的信息交流做出贡献。在一次学术演讲中，波波夫甚至正式提出了用电磁波进行无线电通信的设想。

有一次实验时，波波夫发现他的接收机接收无线电波的距离突然增大，这是什么原因呢？波波夫仔细查看，原来是有一根导线连在接收机上。他大喜过望，把接收机连上导线，就可以把接收范围成倍地扩大了！就这样，无线电天线诞生了。

1895 年 5 月 7 日，波波夫用他的无线电接收机进行了第一次表演。当助手在表演大厅的一头接通火花式发射机时，另一头接收机上的电铃便立刻响起来；断开发射机，铃声就停止。

1896 年 3 月 24 日，波波夫用电报机替代电铃作为接收机的终端，进行了一次用无线电传递莫尔斯电码的表演，报文是"海因里希·赫兹"。这是世界上第一份有明确内容的不用导线传送的无线电报。

在俄国物理学家波波夫表演无线电收发报以后几个月，意大利发明家马可尼乘船来到英国。他小时候就经常跟母亲出国旅游，总想把他在异乡看到的风光及时地告诉亲友，但当时最快的通信工具有线电报的使用受地理环境的限制。于是马可尼想，可否发明一种不用电线的通信工具，使远隔千里的两地能够迅速地互通信息呢？

在来英国之前，马可尼已成功地进行过多次无线电接收试验。他用竹竿架起天线，接收到了 140 米外发来的无线电信号。经过改进后，接收距离增大到两千米左右。

1897 年 5 月 18 日，马可尼用两只覆盖着锡箔的飞升到 49 米高的风筝做收发天线，进行了第一次跨海通信试验。无线电信号第一次越过英国西海岸南端的布里斯托尔海湾，距离为 14.5 千米。同一年，他在伦敦成立了马可尼无线电报公司，并在英国南部的怀特岛上建立了无线电通信站，拍发了第一份商用电报。

天线越高，通信距离就越远，但天线的增高是有限度的，因此马可尼在增大发射功率和提高接收机的灵敏度上下功夫。1899 年，无线电波越过了 45 千米宽的英吉利海峡，并在大西洋上实现了无线电通信距离 106 千米的突破。这有力地证明了：无线电信号是可以"绕过"地球曲面进行传播的！

1901 年 12 月 12 日，马可尼和他的助手进行了无线电横跨大西洋的试验。他在纽芬兰圣约翰斯港海岸的一所废弃的医院里，以 400 米高的风筝做天线，中午 12 点 30 分，他们规定联络的时间到了，马可尼果然听到了 3 个微小而清晰的嘀嗒声。成功了！3 个相当于英语字母"S"的信号，从英国的康沃尔越过 3 750 千米的大西洋，到达了马可尼的耳朵里。这对于立志让电磁波"绕行"全世界的马可尼来说，不啻是个很大的鼓舞。

无线电公司和发射台从此在世界各地开始涌现。首先，英国和加拿大之间实现了正式的无线电报通信，接着意大利、美国、德国、日本等国的海岸、要塞和舰船都装上了马可尼的无线电装置。由于马可尼在发明和完善无线电电报装置上，以及在人类历史上首次实现无线电通信方面的伟大贡献，1909 年他荣获了诺贝尔物理学奖。

15. 弗森登发明收音机

导言

一些大发明是在许多小发明的基础上产生的。收音机的发明，就应用了真空二极管、真空三极管、矿石检波器等发明的成果。

早在无线电报发明不久，有人就开始研究如何用无线电传送语言信息的问题。

1904 年，英国物理学家弗莱明，在多年研究爱迪生于 1883 年发现的热电子发射现象的基础上，发明了真空二极管。它是一种具有一个阴极和一个阳极的电子管，抽成真空后，只有当阳极电位高于阴极电位时，电流才通过。用它来代替金属屑检波器检波，灵敏度要高得多。

两年之后，美国无线电工程师德福雷斯特发现，若在真空二极管的灯丝阴极和阳极金属板之间，封装一个网状的栅极后，从阴极发射到阳极的电子流就可以通过栅极来控制，而且任何通过栅极的微弱信号都可以得到很明显的放大。这个发现，使德福雷斯特完成了在电子技术史上具有划时代意义的发明——真空三极管。

真空三极管可使通信的距离大大增加，用它做成三极管放大器后，可以方便而又有效地增加电话线路的长度，又能保证足够的音量。

1906 年，一种高频振荡检波装置——矿石检波器被发明出来之后，人们就可以很容易地安装一台简易收音机了。

同年年底，有一天晚上 8 点左右，美国新英格兰附近海面几艘轮船上的无线电报务员，突然从耳机里听到一个男人的声音。那人先是朗诵了一段关于圣诞节的故事，然后演奏了一会儿小提琴，接着又用留声机放了一段小提琴曲，最后祝贺大家圣诞节快乐。然后这些声音消失了，一切又恢复原状。

原来，这些声音是由美国发明家弗森登"炮制"出来的。当时，他在纽约附近的布兰特罗实验室里，用功率为 1 千瓦、频率为 50 赫兹的交流发电机，借助麦克风话筒进行声音调制，并通过国家电气信号公司的天线塔播放出来。这次"播音"，是人类进行的有记载的第一次无线电广播。

此后的很多年里，摆弄收音机的只是一些少数的业余爱好者而已。当时所谓的收音机，都是他们用麦片盒子和铜线自己装配的，而且只能一个人用耳机来收听，广播节目也是他们自编自演的节目。

到了 20 世纪 30 年代，扬声器——"喇叭"发明了之后，此时的收音机的灵敏度也因为三极管等电子器件的使用而增高，不需要架起高高的天线就能收听到几百甚至几千千米以外的广播节目。因此，广播摇身一变成了许多国家发展最快的部分，收音机迅速地普及到千家万户，电台也如雨后春笋般涌现。

广播与电话一样，都是传送声音信息的。但它们又不完全相同。电话以及电报、传真等都是点与点之间的通信，只把有关信息传送给一个人或少数人。广播却不一样了，它是一种开放式的通信手段，可以把一个地方的信息，迅速地通过电台传送给另一个地区、另一个国家甚至全世界的广大听众，因此，它可以在很大范围内推动各种潮流并影响甚至决定人们的爱好。

现在，无论是在屋里、汽车里、大街上，还是在荒野、海滩、山坡上，人们都可以利用收音机这种神奇的"小魔盒"，来收听各种信息，了解这个世界每天发生的情况。

16. 贝尔德发明电视机

导言

随时关注新发现，思索它能为人类做点什么，往往会产生发明灵感。当人们发现硒时，贝尔德思考了这一问题，从而有了电视机的发明。

20 世纪 20 年代初，许多科学家都在思考一个问题：既然已能够利用电磁波实现长距离发射并接收无线电报，那么是否也能够利用电磁波来发射和接收图像呢？

这个问题，对于英国发明家贝尔德来说，一直充满诱惑力。他萌生了发明电视的想法，可是当他钻进图书馆里查阅资料时，却大失所望，因为几乎找不到一点可以参考的资料。

一天，贝尔德在报纸上看到一篇有趣的报道，说的是 1873 年有一位叫史密斯的电气工程师，发现了一个怪现象：有种叫硒的不导电物质，遇见阳光会像电池一样产生电，一旦遮住阳光，电就没有了。

史密斯的这一发现曾引起科学家们的极大关注，可是很少有人想到利用硒的这一特性为人类做点什么。

后来，贝尔德又从另一篇史料得知，有个叫肯阿里的工程师，运用史密斯的发现，做了一个两块金属中间夹有硒的装置。该装置一经阳光照射，金属板上就能发出微弱的电流，人们称之为"光电池"。肯阿里设想，利用硒的这种特性把图像传送到远方。他把许多小颗粒的硒密集地排列在一块板子上，又做了一个密集排列着许多小灯泡的装置，每个小颗粒硒和小灯泡各用一根导线连接。根据硒对光明暗变化的感应，产生强弱不同的电流，通过导线，传到对应的小灯泡上。这样，一幅用灯光表现硒的特性的图像就出现了。可是，肯阿里的设计并未成功。

贝尔德敏锐地感觉到，肯阿里的设计是合理的，失败的原因可能是硒所产生的电流太弱，不能使小灯泡发光。这以后，波兰工程师尼布可也利用硒可吸收光产生电流的特性，设计出了"光电管"，它比肯阿里设计的"光电池"的功用提高了几倍。再后来，美国人德福雷斯特发明了能把微弱电流放大的三极管。

贝尔德如饥似渴地读着这些散乱零碎的技术资料，按捺不住内心的激动："太棒啦！电视将在我的手中诞生！"

经过几年艰苦卓绝的努力，贝尔德终于制作出一台能传递静止图像的"机械扫描电视机"。

然而，贝尔德的这项发明并没有引起社会的重视，也没有什么人肯出钱购买他的技术专利。他意识到，要获得社会的公认，必须使自己的发明不断完善。因此，他一头埋进第二代电视机的研制之中。

贝尔德把钻了许多洞洞的圆盘安装在一根织针上进行扫描，并将光投射到转动的圆盘上，他把这个装置命名为"转换器"。转换器按固定的顺序照亮图像的不同部位，再将其转换成电流。他将强度不同的电流发射给接收机，再转换成图像。经过改进，电视机拍摄和投放出来的影像比原来清晰逼真多了。

第二代电视机研制出来后，贝尔德组织了一次公开表演，社会各界名流都好奇地前来观看人类有史以来的第一次电视播映。

表演开始，助手用一束强光打在一个摇头晃脑的玩具木偶身上。贝尔德抱着一个筒式摄像机对准木偶拍着。一会儿，灯光熄灭了。观看表演的人们个个面面相觑，不知贝尔德在搞什么名堂。贝尔德转过身来，面对观众，指着一块荧光屏说："女士们、先生们，请看——"话音未落，刚才那只玩具木偶的影像出现在屏幕上，摇摇摆摆的，十分滑稽。

"哗——"大厅里爆发出一阵热烈的掌声。这是人类看到的第一部电视短片。从此，贝尔德的名字传开了，英国政府很快承认了贝尔德发明的电视机。

1929 年，英国广播公司开始首次播放电视节目——每秒 17.5 帧图像，各个图像 50 行扫描线。然而，贝尔德的机械扫描电视还有缺点，比如扫描速度不快，精度不高，不足以传输和显示高质量的活动图像，等等。

其实，早在 1897 年，德国发明家布劳恩就发明了一种带荧光屏的阴极射线管，它的特点是受到电子束的撞击，荧光屏上就会出现亮点。1907－1908 年，俄国发明家罗辛和英国工程师斯温顿分别提出了电子扫描原理。1923 年，美国发明家兹沃里金提出了关于阴极射线显像管的设计思想，5 年后这种器件果然制造了出来并取代了图像再现的机械扫描。1933 年，兹沃里金又发表了光电摄像管的研究成果，接着灵敏得多的电子摄像管也研制成功。

那么，图像是怎样"发送"和"接收"的呢？

原来，在电视摄像时，摄像机采用扫描的方式，把图像每幅画面上明暗不同的光点，从左至右，由上到下，逐点逐行地变成电信号。经过调制和放大后，这些电信号再送到电视发射天线发射出去，供家家户户的电视机接收。

收到发送来的电信号后，电视机显像管里的电子束从左至右，由上到下，依次逐点逐行与摄像过程同步地把电信号还原成明暗不同的光点，构成整幅画面，在荧光屏上显示出来。

如今，电视机已普及到家家户户，它不再仅仅是一种"娱乐"工具了，而是能够帮助人们扩大视野、增长知识、传递信息的人类生活中的必备物。桌上的"小世界"，真正使人们做到了"足不出户，便知天下事"。

17. 麦布里奇、爱迪生及卢米埃尔兄弟发明电影

导言

是否成功是以实用为标准的。因此，那些能将发明投入实用的人将得到最大的荣誉。卢米埃尔兄弟在许多前辈相关发明的基础上，发明了投入实用的电影系列技术和产品，被誉为"电影之父"，便是理所当然的。不过，创始者与奠基者的功劳也不可埋没。

早在 1829 年，比利时著名物理学家约瑟夫普拉多发现视觉暂留原理，发明"运动照片"的探索就开始了。不过，人们认真探索"运动照片"的发明却是从 1872 年的一次打赌开始的。

这一天，在美国加利福尼亚的一家酒店里，有两个人打赌，马奔跑时是四蹄腾空还是一蹄落地，英国摄影师麦布里奇知道了这件事后，自告奋勇做裁判。他在跑道的一边安置了 24 架照相机，排成一行，镜头都对准跑道。在跑道的另一边，他打了 24 根木桩，每根木桩上都系上一根细绳，这些细绳横穿跑道，分别系到对面每架照相机的快门上。他让一匹骏马从跑道一端飞奔到另一端。当跑马经过这一区域时，依次把 24 根引线绊断，24 架照相机的快门也就依次被拉动而拍下了 24 张照片。

麦布里奇把这些照片按先后顺序剪接起来。每相邻的两张照片动作差别很小，它们组成了一条连贯的照片带。裁判根据这组照片，终于看出马在奔跑时总有一蹄着地，不会四蹄腾空。按理说，故事到此就应结束了，但这场打赌及其判定的奇特方法却引起了人们很大的兴趣。麦布里奇一次又一次地向人们出示那条录有奔马形象的照片带。一次，有人无意识地快速牵动那条照片带，结果眼前出现了一幕奇异的景象：各张照片中那些静止的马叠成一匹运动的马，它竟然"活"起来了！

麦布里奇突发奇想，是否能制作一组"运动照片"，让照片"活"起来呢？从 1872 年至 1878 年，他用 24 架照相机拍摄奔跑的骏马的分解动作组照，经过长达六年多的无数次拍摄，实验终于成功。接着他又在幻灯机上放映成功，即在银幕上看到了骏马的奔跑。这就是电影的雏形。

受此启发，1882 年，法国生理学家马莱改进了连续摄影方法，试制成功了摄影枪，并在另一位发明家强森制造的转动摄影器的基础上，

又制造了活动底片连续摄影机。1888 年 9 月，他把利用软盘胶片拍下的活动照片献给了法国科学院。

在 1888—1895 年期间，法、美、英、德、比利时、瑞典等国都有拍摄影像和放映的试验。1888 年，法国人雷诺试制了光学影戏机，并用此机拍摄了世界上第一部动画片——《一杯可口的啤酒》。

1889 年，美国发明大王爱迪生在发明了电影留影机后，又经过 5 年的实验，发明了电影视镜。他将摄制的胶片影像在纽约公映，轰动了美国。但他的电影视镜每次仅能供一人观赏，一次放几十英尺的胶片，内容是跑马、舞蹈表演等。他的电影视镜是利用胶片的连续转动，造成活动的幻觉，可以说最原始的电影发明应该是属于爱迪生的。他的电影视镜传到我国后被称为"西洋镜"。

1895 年，法国的奥古斯特·卢米埃尔和路易·卢米埃尔兄弟，在爱迪生的电影视镜和他们自己研制的连续摄影机的基础上，研制成功了活动电影机。活动电影机有摄影、放映和洗印等三种主要功能。它以每秒 16 画格的速度拍摄和放映影片，图像清晰稳定。

1895 年 3 月 22 日，卢米埃尔兄弟在巴黎法国科技大会上首放影片《卢米埃尔工厂的大门》获得成功。同年 12 月 28 日，他们在巴黎的卡普辛路 14 号大咖啡馆里，正式向社会公映了他们自己摄制的一批纪实短片，有《火车到站》《水浇园丁》《婴儿的午餐》《工厂的大门》等 12 部影片。卢米埃尔兄弟是第一个利用银幕进行投射式放映电影的人。史学家们认为，卢米埃尔兄弟所拍摄和放映的影片已经脱离了实验阶段，因此，他们把 1895 年 12 月 28 日世界电影首次公映之日定为电影诞生之日，卢米埃尔兄弟自然当之无愧地成为"电影之父"。

18. 内燃机的发明

导言

超越时代的发明，也许要耐心等待许多世纪，才会出现"姗姗来迟的辉煌"。内燃机的发明便是一例。

早在 17 世纪，荷兰物理学家惠更斯就提出了制造内燃机的设想。1670 年，他用火药在汽缸内燃烧，热能膨胀推动活塞运动，形成了现代"内燃机"的工作原理，但由于反对者众而未能真正实施。

约 200 年后，1860 年，法国工程师艾蒂安·勒努瓦以蒸汽机为蓝本，制成了首台以天然气为燃料的燃气发动机，同时也是世界上第一台实用的内燃机。勒努瓦研制的这种内燃机获得了专利并投入批量生产。

当时，瓦特蒸汽机主宰着机械工业。装备着蒸汽机的轮船、火车在世界各地耀武扬威，没有这种热效率高、结构小巧紧凑的内燃机的立锥之地。

在内燃机与蒸汽机的竞争中，内燃机经过不断改进，出现了柴油内燃机和汽油内燃机。于是，应用汽油内燃机的一项划时代发明出现了。这就是汽车。

汽车肇始于1769年，法国陆军工程师尼古拉·约瑟夫·居纽制造了第一辆蒸汽驱动的三轮汽车。但是这种汽车的时速仅4千米，而且每15分钟就要停车向锅炉内加煤，非常麻烦。后来三轮汽车在一次行进中撞到砖墙上，被碰得支离破碎。

有实用价值的汽车是内燃机汽车。1879年，德国工程师卡尔·本茨首次试验成功一台二冲程试验性内燃机。1883年10月，他创立了本茨公司和莱茵煤气发动机厂。1885年，他在曼海姆成功地制造了第一辆用汽油内燃机驱动的汽车。该车为三轮汽车，采用一台两冲程单缸0.9马力的汽油内燃机。此车具备了现代汽车的一些基本特点，如电火花点火、水冷循环、钢管车架、钢板弹簧悬架、后轮驱动前轮转向和制动手把等。1886年11月，卡尔·本茨的三轮机动车获得了专利权。这就是公认的世界上第一辆现代汽车。由于上述原因，人们一般都把1886年作为汽车元年，也有些学者把卡尔·本茨制成第一辆三轮汽车的1885年视为汽车诞生年。

与本茨同时发明用汽油内燃机驱动汽车的还有德国工程师威廉海姆·戴姆勒。他发明了用电火花为发动机点火的自动点火装置，然后又在这一发明的基础上制造出优秀的汽油发动机。这种发动机每分钟900转，结构简单紧凑，而且能产生很大的功率。1883年，戴姆勒完善了这种汽油发动机，第二年开始装配在两轮车、三轮车和四轮车上，制成了汽油发动机汽车。戴姆勒于1886年制造的装有1.5马力汽油发动机的四轮载货汽车，时速可达18千米。

几乎同时，英国的巴特勒也发明了装有汽油发动机的汽车。此外，意大利的贝尔纳、俄国的普奇洛夫和伏洛波夫也发明了内燃机汽车。1908年，美国人福特发明了有倒挡、灵活轻巧、结实便宜的T型汽车。

这种实用又能批量生产的现代汽车，使世界在接受了汽车这种新产品的同时，也接受了内燃机这种超时代的新产品，内燃机逐步代替蒸汽机，迎来了它的辉煌时代。

内燃机取代蒸汽机装备轮船也逐步成为主流。

1807年，美国机械工程师罗伯特·富尔顿设计建造了世界上第一艘用蒸汽机驱动轮子拨水的"克莱蒙特"号轮船。这种船还带有帆，它的最高速度是8.3千米/时。它在纽约和奥尔巴尼之间被用作摆渡船。该船性能可靠，执行了世界上最早的轮船定期航班，奠定了轮船不容撼动的地位，因此富尔顿被称为"轮船之父"。

但是，汽油和柴油内燃机开始与蒸汽机竞争，装备轮船。

1886年，德国工程师戴姆勒首先把汽油发动机装在自制的船上，在德国纳卡河上航行成功。由于装有汽油发动机的船舶速度很快，所以这种发动机在第一次世界大战中普遍用于鱼雷艇、汽艇及海岸巡逻艇上。

船舶采用柴油发动机，主要是为了经济而不是为了提高航速。它比蒸汽机轻巧，节省舱位。1902年，第一台船用柴油机装在法国运河船"小皮尔"号上。两年后，俄国油轮"旺达尔"号建成，在伏尔加河和里海上航行，是世界上第一艘柴油远洋轮船。从1930年起，新造的客轮及货轮大都采用柴油发动机。

内燃机车取代蒸汽机车，是火车的一次革命。

1804年，一个名叫德里维斯克的英国矿山技师，利用瓦特的蒸汽机造出了世界上第一台蒸汽机车。这是一台单一汽缸蒸汽机，能牵引5节车厢，时速为5～6千米。

有实用价值的蒸汽机车即火车是由英国工程师乔治·斯蒂芬森发明的。这种车因为当时使用煤炭或木柴做燃料，所以人们都叫它"火车"，这个名称一直沿用至今。1817年，斯蒂芬森制造出了性能良好的"火箭"号机车，建造了从利物浦到曼彻斯特的铁路，这是世界上第一条完全靠蒸汽机车运输的铁路线，从此火车开始奔腾在人类的历史舞台。

最早使用燃煤蒸汽动力的燃煤蒸汽机车有一个很大的缺点，就是必须在铁路沿线设置加煤、加水的设施，还要在运营中耗费大量时间为机车添加煤和水。这些都很不经济。在19世纪末，许多科学家转向研究电力和燃油机车。

1894年，德国研制成功了第一台汽油内燃机车，并将它应用于铁路运输，开创了内燃机车的新纪元。但这种机车烧汽油，耗费太高，不易推广。

1924 年，德、美、法等国成功研制了柴油内燃机车，它在世界上得到广泛使用。

1941 年，瑞士研制成功新型燃油汽轮机车，该种机车以柴油为燃料，结构简单、振动小、运行性能好，因而在工业国家被普遍采用。

飞机、火箭因有小巧的内燃机装备而得以诞生。

移动电站、地质钻机、建筑工程机械、拖拉机、坦克、潜艇也因适宜于装备内燃机而出现。

于是，世界上到处都有内燃机在轰鸣，蒸汽机逐渐销声匿迹。

第三章
航空航天技术

启示录　超时代的发明

　　许多发现是超时代的，它的实用价值也许要很多年以后才会被人类发现。我国古代人民早已发现喷射的高温高压气体具有强大推动力。公元 1000 年，唐福就运用这一原理发明了用火药作动力的火箭，但应用范围很窄，只有玩具"冲天炮"一类的小玩意儿广为人知。到了 20 世纪，这个原理才被用于发明具有划时代意义的现代火箭，并因此带来了卫星、宇航、导弹、火箭炮等重大发明。1926 年 3 月，美国科学家哥达德发明了现代火箭。该火箭长 3 米，用液体燃料推动，并于这年 3 月在美国马萨诸塞州的放射场升入天空。1957 年，苏联用火箭成功地将世界上第一颗人造地球卫星送入太空。1969 年 7 月至 1972 年 12 月，美国用第一级推力达 3 500 吨的阿波罗运载火箭，将 24 名宇航员送入太空，其中 12 人在月球登陆，最后安全返回地球。

　　历史上的一些超时代发现，往往因其新异，前无古人，当时很难发现其间蕴藏的巨大开发价值。有时，就连当事人也想不到自己的发现会给人类带来多大的利益。原子裂变现象的发现者卢瑟福便是一例。1919 年，英国科学家卢瑟福实现了元素的人工嬗变。1930 年，卢瑟福进一步实现了原子的人工分裂。但他却说，如果有人企图用通过原子分裂的方法来获得能源，无异于水中捞月。爱因斯坦发现了原子分裂时的质能转换规律，但他却说，他看不出有什么方法能够利用原子能。

　　俗话说，旁观者清，就在这两位获得过诺贝尔奖的大科学家、原子分裂研究的泰斗断言原子能利用"没搞头"时，1942 年，在奥本海默博士的领导下，美国、英国、加拿大携手合作研制原子弹，准备向德、意、日法西斯发动致命的打击。1945 年 7 月 16 日，世界上第一颗原子弹试爆成功。紧接着，两颗原子弹丢到日本的广岛、长崎，迫使给世界人民，特别是给亚洲各国人民带来深重灾难的日本天皇立即举起白旗。战后，原子弹和氢弹无节制地发展，能够毁灭人类几次的众多核弹头成为悬在全人类头上的达摩克利斯剑。全人类在共同努力禁止发展核武器并销毁核弹头的同时，鼓励原子能的和平利用。1954 年 6 月，苏联建成了第一座核电站。以后，美国、英国、法国、中国等国家纷纷建起了核电站。其间，由于苏联切尔诺贝里核电站及美国三里岛核电站发生核事故，造成了一些人对核电站的恐惧心理，延缓了核电站发展的速度。但是，随着核电站安全防护措施的不断完善，并达到万无一失，再加上核电站在运行中显示出的无与伦比的优点——高效率、低消耗、低成本、低污染，核电站必将加速发展，同水力发电一起，成为 21 世纪供电的主力。

超时代发现与发明之间的时差，在举世公认的伟大科学家阿尔伯特·爱因斯坦身上表现得最为突出。他发现的广义相对论除了在科幻小说中得以实现外，还未见到现实中由这些发现带来的伟大发明。但我们有理由相信，爱因斯坦的超时代发现，将引发出许多划时代的发明，给人类生活带来天翻地覆的变化，就如许多科幻小说中描写的那样。

19. 飞机的发明

导言

人类要像鸟儿一样在蓝天自由飞翔的梦想由来已久，但真正开始实现飞天梦的是飞机的发明，那是大胆的冒险家以科学为武器经历无数次失败后的成果。

风筝是中国劳动人民对人类实现飞行梦想的最杰出的贡献之一，它被传到西方后，许多航空先驱者就是从风筝开始研究和试验的。

风筝起源于中国，至今已有 2 000 多年的历史了。相传最早的风筝是出自楚汉相争时的韩信之手。当韩信把项羽围困在垓下以后，就做了一个很大的纸鸢，让身材轻巧的张良坐在其上，飞上天空，高唱楚歌，借以瓦解楚军军心。

唐代之前，我国的风筝还都称为纸鸢或风鸢，是以丝、绸、竹为材料制成。到了唐代，有人把竹笛系在风筝上，在空中能发出类似古筝的响声，称谓也开始变成风筝。到宋代，风筝开始在民间流行，材料也改用价格低廉的纸和竹了。

经过千百年的演进，中国的风筝制作已达到很高的水平，如造型多种多样，既有巨型的"龙"形风筝，又有微型的"蝶"形风筝，还有特种造型并能发出光和声响的娱乐风筝等，观赏性极强。

风筝不仅有很好的军事用途和娱乐用途，它也是一种科学工具。如莱特兄弟等用它作为发明飞机的启蒙试验工具。美国著名的物理学家富兰克林在一个风雨交加的夏天，通过放在空中的风筝将雷电引到他自制的充电器上，完成了震惊世界的"捕捉天电"的试验，并以此发明了至今还在为人类造福的避雷针。英国的乔治格雷爵士用两只风筝作机翼，研制出了一架5英尺的滑翔机……

现在，在一些国家的博物馆里，还展示有中国的风筝。英国的博物馆还把中国的风筝称之为"中国的第五大发明"。

人类观察、模仿鸟类飞行的尝试已经有几千年了。通过对鸟类的一系列研究，科学家终于找到了人类飞上蓝天的关键所在。

出生于1452年的意大利人达·芬奇既是著名的艺术家、科学家和工程师，又是航空科学研究的创始人。

与前人不同，达·芬奇是先通过对鸟飞行的观察、解剖和试验，对鸟的飞行原理有了深刻的认识后，才提出人类有能力仿制一种机器来模仿鸟的全部运动。

达·芬奇对飞行问题研究的另一重大贡献是，他认为在研究鸟的飞行的同时，还必须研究鸟飞行的环境，即流动的空气或风对鸟飞行的影响，而空气的运动特性还可以通过水的流动来模拟研究。实际上，现代空气动力学的许多原理就是通过研究风洞和水洞试验得到的。

达·芬奇观察到鸟都喜欢逆风飞行，并且向前飞行时，翅膀总是与风的方向有一个角度，现代飞机也正是这样飞行的。而且他认为鸟飞行时获得向上的升力是来自于鸟翅膀对空气压缩后空气产生的反作用力，这一结论比牛顿的作用力和反作用力理论整整提前200年，可见达·芬奇的研究的超时代意义。

达·芬奇把对鸟飞行的长期研究结果写成了《论鸟的飞行》一书，书中还有许多飞行器的设计草图，包括扑翼机、降落伞和直升机，对人类飞行器的发展描绘了十分乐观的前景。

1783年11月21日，法国的罗其尔和达尔兰德乘坐蒙哥尔费兄弟制作的热气球，实现了人类的首次升空。

德国工程师奥托·李林达尔是世界上成功地把载人滑翔机飞上天的第一人。

出生于 1848 年 5 月的李林达尔和比他小一岁的弟弟古斯塔夫，自小就向往像鸟一样翱翔蓝天。两人从研究鸟的飞行开始，制造了大量的扑翼机模型，并自己设计了旋臂机，从中得到了许多试验数据。

李林达尔于 1881 年设计和制造了第一架滑翔机，以后 7 年间共制造了 18 种滑翔机，并亲自飞行了 2 500 多次，其中最远可达 300 米，还完成了 180 度的转弯飞行，被人们称为"蝙蝠侠"。

1896 年 8 月 9 日清晨，李林达尔用他喜欢的 11 号滑翔机试验一个新的操纵动作。可滑翔机由于失控，一下子就头朝下栽向地面而坠毁，李林达尔的脊椎被摔断。在送往医院的途中，李林达尔对泪流满面的弟弟说的最后一句话是"牺牲是必要的"。第二天李林达尔在医院去世，年仅 48 岁。

李林达尔的牺牲震动了当时的整个航空界，但滑翔机的制造和飞行运动的热潮却因此在全世界扩散开来。尽管李林达尔的滑翔机结构十分简陋，必须通过身体的移动来操纵滑翔机的运动，但它已是世界上第一种可操纵的飞行器，从而为 7 年后动力飞机的研制成功打下了基础。

塞缪利·兰利博士是美国一位靠顽强自学成名的学者。他一生中发表了上百篇文章，在全世界都享有盛名。

兰利 52 岁时才开始认真研究飞行。他自己设计了旋臂塔，进行了大量空气动力学试验，得到了许多定量的结果。他所提出的升力计算公式到今天仍然在采用。

1896 年，他制造了一个带动力的飞机模型，该模型飞到了 150 米的高度，飞行留空时间达到了近 3 个小时。这是历史上第一次重于空气的动力飞行器实现稳定持续的飞行，在世界航空史上具有重大意义。

1903 年 10 月 7 日，他为美国陆军和海军研制的一种能用于战争的载人飞机"空中旅行者"进行首次飞行试验。这架飞机采用了前后串置的机翼布局，以内燃机作动力，采用弹射方式起飞。但当弹射装置将飞机弹出时，飞机却一个倒栽葱掉进了河里，驾驶员死里逃生。经过修复后再次试飞的"空中旅行者"又发生了机尾折断、飞机垂直落入水中的事件。两次试飞失败引起舆论一片哗然和嘲笑，使兰利的自尊心受到了极大的伤害。两年后，这位伟大的航空先驱者溘然而逝，享年 72 岁。

从 1899 年开始，美国俄亥俄州代顿的自行车制造商莱特兄弟先后研制了三架滑翔机。头两架滑翔机解决了飞机的稳定和操纵问题，但由于机翼升力和阻力数据不够准确，因此这两架滑翔机的飞行性能不高。于是他们又进行了多次实验，以获得更加准确的数据，用以指导飞机设计。这些实验是利用自行车轮加装实验件旋转进行的。随后他们又自制了风洞进行精确实验。1901 年 9 月—1902 年 8 月间，他们共进行了上千次试验，开展了大量有关机翼升力、阻力、翼型的实验研究。

利用自己获得的精确数据，他们制成了第三号滑翔机。它在试验时取得了极大成功。利用它共进行了 700 多次滑翔飞行，都能保持稳定和安全，即使在时速 36 千米的强风中也能照常进行。第三号滑翔机的研制成功为他们研制动力飞机提供了精确数据。

在第三号滑翔机的基础上，1903 年，莱特兄弟研制了第一架有动力的飞机——"飞行者"一号。"飞行者"一号采用一副前翼和一副主机翼，都是双翼结构，用蒙皮木支柱和线连接而成。机尾是一个双翼结构的方向舵，用来操纵飞机的方向，而飞机上下运动则由前翼来操纵。飞机没有起落架和机轮，只有滑橇。起飞时飞机装在滑轨上，用带轮子的小车拉动和辅助弹射起飞。驾驶员俯伏在主机翼的下机翼中间拉动操纵绳索的手柄操纵飞机。

1903 年 12 月 17 日，这是一个载入史册的日子。这天清晨，天气阴冷。在美国北卡罗来纳州的一块空地上，莱特兄弟准备对他们制造的一架结构单薄、样子奇特的双翼飞机"飞行者"一号进行第一次试飞。除了一名见证人、几个救生人员和帮手外，没有任何观众。这是人类历史上第一架能够载人自由飞行，并且完全可以操纵的动力飞机。

上午 11 时左右，弟弟奥维尔·莱特在飞机上俯伏就位。发动机启动后，飞机开始向前滑动，最后终于晃晃悠悠地升到了空中。这次飞行的留空时间只有短短 12 秒，飞行距离只有微不足道的 36 米，但它却是人类历史上第一次有动力、载人、持续、稳定和可操纵的重于空气的飞行器的首次成功升空飞行，为人类征服天空揭开了新的一页，也标志着飞机时代的来临。

11 时 20 分，哥哥威尔伯·莱特又驾驶"飞行者"一号作了第二次飞行，也取得了成功，留空时间约 11 秒，飞行距离约 60 米。奥维尔作了第三次飞行，留空时间 15 秒，飞行距离 61 米。第四次也是当天最后一次飞行由威尔伯驾驶，也取得了成功并达到当天的最好成绩——留空时间 59 秒，飞行距离 260 米。这一天被世界航空界公认为世界航空世纪的第一日。

20. 航天技术

导言

苏联的康斯坦丁·齐奥尔科夫斯基、美国的罗伯特·戈达德和德国的赫尔曼·奥伯特，是人类航天技术史上最具影响力的三位科学家。齐奥尔科夫斯基是其中的佼佼者，现代宇宙航行学的奠基人，被称为航天之父。他有一句名言："地球是人类的摇篮，但人类不可能永远被束缚在摇篮里。"

在 14 世纪末的明朝，中国曾出现一位勇敢而伟大的飞天始祖——万户。他制作了一把"飞天椅"，在椅子后面捆了 47 只火箭。他坐在椅子上，手持两只大风筝，然后让别人点燃椅子后面的火箭，希望能借助火箭的推力腾空而起。可是一声巨响之后，万户连同他的飞天椅一起被炸得粉碎。

虽然万户的飞天梦破灭了，但他借助火箭推力升空的设想，比起现代航天之父——齐奥尔科夫斯基提出利用火箭进行星际交通的设想要早几百年。万户被世界公认为"真正的航天始祖"。为了纪念他，国际天文联合会将月球上的一座环形山命名为"万户山"，以表彰他开创人类航天的不朽功勋。

只凭勇气和想象要实现飞天梦显然是不行的。科学家们开始冷静地思考，要有什么条件才能挣脱地球的引力，飞出地球。

我们都知道，一切物体间都有吸引力，物体的质量越大，对别的东西的吸引力就越大。据科学家们测算，地球的质量约为 60 万亿亿吨，要想挣脱它的引力，飞出地球，可真不是件容易的事儿。

300 多年前，英国科学家牛顿提出：如果物体的速度达到 7.9 千米/秒，那么物体就会围绕地球转圈，而不会落到地面上，成为围绕地球旋转的人造卫星。这个速度称为第一宇宙速度。如果物体的速度达到 11.2 千米/秒，物体就能挣脱地球的引力，飞出地球，成为环绕太阳运行的人造行星。这个速度称为第二宇宙速度。如果物体的速度达到 16.7 千米/秒，物体不仅能挣脱地球的引力，还能挣脱太阳的引力，飞出太阳系。这个速度称为第三宇宙速度。牛顿提出的第一、第二、第三宇宙速度，已成为现代发射人造航天器的基本依据。

航天梦要依靠科学才能实现。将牛顿力学原理应用到宇航中，发明航天技术，苏联科学家齐奥尔科夫斯基立了首功。

　　1857年9月17日，齐奥尔科夫斯基出生于莫斯科南部的梁赞省一个美丽的村庄，儿时的一场大病使他成了聋子。于是，他开始靠幻想生活。

　　儒勒·凡尔纳的幻想小说使他沉醉在如何实现人类飞天梦的思索之中。1911年，他在回忆录中说："在过去很长时间里，我也和其他人一样，认为火箭不过是一种少有用途的玩具。我已很难准确回忆起我是怎样开始计算有关火箭的问题。对我来说，第一颗太空飞行思想的种子是由儒勒·凡尔纳的幻想小说播下的，它们在我的头脑里形成了确定的方向。我开始把它作为一种严肃的活动。"

　　1882年，他在自学过程中掌握了牛顿第三定律。这个看似简单的作用与反作用原理突然使他豁然开朗。他在日记中写道："如果在一只充满高压气体的桶的一端开一个口，气体就会通过这个小口喷射出来，并给桶产生反作用力，使桶沿相反的方向运动。"这段话就是对火箭飞行原理的形象描述。

　　1883年，齐奥尔科夫斯基在一篇名为《自由空间》的论文中，首次提出利用反作用装置作为太空旅行工具的推进动力的可能性。他对这种火箭动力的定性解释是：火箭运动的理论基础是牛顿第三定律和能量守恒定律。这些思想在1893年发表的科幻小说《月球上》和1895年写的《地月现象和万有引力效应》中得到了进一步发展。1896年，他开始从理论上研究星际航行的有关问题，进一步明确了只有火箭才能达到这个目的。1897年，他推导出著名的火箭运动方程式。

　　在这些工作的基础上，齐奥尔科夫斯基于1898年完成了航天学经典性的研究论文《利用喷气工具研究宇宙空间》。

　　随后，齐奥尔科夫斯基又接连在《科学报告》上发表了多篇关于火箭理论和太空飞行的论文。这些出色的论文系统地建立起了航天学的理论基础。

　　在对火箭运动理论进行了一番研究之后，齐奥尔科夫斯基又在牛顿关于宇宙三大速度原理的基础上，对星际航行问题进行了研究和展望。在1911年发表的论文中，他详细地描述了载人宇宙飞船从发射到进入轨道的全过程，内容涉及飞船起飞时的壮观景象，超重和失重对宇航员的影响，失重状态下物体的奇异表现，不同的高度看地球的迷人景观、天空的景色等。人们读起他的著作时会有一种亲临宇宙飞船登天的感觉。

齐奥尔科夫斯基既是一个踏实的科学家，也是一个热情的探索者。他在一篇名为《太空火箭工作：1903—1927 年》的文章中，系统地总结了他在火箭和航天学研究过程中所做的工作和取得的成就。然后，他对航天的未来发展阶段进行了展望。这些阶段包括：火箭汽车、火箭飞机、人造卫星、载人飞船、空间工厂、空间基地、太阳能的充分利用、外太空旅行、行星基地，以及恒星星际飞行等。他在文章中提出的在飞船中利用植物生产食物和氧气、依靠旋转产生重力、更好地利用太阳能等思想至今仍是航天领域的研究方向。

历史将永远铭记这一天，这是人类挣脱地球束缚飞向太空的划时代的日子——1961 年 4 月 12 日，苏联空军少校尤里·加加林乘坐"东方"1 号飞船首航太空，成为人类历史上的第一位太空使者，拉开了人类太空飞行的序幕。

21. 火箭

导言

现代火箭的发明，开启了人类征服太空的新时代，也为导弹的发明奠定了基础。

人类虽然已经利用气球、飞艇、飞机实现了在天空中的飞行，但由于气球、飞艇只能在低空随风飘荡，飞机只能在有空气的条件下飞行，飞行高度受到了限制。因此，人类要想离开地球到太空去航行，就必须寻找一种新的能够冲出大气层的运载工具。

中国是火箭的发祥地，是世界公认的最早发明火箭的国家。原始的火箭，是利用爆竹的燃烧作为推进装置，箭头作为战斗部，箭杆作为弹体，箭羽作为稳定火箭飞行姿态的尾翼。这是中国最早靠自身喷气推进的火箭，也可看成是现代火箭的雏形。

从原理上讲，古代的"神火飞鸦"火箭与现代的并联式捆绑运载火箭是一样的。明代《武备志》记载的多级火箭——"火龙出水"火箭是一种早期的两级火箭，与现代串联式多级运载火箭的原理也相似。中国古代的火药和火箭影响了整个世界，为现代火箭的发展奠定了基础。

18 世纪，印度军队在对抗英国和法国军队的多次战争中，曾大量使用火箭并取得良好的效果，也因此带动了欧洲火箭技术的发展。

20世纪初，关于星际旅行的科学研究蔚然成风，这很大程度上是由诸如凡尔纳、威尔斯等科幻作者的神奇想象力激发的。火箭技术的发展让星际旅行这一目标渐渐成为现实。

1903年，齐奥尔科夫斯基发表了《利用反作用力设施探索宇宙空间》的论文，这是第一篇关于使用火箭进行空间旅行的严谨论文。他第一个提出使用液氢和液氧作为火箭推进剂，并计算出这类火箭的最大排气速度。他的工作在苏联以外默默无闻，但是在苏联国内，他的工作为后续的研究实验打下了基础。

1912年，美国科学家埃斯诺·佩尔特里发表了关于火箭理论和星际旅行的演讲。他独立推导出了同齐奥尔科夫斯基一致的火箭推进公式，计算出了往返月球和其他行星所需的基本能量，提出了使用原子能进行火箭喷射驱动的构想。

1912年，德国科学家罗伯特·戈达德开始了一系列的火箭制造技术研究。他发现固体燃料火箭需要在三个方面改进：一是燃料应该在一个小燃烧室燃烧而不是建造整体的推进剂容器，以承受高压；二是火箭可以分为多级；三是使用拉伐尔喷管可以使排气速度超过音速。他在1914年为这些发现申请了专利。他还独立发展了火箭飞行数学理论。

1918年，戈达德成功发射了一枚固体燃料火箭。而后，他又开始使用液体燃料推进器的火箭计划。1926年3月16日，他试验发射了世界上第一枚用液体燃料推进的火箭。火箭全长3.04米，整个飞行时间为2.5秒。戈达德激动地说："这一下，我可创造了历史！"

火箭既不像气球靠空气的浮力上升，也不像飞机靠空气的升力飞行，它是依靠自身携带的燃料燃烧喷气所产生的反作用力飞行的。火箭要在没有空气的太空中飞行，除了要带足燃料外，还必须要自带助燃剂，这样火箭上携带的燃料才能燃烧，火箭发动机才能正常工作。

由于火箭是自身携带燃料飞行，为了使火箭能不断加速到脱离地球引力的速度，航天科学家们把运载火箭做成多级火箭串联或并联在一起，每一级火箭里都有燃料，燃烧完一级就扔掉一级，这样火箭就越飞越轻，速度也越来越快。再加上飞行的火箭离地球越来越远，地心引力和空气阻力逐渐减弱，火箭不断加速，便可以达到预定的速度，将人造卫星、飞船、探测器、空间站等航天器送入太空预定轨道了。

飞行中的火箭就像水中航行的船一样，也需要用"舵"来控制其飞行的方向。火箭在没有空气的太空中飞行，是依靠什么"舵"来控制它的飞行方向呢？

其实，航天科学家们早就想出了办法解决这个问题。他们将火箭的"舵"装在火箭尾部喷气口喷出的气流中，转动这个"舵"就可以改变喷出气流的方向，从而改变火箭的飞行方向。当然，这个"舵"是不需要人工去操作的，它完全按照事先编好的火箭飞行程序，由计算机自动控制，在火箭正常飞行的情况下，对"舵"的控制几乎可以做到毫厘不差。

这些发明使火箭技术更上一层楼。

第二次世界大战结束后，苏联和美国首先在 V-2 火箭基础上竞相发展本国的导弹，然后在导弹基础上改进用于卫星等航天器发射的运载火箭。随后，其他国家几乎都走了与苏、美同样的道路。其典型代表是苏联的"东方"号，美国的"雷神""大力神"，我国的"长征"1 号、"长征"2 号火箭等。

为了发射高轨道卫星，各国都在已有的火箭上加上一个第三级火箭。这一阶段的火箭就和两级导弹有了区别。其典型代表是美国的"宇宙神"、欧洲的"阿丽亚娜"、苏联的"质子"号和我国的"长征"3 号运载火箭等。

为了把更重的卫星、飞船、航天飞机、空间站送上天，各国普遍采用了在原有火箭的周围再捆绑上几个助推火箭的捆绑技术，自此，运载火箭便走上了独立发展的道路。其典型代表是日本的"H-2"、欧空局的"阿丽亚娜"5 号、美国的"土星"5 号和中国的"长征"2 号 E、"长征"2 号 F、"长征"3 号 B 运载火箭等。

目前的运载火箭都是化学能火箭。随着宇航事业的发展和需求，人们又在研制各种新型火箭，如用铀、钚等重金属的核裂变所产生的热量来加热推进剂，使它高速喷出，以产生推力的核能火箭，这种核能火箭的有效载荷重量相对化学能火箭将会大大增加；利用强激光束来加热推进剂，使原子电离，形成等离子区，发生微型爆炸，形成激光脉冲，产生推力推动火箭飞行的激光火箭；用轻型反射镜聚集太阳光，加热推进剂喷出而产生推力的太阳能动力火箭；在火箭发动机中利用微波辐射流，将空气快速加热到超高温状态，空气急速膨胀并产生爆炸效应，进而推动火箭向前飞行的微波火箭；用喷射更强大的光子源，速度就可以接近光速，以实现人类到达外星系的梦想的光子火箭；等等。

22. 人造卫星

导言

人类实现飞天梦的第一个成果是人造卫星的上天。

晴朗的夜晚，当你抬头仰望满天星斗的夜空时，有时你能看到一颗颗匀速移动的"星星"。这些在太空中穿梭来往的星星，既不是宇宙中的星球，也不是天上的流星，而是在太空中运行的人造地球卫星。

1957 年 10 月 4 日，苏联在拜科努尔发射场，用"卫星"号火箭成功发射了世界上第一颗人造卫星——"人造地球卫星"1 号，它被誉为"太空第一星"，开创了人类航天的新纪元。该卫星的外形就像是一个大皮球，直径 0.58 米，重 83.6 千克。

1958 年 2 月 1 日，美国在大西洋导弹发射场，用"丘比特"C 型火箭成功地将本国的第一颗人造卫星——"探险者"1 号送上了太空。该卫星很小，只有 8.2 千克。

1965 年 11 月 26 日，法国在哈马圭尔发射场，用"钻石"A 型火箭成功地发射了其第一颗人造地球卫星——"试验卫星"1 号。该卫星是一个直径为 0.5 米的双截头锥体，重约 42 千克。

1970 年 2 月 11 日，日本在鹿儿岛发射场，用"兰姆达"4S 型火箭成功发射了其第一颗人造卫星——"大隅"号。该卫星外形呈环形，高 0.45 米，重 9.4 千克。

这是一个值得中华民族铭记和骄傲的日子——1970 年 4 月 24 日晚，一座高高的铁塔静静地矗立在大西北神秘的戈壁荒漠中。21 时 35 分，随着指挥员一声令下："点火！"惊天动地的轰鸣声中，一支巨大的乳白色火箭拔地而起，直刺星空……

大漠中神秘的航天城沸腾了，所有中国人的心沸腾了……中国成功地发射了自己的第一颗人造地球卫星——"东方红"1 号。

"东方红"1 号卫星外形为球形多面体，重 173 千克，直径约 1 米。卫星绕地球一圈，用时 114 分钟，在运行过程中向全世界播送《东方红》乐曲。"东方红"1 号的成功发射，使中国成为世界上第五个能自行研制、发射人造卫星的国家。中国从此跨入了航天时代。

1971 年 10 月 28 日，英国成功地发射了其第一颗人造地球卫星——"普罗斯帕罗"号。

1980 年 7 月 18 日，印度用自行研制的火箭成功地发射了其第一颗人造地球卫星——"罗希尼"号。

1988 年 9 月 19 日，以色列发射了其第一颗人造地球卫星——"地平线"1 号。

50 多年来，世界各航天大国共发射了 5 000 多颗不同类型和用途的人造卫星。人造卫星在离地面几百千米甚至几万千米的高空来往穿梭，巡天遨游，认真履行着各自的职责，是名副其实的"千里眼"和"顺风耳"。寂静的太空变得热闹起来。

人造卫星在太空中并不像飞机那样可以任意改变方向，自由飞行，它必须遵守自己的运行轨道，即卫星的飞行轨道。从其飞行轨道的类型来分，人造卫星可分为极地轨道卫星、地球同步轨道卫星、太阳同步轨道卫星。

从卫星的用途和性能来看，人造卫星又分为科学探测卫星、技术试验卫星和应用卫星三大类。应用卫星是直接为人类服务的卫星。它的种类最多，数量最大，对人类社会生活的影响也最大。应用卫星这个庞大的家族中，主要包括通信卫星、气象卫星、地球资源卫星、侦察卫星、导航卫星、测地卫星、截击卫星等。专为国民经济服务的卫星称为民用卫星，专为军事目的服务的卫星称为军用卫星。

人造卫星与人们生活最密切相关的是卫星导航技术的发明。

1960 年 4 月，美国发射了第一颗导航卫星——子午仪 1B。此后，美国、苏联先后发射了子午仪宇宙导航卫星系列。通过国际合作还发射了具有定位能力的民用交通管制和搜索营救卫星系列。

美国全球定位系统(GPS)和苏联全球导航卫星系统(GLONASS)是以卫星星座作为空间部分的全球全天候导航定位系统。GPS 采用 18 颗工作星和 3 颗备份星组成 GPS 空间星座。GLONASS 采用 24 颗工作星和 3 颗备份星组成 GLONASS 空间星座。

目前我国也有了自己的导航卫星系统——北斗导航卫星定位系统。该系统是我国自行研制开发的区域性有源三维卫星定位与通信系统(英文缩写 CNSS)。它是继美国的 GPS、苏联的 GLONASS 之后的第三个成熟的卫星导航系统。

23. 载人宇宙飞船和登月技术

导言

在火箭、导弹乃至载人宇宙飞船和登月技术的发明中，有一个重要的科学家，那就是德国人沃纳·冯·布劳恩。他为德国法西斯研制成功V-2火箭弹，二战后又服务于美国，领导了美国的宇航技术研究。罪耶？功耶？

布劳恩征服宇宙的热情可以说来自于母亲的影响，他的母亲埃米·冯·布劳恩男爵夫人是一个出色的业余天文学爱好者。她出身于瑞典一个德国贵族世家，是一位很有教养的女士，能熟练地用六种语言会话。当儿子在路德派教堂行坚信礼时，她不是按惯例给他金表，而是给了他一个望远镜。冯·布劳恩说："于是，我也成了一个业余天文爱好者，从而对宇宙产生了兴趣，并进而对有朝一日能把人送上月球的飞行器产生了好奇心。"

1934年，布劳恩22岁时以物理学博士学位毕业于柏林大学。1936年，布劳恩找到了合适的导弹试验基地——佩内明德火箭研究中心，开始研究 V-2 火箭弹。

二战后期，德国面临崩溃，同盟国节节胜利，布劳恩为保住研究人员和资料四处奔走。他一手策划了整个德国佩内明德火箭研制班子向美国人投降的行动。他认为自己的义务就是从德国崩溃的废墟上，把对将来征服宇宙空间极其宝贵的资料及研究人员拯救出来。

1957年，苏联成功地发射了第一颗人造卫星，这令美国公众万分震惊，许多人担心，他们下一步大概要扔炸弹了。之后苏联的第二颗人造卫星又被送入轨道，这引起了民众对艾森豪威尔政府在航天时代故步自封的大量批评。公众的呼声发展成咆哮、怒吼。

在这样的背景下，布劳恩开始在美国政府的支持下放手大胆实行他的航天计划。他终于用"丘比特"C 型火箭成功地把"探险者"1 号送入太空。艾森豪威尔总统向布劳恩颁发美国公民服务奖，全国都安排了庆祝活动，沃纳·冯·布劳恩成了一位民族英雄。再后来，布劳恩将研制班子转到国家航空航天局，发展大型"土星"号航天火箭。有了"土星"号这样巨大的运载火箭，可能还会有核动力火箭用来进行深层空间飞行，布劳恩对月球、甚至对火星进行载人探险的幻想就有可能实现了。

冯·布劳恩领导的"阿波罗"载人登月飞行工程是人类载人航天活动中最为宏大的工程。美国动员了 2 万多家厂家、200 多所大学和 80 多个科研机构约 42 万人历时 8 年，艰辛苦战，在发射了 10 艘不载人的"阿波罗"飞船进行登月飞行试验后，开始了载人登月飞行。

1969 年 7 月 16 日清晨，美国的"土星"5 号巨型运载火箭托举着"阿波罗"11 号飞船和 3 名航天员从肯尼迪航天中心发射升空，踏上了奔向月球的征程。20 日 16 时 17 分，登月舱在月面"静海"附近平安降落。22 时 56 分，阿姆斯特朗踏上了人类向往已久的月球，这是人类第一次在地球以外的天体上留下足迹。面对亿万关注登月实况的电视观众，阿姆斯特朗深情地说："对一个人来说，这只是一小步，可对人类来说，这却是一个巨大的飞跃。"许多人评论这是历史上最伟大的成就，人类最美妙的时刻。

　　人们在记住阿姆斯特朗的同时，也应该记住布劳恩的名字，是他使人类登上了月球。

　　1977 年 6 月，布劳恩因肠癌病逝于华盛顿，终年 65 岁。

　　1992 年 1 月，中国载人航天工程正式上马。我国最早研制的"神舟"1 号飞船，于 1999 年 11 月 20 日发射成功，在太空遨游 21 小时 11 分钟后，顺利地返回地面。"神舟"2 号飞船于 2001 年 1 月 10 日发射升空，环绕地球运行 108 圈后于 1 月 16 日准确返回。2002 年 3 月 25 日发射并于 4 月 1 日回收的"神舟"3 号飞船也是一艘无人飞船。此次飞行试验，运载火箭、飞船和测控网系统进一步完善，提高了载人航天的安全性和可靠性。2002 年 12 月 30 日，"神舟"4 号无人飞船成功发射。2003 年 10 月 15 日，我国在前 4 次无人飞行试验技术成熟的基础上发射了"神舟"5 号飞船，把中国首位航天员杨利伟顺利送上太空，并于第二天成功返回地面。以后又陆续发射了"神舟"6 号、7 号、8 号、9 号和 10 号飞船。

　　从 1992 年启动载人航天工程以来，中国航天不断取得新突破，成为世界上第三个独立掌握载人航天技术、独立开展空间实验、独立进行出舱活动的国家。

第四章
现代军事技术

启示录　终极武器

爱因斯坦也许想不到，他的狭义相对论提出的物质与能量的关系会导致能毁灭世界的武器诞生，那就是在第二次世界大战末期发明的核武器——原子弹。科学家们在发明核武器来对付纳粹的同时，并未想到核武器会像潘多拉魔盒放出来的怪兽一样永远也回不到盒里，而且随着科技的进步，核武器威力越来越大，已经成为悬挂在所有地球人头上的一把达摩克利斯之剑。核武器以其大规模、超强的毁灭性而被称为"地狱炸弹"，一旦用于战争，地球将会变成一座人间地狱。

作为核武器，中子弹和原子弹、氢弹同属于一个大家庭，但它们发生反应和作用的方式并不完全相同。原子弹是依靠核裂变反应爆炸的，氢弹则以核聚变反应来释放出巨大能量。中子弹兼有这两种反应的综合作用，即先是核裂变反应，产生高温引起核聚变反应，并释放出大量的高速中子，在局部地区形成密集的"中子雨"，起杀伤作用。

核武器被称为"来自地狱的炸弹"，自毁人类的发明。

24. 导弹

导言

为适应战争的需要，炮弹装上了翅膀，变成了"飞弹"；因能导向航行，又变成了"导弹"。

20 世纪 30 年代末，德国开始火箭、导弹技术的研究，并建立了较大规模的生产基地。1939 年，德国研制成功 A-1、A-2、A-3 导弹，从此拉开了世界导弹发展的序幕。

1940 年，德国人在占领了法国后，便将下一个打击目标指向了英国。但超远程大炮对英国沿海地区的轰击因距离太远，炮弹大多到不了海峡彼岸而落到大海中。

"得发明一种新式武器，使英国人屈服！"因此，德国人一开始就将新发明的着眼点放在了炮弹上。能不能在炮弹上装上动力，使它像飞机一样能自己飞呢？

很快，德国就将研制 A 型导弹的经验应用到 V-1 导弹和 V-2 导弹上。首先研制成功 V-1 导弹，1942 年 10 月 3 日，具有更大威力的 V-2 导弹试验成功。它装有 700 千克炸药，在 3 000 米高度飞行了 240 千米后，在离预定目标不远处爆炸。1942 年年底 V-2 导弹定型投产。从投产到德国战败，纳粹德国共制造了 6 000 枚 V-2 导弹，其中 4 300 枚用于袭击英国和荷兰。

V-1 和 V-2 亮相后，人们一直搞不清楚它究竟是什么东西，是无人驾驶的飞机？还是一种新式炮弹？不知叫什么才好。后来，有人认为它可以算是一种会飞的炮弹，就给它起了一个"飞弹"的名字。直到过了许多年之后，人们考虑到它装有自控设备，能作导向飞行，才将它称为"导弹"。

第二次世界大战后期，德国还研制了"莱茵女儿"等几种地空导弹，以及 X-7 反坦克导弹和 X-4 有线制导空空导弹，但均未投入作战使用。

20 世纪 50 年代初，导弹处于早期发展阶段。各国从德国的 V-1、V-2 导弹在第二次世界大战的作战使用中，意识到导弹对未来战争的作用。美国、苏联、瑞士、瑞典等国在战后不久，恢复了自己在第二次世界大战期间已经进行的导弹理论研究与试验活动。英、法两国也分别于 1948 年和 1949 年重新开始导弹的研究工作。

以后，导弹的发展十分迅速，有自动跟踪飞机的"响尾蛇"导弹，有坦克的克星——反坦克导弹，有击沉大军舰的"飞鱼"式导弹，有跨过茫茫大海的"大力神"——洲际导弹，有专门对付卫星的反卫星导弹，还有专门对付雷达的"百舌鸟"导弹……

反坦克导弹是第二次世界大战后出现的。它飞得远，打得准，威力大，是打坦克的众英雄中的后起之秀。反坦克导弹身材矮小，操作起来方便灵活，有的可以支在地上发射，有的可以扛在肩上发射，很适合步兵使用。

反坦克导弹的发展经过了一、二、三代，如今，第四代反坦克导弹已问世，它就是"发射后不用管"或"发射后忘记"的自动制导的新型导弹。人们相信，在未来的战争中，反坦克导弹将随着坦克的发展而出现更新的第五代、第六代……

防空导弹，也就是平常所说的地对空导弹，它是第二次世界大战后出现的一种新型的防空武器。由于它比高射炮的炮弹飞得高，打得准，又比防空歼击机机动灵活，反应快，而且不需要机场，所以颇受人们重视，发展很快。目前，世界各国研制成功的防空导弹已达几十种之多。其中，"萨姆-6"地对空导弹在1973年第四次中东战争中大显神威，大名鼎鼎。

以色列在分析"萨姆-6"地对空导弹的基础上，研制出了"阿达姆斯"导弹。它一次可装9枚导弹，并可以攻击低于10米高的目标，在某些性能上已超过了苏联的"道尔-MI"导弹。

地对空导弹中，有名者还有英阿战争中打沉英舰的法制"飞鱼"式空对舰导弹，以及"百舌鸟""响尾蛇"导弹。

中国"PL-7"型空对空导弹装备在中国空军的歼-7M歼击机上，它可以180度方位攻击敌方空中目标，有效射程为0.5～14千米。

中国C801舰对舰导弹，是中国自行研制的高亚音速、超低空掠海飞行的多用途反舰导弹，主要用于攻击护卫舰、驱逐舰一类的中型以上水面舰艇。这种导弹全长5.814米，弹体直径0.36米，翼展1.18米，重815千克，有效射程84千米，平飞速度为0.9马赫（1马赫即1倍声速，约为1080千米/时）。C801舰对舰导弹具有多种主动寻找的制导体系，在任何复杂的气象条件下都能作战，而且抗电子干扰性能极好，命中率在90%以上，优于法国制造的"飞鱼"式导弹。它不但重量轻、威力大，而且飞行攻击隐蔽，能在距海面5～7米高度作掠海飞行，使敌方雷达无法发现它。目前，中国新型的反舰导弹正在向超音速、超低空、超视距、自动化、智能化的精确制导方向发展。

导弹的身材悬殊，有身高几十米像黑铁塔似的"巨人"，也有不足1米的"小不点"。那些身高体胖的"巨人"就是我们平常所说的洲际弹道导弹，或者叫作远程导弹。

洲际弹道导弹是一种远程弹道式导弹，主要用来袭击重要的固定目标。这种导弹像支削尖的圆杆铅笔，弹身上光溜溜的，没有安装翅膀。而我们前面讲的空对空导弹、空对舰导弹和地空导弹等，都装有翅膀——弹翼，统称为有翼导弹。

洲际导弹为什么还要加上"弹道"两个字呢？这是因为它在空中是按照预定好的轨道飞行的。它和有翼导弹不同，发射时垂立在发射台上。发射后，导弹一直向上升起，达到一定高度后，再按预定的轨道飞行。这种洲际导弹主要是在没有空气的大气层外飞行的。

飞得最远的洲际导弹，射程可达 1 万千米以上，即可从一个洲发射到其他任何一个洲。于是，人们就给它起了个"洲际导弹"的名字。

中国 CSS-4 洲际战略弹道导弹（东风-5 弹道导弹），其弹长 32.5 米，直径 3.35 米，重 183 吨，射程为 12 000～13 800 千米。该导弹的核爆炸威力为 400 万吨～500 万吨 TNT 当量。

洲际弹道导弹不仅种类多，而且战斗性能大大提高，目前已经发展到第三代。它们大都装有功率巨大的火箭发动机，能将数十吨重的导弹在一二十分钟内送到 1 万多千米以外的地方。在接近目标时由大导弹内射出多个载有核弹头的小导弹，分别飞向不同目标，威力大增，敌人难以防御。

从 1984 年起，美国加紧反卫星武器的试验。如 1984 年 1 月 21 日，美国加利福尼亚州的爱德华兹空军基地，一架携带有反卫星导弹的 F-15 战斗机在该基地起飞。当飞机飞到范登堡空军基地附近的导弹试验场上空后，飞机将反卫星导弹发射到太空。这是美国从空中发射反卫星武器的第一次试验。

这枚反卫星导弹长约 1.5 米，直径约 0.3 米，由两级固体火箭组成，头部装有五六十个小火箭，射程约 1 400 千米。

据外电报道，2007 年 1 月 11 日，中国从西昌发射了一枚反卫星导弹，成功地击毁了已经退役的"风云 1C"气象卫星。中国的这次试验从卫星高度上看，已经超过了美国。

25. 核武器

导言

在核武库中，装备着三种大规模杀伤武器：原子弹、氢弹和中子弹。

原子弹是一种利用重原子核的裂变反应，瞬间释放出巨大能量的核武器。这是一种大规模杀伤性武器。

作为第一代核武器的原子弹，它的出现是推动兵器技术从化学能向热核能转变的第一个转折点。

美国从 1939 年到 1945 年，历时 5 年，花费 20 多亿美元，终于研制出世界上第一批共 3 枚原子弹，它们分别被命名为"小玩意儿""小男孩"和"胖子"。

1945 年 7 月 16 日上午 5 时 24 分，美国在新墨西哥州阿拉莫戈多的三一试验场内 30 米高的铁塔上，进行了人类有史以来的第一次核试验。"小玩意儿"装钚 6.1 千克，爆炸威力相当于 2.2 万吨 TNT 当量。核爆试验中，由于核爆炸产生了上千万摄氏度的高温和数百亿个大气压，致使 30 米高的铁塔被熔化为气体，并在地面上形成一个巨大的弹坑。

核爆试验成功后，美军决定以日本本土为核武器实战试验场。1945 年 8 月 6 日上午 8 时 15 分，B-29 轰炸机携载"小男孩"，投于日本广岛上空。这枚原子弹长 3 米，重约 4 吨，直径 0.71 米，TNT 当量为 1.5 万吨，内装 60 千克高浓缩铀。"小男孩"在 580 米空中爆炸后，广岛市 24.5 万人中先后有 20 万人死伤或失踪，城市建筑物全部倒塌和燃烧。一枚原子弹毁了一座城市！

如此大的杀伤破坏威力，是靠什么产生的呢？

原来，1 千克铀或钚全部裂变后，释放出的能量约相当于 2 万吨 TNT 炸药爆炸所释放的能量，所以原子弹的杀伤半径可达几千米甚至几十千米。普通炮弹、炸弹由于装的是化学炸药，主要靠炸药爆炸后所产生的气浪和弹壳炸裂后的碎片进行杀伤破坏，杀伤半径仅几十米至几百米。

目前，原子弹经过数十年的发展，体积、重量显著减小，战术技术性能有很大提高，已发展到可由导弹、航弹、炮弹、深水炸弹、水雷、地雷等武器携载，用以攻击各种不同类型的目标。

与氢弹相比，原子弹简直就是孩童的玩具，氢弹是更加恐怖的存在。

氢弹，也称热核武器，是利用氢的同位素氘（dāo）、氚（chuān）等轻原子核的聚变反应（又称热核反应），瞬时释放出巨大能量的第二代核武器，威力比原子弹大得多。原子弹的爆炸威力一般为数百吨至数万吨 TNT 当量，氢弹的爆炸威力则可高达几千万吨 TNT 当量。氢弹的威力让人惊叹，如果有朝一日用于战争的话，那地球将会成为一座大地狱。因此，氢弹被人称为"地狱炸弹"。

氢弹根据裂变和聚变反应形式，分为两相弹和三相弹。两相弹，是指只有原子弹裂变材料的裂变反应和热核材料的聚变反应这两个过程。三相弹，则多了一个过程，就是在热核聚变材料的外面又包了一层裂变材料铀，形成"裂变——聚变——裂变"式核弹。三相弹是利用最多的一种氢弹，由于增加了一个裂变过程，所以威力明显大增，产生的放射性物质也比较多，造成的污染相对严重，故又称"脏弹"。

　　目前，氢弹已广泛装备于航空炸弹和各种导弹，是构成核武器的重要支柱。

　　在核武器的军备竞争中，各国争相研制一类新的核武器，既能致对方于死地，又能保全自己，而且最好还能做到只杀伤对方的作战人员而使建筑物和装备都能保存下来，使它们成为战利品。武器发明家的眼光在扫过种种备选物之后，最后落到了中子弹上面。

　　1977 年夏天，在美国拉斯维加斯以北的内华达荒漠上，随着爆炸响声，在坦克群上方亮起了耀眼的闪光——W79 型中子弹试验成功了。事后的实测表明，这样一颗中子弹可以使 800 米以内的人员在 5 分钟之内失去活动能力，在一两小时内死亡，但它对周围物体的破坏半径仅有 200 米。

　　人们把中子弹称为继原子弹、氢弹之后的第三代核武器。

　　目前，世界上拥有核武器的国家有美国、俄罗斯、英国、法国、中国、印度等，共拥有核弹头 5 万多个，其中 90％以上掌握于美国和俄罗斯两国手中。

　　美国是世界上研制核武器最早、核武器数量最多的国家。它在 1945 年 7 月 16 日核试验成功，研制出了世界上最早的原子弹。接着，美国又制造了氢弹、中子弹。如今美国拥有 3 万枚左右的核弹头，若加上俄罗斯的核弹头，足以让地球毁灭十几次。美国用它们来装备轰炸机、战斗机、火炮、舰艇，以实现自己独霸天下的野心。

　　中国在 20 世纪 60 年代相继独立研制出了原子弹和氢弹，成为世界上少数几个拥有核武器的国家，从而打破了资本主义国家的核垄断，避免了其核讹诈。中国拥有 20 多枚洲际导弹、50 枚弹道导弹等核武器。中国拥有核武器的目的在于自卫和维护世界和平，承诺在任何情况下不会首先使用核武器。

　　21 世纪的战场，核武器仍然具有巨大的威胁，除了作为战略威慑力量的战略核武器外，各种可用于实战的新型战术核武器也将继续研制和装备部队。总的说来，21世纪核武器的发展具有以下三个趋势：

小型微型化。为避免现有核武器（包括战术核武器）当量过大而造成巨大的附带毁伤，尤其是对目标周围建筑物的巨大破坏、大面积火灾和长时间的放射性污染，将出现当量很小的，比如10吨、100吨和1 000吨当量的微小型核武器。

效应单一化。传统的核武器原子弹和氢弹，尽管制造原理不同，但有一个共同的特点，即爆炸时产生的冲击波、光辐射、早期核辐射、放射性污染和核电磁脉冲五大杀伤破坏效应会共同发挥作用。这样一来，凡处在核武器作用范围之内，无论是军事目标还是非军事目标，都将遭到严重杀伤破坏，可谓"良莠不分""玉石俱焚"。为了能够根据目标的不同性质和袭击企图，做到有的放矢，一些国家已研制出或正在加紧研制新型核武器。可将这类新型核武器称为第三代核武器，除中子弹外，主要有核电磁脉冲弹、冲击波弹。

能量定向化。如何使核爆炸的能量定向释放，使核武器具有精确打击点状目标而不造成任何附带毁伤的能力，一直是核武器研制发展上的难题。目前，在理论上已取得初步进展，世界各主要核大国已着手研制的此类核武器主要有X射线激光武器、定向等离子体武器。

26. 航空母舰

导言

从古代的战船到现在的核潜艇、航空母舰，海战武器演变了一代又一代。有人预测，21世纪将出现袖珍航空母舰、三栖军舰……然而地球上最大的武器——航空母舰依然占据"海上霸主"的地位。

在现代海战中，几乎每一次著名的战役都和航空母舰有关。航空母舰因其强大的空中打击力量而成为现代战争决定胜负的关键。所以，日本在第二次世界大战中处心积虑地策划出"珍珠港偷袭"事件，目的就是为了在与美国交战的开始就强烈打击美国的航母力量。可惜，美军的几艘主力航母却阴差阳错的不在港湾，逃脱了"出师未捷身先死"的命运，成为二战后期美国与日本在太平洋较量的主要力量。几艘航空母舰就能决定一个战役甚至一场战争的胜负，所以，航空母舰是检验目前各国军事力量水平的代表。

航空母舰，是指以舰载机为主要武器并作为其海上活动基地的大型军舰。它是海军水面舰艇的最大舰种，也是 20 世纪海上名副其实的霸主，现在只有美国、英国、俄国、日本、印度、法国、中国等少数国家拥有。

航空母舰按排水量区分有大型、中型和小型；按战斗使命区分有攻击型、反潜型、护航型等；按动力区分有核动力、常规动力两种。航空母舰主要用于水面作战，夺取制空权和制海权。

许多人都认为，在未来的战争中，航空母舰由于其庞大而笨重的躯体及自身抗打击能力的薄弱性，已经逐渐成为海上的活靶子，难以承受突如其来的空中及水下的打击。难道，航空母舰就像当年驰骋海面的巨型战列舰一样即将走入历史的末途？

进入 21 世纪，航空母舰过时论甚嚣尘上。然而，事实给了这种论调一记响亮的耳光。

截至 2012 年年底，全世界一共有现役航空母舰 22 艘，美国就占了一半，达 11 艘，而且吨位最大，舰载机最多，性能最先进，作战经验最丰富。但美国并不满足于现状，他们早就未雨绸缪，开始研制下一代航空母舰。

美国最新"福特"级航母首舰"福特"号于 2008 年 9 月开工，计划于 2015 年服役。次舰"肯尼迪"号于 2011 年 2 月开工。美国计划建造 10 艘"福特"级航空母舰，以取代现役的"尼米兹"级核动力航母。航空母舰的使用寿命按 50 年计算，首舰"福特"号要到 2065 年才会退役，而计划中"福特"级航空母舰最后一艘将于 2048 年服役，要到 2098 年才会退役，因此，"福特"级航空母舰是当之无愧的"21 世纪航母"。

从"福特"号的一些技术特征，可以窥见航母发展的主要趋势：

第一是无人战机上舰。无人战机不但大大增加了航母的打击能力和作战距离，而且将改变未来海空作战模式，并对世界军事战略格局产生深远影响。

第二是舰载机隐身化。F-35 是史上第一种量产的隐身舰载机，标志着美国海军航空兵进入隐身时代。"福特"级搭载 F-35 后，在高强度作战中，可在 5～7 个昼夜内每天出动 220 架次；在中等强度作战中，可在 30 个昼夜内每天出动 180 架次，打击 1 500 个目标。

第三是电磁弹射。"福特"级安装的 4 部电磁弹射器日均弹射 160 架次，峰值达 270 架次，这是传统蒸汽弹射器无法做到的。

第四是新概念武器。航母是高价值武器平台，"福特"级的造价就近 150 亿美元，而变轨及分导式反舰弹道导弹和超高声速反舰巡航导弹给航母带来极大威胁，除依赖编队舰艇和舰载机外，航母本舰反导能力必须更强，这只有通过新概念武器才能实现，如电磁轨道炮、激光武器、高能射线武器等。电磁轨道炮射速达 2.5 千米/秒的炮弹可摧毁 340 千米远的来袭目标，防御半径大大超过现有近防系统。

第五是信息化程度更高。"福特"级采用了更先进的 C4ISR 系统（指挥、控制、通信、计算机与情报、监视、侦察系统）技术和自动化设备，全面支持美军的网络中心作战能力，可与其他武器和军种间实现互联、互通、互操作。并将广泛采用电脑显示器、个人数码助理和掌上电脑等替代操作人员目前所使用的手册和参考资料，以方便操作人员日常保存、查找等使用。

第六是工作生活环境更具人性化。"福特"级舰员的个人生活空间将会有所增大，每艘航母上的配置人员数量不超过 5 000 人，将低于现役"尼米兹"级航母近 6 000 人的配置。

分析认为，美国海军拥有世界上最强大、最先进的航母力量，但是为了满足美国长期称霸世界的需要，美国海军仍在不遗余力地发展性能更为先进、作战威力更为强大的新型航母，这表明了航母在美海军中的中心地位在未来若干年内将不会动摇，而美国用海上力量称霸的野心也将会通过航母得到进一步的巩固。

此外，虽然美国海军现役航母全部是排水量在 8 万吨以上的大型航母，但其新一级"美国"级大型两栖攻击舰"美国"号已经于 2012 年 6 月下水，排水量 4.5 万吨。搭载 F-35B 战机的两栖攻击舰，无异于中型航母。F-35B 战机上舰使数量众多、功能多样、造价相对低廉、部署灵活的两栖攻击舰可以替代航母，作为机动灵活的战役和战术级远程打击力量和前沿部署兵力。通过这样的"高低搭配"策略，美国海军兵力构成更为合理。

作为美国的老对手，俄罗斯也在计划自己的下一代航空母舰。

2011 年 10 月，俄罗斯联合造船集团总裁罗曼·特洛琴科表示，俄未来航母技术方案已经确定，排水量 8 万吨，2014 年完成新型航母研制，2020 年后开工建造。

俄罗斯军方表示，新型航母将"不再是传统意义上的"航母，将会"超越现有航母一步"，既不会是"库兹涅佐夫海军元帅"号的改进型，也不会是"企业"号，更不会是"明斯克"号、"基辅"号那样的航母。

据介绍，传统意义上的航母只能在空中或低轨太空战场空间执行任务，而新型航母将"能在所有战场空间执行任务"，"我们将前进一大步"，"新型航母主要搭载空天飞行器，因为制天权和制空权实际上决定了制海权"。

军事专家判断，"能在所有战场空间执行任务"，可能体现在航母将搭载空天飞机。

目前，各国研制的新型航空母舰还有水下航空母舰、排水量约 50 万吨的超级航空母舰、排水量仅为 5 000 吨左右的袖珍航空母舰、气垫式航空母舰、双体式航空母舰。在未来的战争中，航空母舰在夺取制空权和制海权方面，必将会向更加现代化的水平发展，成为名副其实的"海上霸主"。

27. 潜艇

导言

近现代，征服海洋、争霸世界的角逐从浅海发展到深海。凡尔纳的科幻小说《海底两万里》是人类征服深海理想的艺术再现。

关于利用潜艇去探索深海秘密的梦想，最早可追溯到莱昂纳多·达·芬奇。据说他曾构思"可以水下航行的船"，但这种能力因为被视为"邪恶的"，所以他没有画出设计图。直至一战前夕，潜艇仍被当成"非绅士风度"的武器，被俘艇员可能被以海盗论处。

1578 年，英国数学家威廉·伯恩在《发明与设计》一书提出了设计一艘能潜到水下并能在水下划行的船。1620 年，首艘有文字记载的"可以潜水的船只"由荷兰裔英国人克尼利厄斯·雅布斯纵·戴博尔建成，主要即依据威廉·伯恩的设计。这艘可以潜水的船只的推进力由人力操作的橹产生。但有人认为那只是"缚在水面船只下方的一个铃铛状东西"，根本不能算潜艇。

"可以潜水的船只"的军事价值很快就被发掘了。1648 年，切斯特主教约翰·维尔金斯著书《数学魔法》，指出潜艇在军事战略上的优势：私密性，可以前往世界上的任何海岸附近，并且不被发现。安全性，海盗和劫匪无法抢劫水下船只；无常的潮汐和强烈的暴风雨无法影响海面下 5～6 米的地方；即便在南北极海域的水下，冰和霜冻也无法危及潜艇乘员。攻击性，能有效抵抗敌人海军，破坏和击沉水面船只。保障性，能支援被水环绕或接近水的地方，无声无息运送补给品；科学性，本身还可作为水下试验场所。

史上第一艘用于军事的潜艇出现在美国独立战争期间。美国耶鲁大学的大卫·布什奈尔建成"海龟"号潜艇，内部仅容一人操作方向舵和螺旋桨。1776 年，"海龟"号企图攻击英国海军"老鹰"号，但失败了。史上第一艘成功炸沉敌舰的潜艇出现在美国南北战争期间。何瑞斯·劳升·汉利建成"汉利"号潜艇，乘员八人，以手摇柄驱动。其前端外伸一个炸药包，碰触敌舰即爆炸。1864 年 2 月 17 日，它成功炸沉北方联邦的"豪萨托尼克"号护卫舰，但自己却也因爆炸产生的漩涡而沉没。

1893 年，法国建成了"古斯塔夫·齐德"号潜艇。这艘当时最先进的潜艇的诞生促使美国海军部举行了一次潜艇设计大赛，爱尔兰人约翰·菲利普·霍兰在大赛中夺魁，并且还于 1895 年得到了一笔 15 万美元的经费，用于设计和制造能用于实战的潜艇。霍兰在几经修改设计后，建造了一艘长约 26 米，拥有双推进装置的潜艇——"潜水者"号潜艇。

1897 年 5 月 17 日，时年 56 岁的霍兰又成功地制造出了一艘全新的潜艇。这艘潜艇长约 15 米，装有 33 千瓦的汽油发动机和以蓄电池为动力的电动机。它采用双推进系统，在水面航行时，以汽油发动机为动力，航速可达每小时 7 海里，续航力达到了 1 000 海里。在水下潜航时，则以电动机为动力，航速可达每小时 5 海里，续航力为 50 海里。该潜艇共有 5 名艇员，武器为一个艇艏鱼雷发射管（有 3 枚鱼雷）和两门火炮，一门炮口向前，一门炮口向后，火炮的瞄准要靠操纵潜艇自身去对准目标。它能在水下发射鱼雷，水上航行平稳，下潜迅速，机动灵活。这就是"霍兰-6"号，也是霍兰一生中设计建造的最后一艘潜艇。

"霍兰-6"号在潜艇发展史上获得了前所未有的成功，被公认为"现代潜艇的鼻祖"。但是，"霍兰-6"号潜艇的成功没有给霍兰本人带来任何好处。由于美国海军部一些官员的偏见和挑剔，这艘潜艇不仅没有被美国海军采用，反而使这位大发明家受到了恶毒的嘲讽。在一片讽刺声中，霍兰愤然辞职，放弃了其心爱的事业，并最终于 73 岁时积劳成疾，因肺炎病逝。

第一次世界大战前，各主要海军国家共拥有潜艇 260 余艘，成为海军重要作战兵力之一。第一次世界大战一开始，潜艇就被用于战斗。1914 年 9 月 22 日，德国 "U-9" 号潜艇在一天之内，接连击沉英国 3 艘巡洋舰，充分显示了潜艇的作战威力。而德国人正是根据霍兰的潜艇结构和原理，建造了使世界为之震惊的潜艇的。在战争期间，各国潜艇共击沉 192 艘战斗舰艇。

使用潜艇攻击海洋交通线上的运输商船，取得了更为显著的战果，各国潜艇共击沉商船 5 000 余艘，达 1 400 万吨。其中被德国潜艇击沉的商船 1 300 余万吨。同时，反潜战开始受到重视，战争期间潜艇被击沉 265 艘，其中德国就损失 200 余艘。

第一次世界大战后，各主要海军国家更加重视建造和发展潜艇。潜艇的数量不断增加，种类增多，到第二次世界大战前夕，共有潜艇 600 余艘。

第二次世界大战期间，潜艇的战术技术性能有很大改进。排水量增加到 2 000 余吨，下潜深度 100～200 米，水下最大航速 7～10 节，水面航速 16～20 节，续航力达 1 万余海里，自给力 1～2 个月，装有 6～10 个鱼雷发射管，可携带 20 余枚鱼雷，并安装 1～2 门火炮。战争后期，潜艇开始装备雷达、雷达侦察仪和自导鱼雷，德国潜艇还安装用于柴油机水下工作的通气管。潜艇战斗活动几乎遍及各大洋，担负攻击运输舰船、水面战斗舰艇和侦察、运输、反潜、布雷以及运送侦察、爆破人员登陆等任务，共击沉运输船 5 000 多艘（2 000 多万吨），大、中型水面舰艇 300 余艘。

由此可知，潜艇已经成为一种具有战略威慑力量的武器。

同时，战争中反潜兵力和兵器也得到很大加强和发展，被击沉的潜艇达到 1 100 多艘。潜艇作战与反潜作战，已经成为海战的新模式。

28. 核潜艇

导言

第二次世界大战后，世界各国海军十分重视新型潜艇的研制。核动力和战略导弹的运用，使潜艇进入一个发展核潜艇的新阶段。

1951 年，美国国会通过了由海军上将海曼·里科弗提出的建造一艘核动力潜艇的决议。1951 年 12 月 12 日，美国海军部宣布将这艘核潜艇命名为 "鹦鹉螺" 号，以纪念 1801 年美国人富尔顿建造的 "鹦鹉螺"号潜艇。它是人类历史上第一艘核动力潜艇，也是第一艘从水下穿越北极的潜艇。

"鹦鹉螺"号核潜艇于 1952 年 6 月 14 日开工制造，1954 年 9 月 30 日开始下水航行。1955 年 1 月 17 日，"鹦鹉螺"号核潜艇正式进入美国海军现役编队，到 1957 年 2 月 4 日截止，"鹦鹉螺"号核潜艇在没有补充燃料的情况下航行 11 万余千米，其中大部分时间是在水下航行。

1958 年 8 月，"鹦鹉螺"号从冰层下穿越北冰洋冰冠，从太平洋驶进大西洋，完成了常规动力潜艇所无法想象的壮举。而这一路线正是凡尔纳的科幻小说《海底两万里》所描述的。舰长在接受记者采访时，甚至说，整个航行的过程中，凡尔纳一直是他的向导。

这之后，美国宣布以后不再制造常规动力潜艇。

"鹦鹉螺"号的成功，引起苏联海军的严重不安和奋起直追。1959 年，苏联海军自行研制的首艘核潜艇建成，一时间掀起了核潜艇的发展浪潮。苏联的"共青团员"号核潜艇试验时，创造了核潜艇下潜 1 000 米的纪录。第 685 号核潜艇更是创下了下潜 1 250 米的纪录。

苏联解体后，俄罗斯国力下降，六艘"台风"级核潜艇中，有三艘被拆解，剩下的三艘中，目前只有首艇"德米特里东斯科伊"号正常服役，还有两艘处于备用状态。

英国的潜艇全部为核动力潜艇，包括"特拉法尔加"级攻击型核潜艇 7 艘，排水量 5 900 吨；"前卫"级快速攻击型核潜艇 4 艘，排水量 4 900 吨。这两种核潜艇都可发射 MK24 重型鱼雷、"鱼叉"潜射型反舰导弹和"战斧"巡航导弹。

法国有 6 艘"红宝石"级攻击核潜艇，还有 4 艘"凯旋"级战略核潜艇和 1 艘较老的"可畏"级战略核潜艇。

印度第一艘自主研发的核潜艇"歼敌者"号于 2009 年 7 月 26 日正式下水。

事实上，核潜艇的最大价值不是在战争爆发时充当攻击主力，而在于它借助自己的隐蔽性，在世界各海域巡航，极难被发现和摧毁，自主生存能力又极强。因此，即使本土被敌国全面攻击，甚至是遭到规模空前的核打击而遭受重创，核潜艇也能在躲过第一次打击之后，对敌国展开核报复。这就是核潜艇所独具的战略核威慑力量。

据美国海军资料显示，造价约 22 亿美元的"弗吉尼亚"级核潜艇是美军第一种专门为应付冷战后威胁研制的潜艇，具有强大的反潜、反舰、远程侦察、执行特种作战以及用新型"战斧"巡航导弹精确打击陆上目标的能力。

几乎是同时，苏联也开始研制下一代核潜艇。

"北风之神"级核潜艇于 1996 年开始研制（俄官方代号 955），由俄罗斯红宝石中央设计局设计。首舰"尤里·多尔戈鲁基"号潜艇耗资 7.7 亿美元，于 1996 年开始建造，2007 年 4 月 15 日出厂海试，2012 年 12 月 30 日正式服役。

中国从 20 世纪六十年代开始研制核潜艇。

1958 年 6 月 27 日，中国最高层批准了国防工业委员会"关于研制导弹原子潜艇"的绝密报告。在聂荣臻元帅的主持下，中国开始了研制核潜艇的艰难历程。当时，研制核潜艇同研制原子弹一样，被列为国家最高机密，有关部门以"09"作为这项工程的代号。"09"当时是中国大陆城市火警的报警电话号码。也就是说，中国研制核潜艇已是十万火急，刻不容缓。

经历了将近四年时间及数以万次的严格试验之后，1970 年 12 月 26 日，中国人自行研制的第一艘核动力攻击型潜艇下水了。1974 年 8 月 1 日，中央军委发布命令，将第一艘攻击型核潜艇命名为"长征"一号，正式编入海军战斗序列，并举行了庄严的军旗授予仪式。从此中国人民海军进入了拥有核潜艇的新阶段。

"长征"一号核潜艇，国内称为 091 级，国外称为"汉"级，在海军接收后，编号为 401 艇，随后 402 艇、403 艇、404 艇、405 艇共五艘相继建成服役。海军首先将这种战略性武器部署于保卫京畿重地的北海舰队，用来守卫祖国的政治、经济、军事心脏。

核潜艇要装备核导弹，并能在水下发射，才有战略威慑作用。我国核潜艇的水下发射运载火箭的实验直至 20 世纪 80 年代才获得成功。

1982 年 10 月 16 日 15 时 01 秒，中国核潜艇水下发射运载火箭，从发射到出水、点火、飞行、分离、溅落及捕获跟踪测量一切正常，试验获得圆满成功。从此，中国成为世界上第五个拥有一支以海洋为基地、具有威慑力量的核大国。

目前，我国装备的最新的核潜艇是 2006 年开始服役的 094 级核动力战略导弹潜艇，其配备有十六枚射程达 10 000 千米的"巨浪-2"型潜射导弹，若以每枚导弹内仅装备最低数量 3 枚核弹头计算，一艘 094 级核潜艇将可同时打击 48 个目标，战力等同四艘"夏"级战略导弹潜艇。

094 级核潜艇的最大水下排水量为 10 000 吨，采用中国最先进的第 4 代核反应炉技术，据称整体战斗力可与美国"俄亥俄"级核潜艇匹敌。

094 级核潜艇因具有噪音小、隐秘性高、机动性大、生存力强与导弹射程远等特点，其建造与服役时间备受西方各国关注。美国军方人士称，六艘 094 级核潜艇一旦部署完毕，中国水下战略核力量将提升至全新水准，并具有涵盖整个欧亚大陆、澳洲与北美的核打击能力。

在可以预见的将来，各大国的核潜艇之间的竞争只会更加激烈。如果说，海面舰队的对决可以决定一场战争的胜负，而潜艇之间的猫鼠游戏则可以决定一个国家的生死存亡。

使用潜艇，人类迈出了向深海进军的第一步。然而，潜艇下潜的深度有限。目前，下潜最深的核潜艇一般下潜深度是 300～700 米，很少超过 1 000 米。因此，使用潜艇航行海底两万里，实际上只是浅海两万里，向深海进军，我们还需要比核潜艇更先进的装备。

29. 军用喷气式飞机

导言

自从莱特兄弟发明飞机以来，战争这个恶魔又多了一件兵器，那就是被称为"空中杀手"的各种各样的喷气式战斗机、轰炸机、强击机、反潜机……它们使本来十分宁静的天空变得硝烟弥漫，充满杀气。特别是从第二次世界大战以来，谁能掌握制空权几乎已经成为所有战争制胜的关键。空军，是任何一个国家发展军事力量不可忽视的重要环节。

1939 年 8 月 27 日，德国工程师亨克尔设计的世界上第一架喷气飞机 He-178 划过酷夏的长空，速度达到每小时 1 000 千米。亨克尔先后设计过三种喷气飞机，都比英国设计的第一架喷气飞机要早，所以被称为喷气飞机设计第一人。

苏联米高扬设计局于 1939 年 12 月正式成立，工程师米高扬出任设计局局长兼总设计师，格列维奇为副总设计师。"高空、高速"是米高扬设计局的座右铭。

第二次世界大战后，苏联政府做出了尽快研制喷气飞机的决定。米高扬设计局基于德国空气动力学家布斯曼的后掠翼资料，很快就设计出了世界上第一种后掠翼战斗机米格-15，其性能远超过了同时期研制的雅克-15 和拉-15，使米高扬设计局一举成名。他们设计的第一种超音速战斗机米格-19，使米高扬设计局在苏联的飞机设计局中脱颖而出，而米格-21的研制成功，则使米高扬跻身于世界著名飞机设计师的行列。

1967年7月，米格-23可变后掠翼战斗机在苏联航空节上首次亮相。1970年，飞行速度可达3倍音速、飞行高度达到24 000米的米格-25战斗机开始装备部队，使米高扬和格列维奇对"高空、高速"的追求达到了最高峰。

有了喷气式发动机和后掠机翼，人们就想实现超音速飞行，但由于对超音速的认识不足，人们为实现超音速付出了代价，这就是所谓的突破"音障"。

世界上第一架突破音障的飞机是美国贝尔公司研制的X-1研究机。X是实验、试验的意思。X系列起源于美国国家航空航天局（NASA，1958年以前叫NACA）和美国军方在第二次世界大战结束前夕开始的探索跨音速和超音速飞行奥秘的研究计划。

X-1研究机采用火箭发动机和薄翼型平直机翼，共制造了3架。其外形很像一枚炮弹，机头尖尖，驾驶舱与机身完全融为一体，机翼很小，推进剂就占了全机重量的一半。

X-1研究机第一次飞行是由改进后的B-29型轰炸机带到空中，从空中发射后进行无动力飞行，时间为1946年1月19日。首次动力飞行是在1946年12月9日，使用的是X-1的2号原型机。1947年10月14日，第一架X-1研究机由查尔斯·耶格尔驾驶，在128 000米高空首次突破音障，速度达到1 078千米/时。

第一代超音速战斗机中最具代表性的是美国的F-100和苏联的米格-19。F-100"超级佩刀"战斗机是美国北美航空公司于1948年开始研制的，其原型机YF-100A于1953年5月25日完成了首次飞行。米格-19于1951年开始研制。苏联对米格-19的设计要求是：结构简单、轻巧灵活、爬升快、高速性能好、能超音速作战、火力强等。米高扬设计局遵照这些要求，设计出了这种性能较好的飞机，并于1954年1月5日首飞，1954年下半年投入生产，1955年初开始装备部队。在苏联，米格-19各型战斗机共生产2 000架左右，1961年停产。该机还在波兰、捷克、中国等多个国家成批生产，据估计总产量超过1万架。

第二代超音速战斗机(最大飞行马赫数为2.0)是20世纪60年代初开始装备各国空军的。目前，第二代超音速战斗机在美国已全部退役，在西欧和俄罗斯也将全部退役，但对大多数发展中国家来说，仍然是空军的主要装备。

第三代超音速战斗机是 20 世纪 70 年代中期开始服役的。与第二代相比，第三代超音速战斗机的飞行速度和飞行高度无多大区别，主要的不同是飞机的空战机动性大大提高。第三代超音速战斗机主要的机动性指标，如爬升率、盘旋半径、盘旋角速度及加速度等，比第二代有大幅度的改善。目前，在美国、俄罗斯及西欧一些发达国家，第三代超音速战斗机是其空军和海军的主要装备。

第四代超音速战斗机是指当今正在研制的、并在不久的将来能装备部队的新一代战斗机，其典范是美国的 F-22 和 F-35 战斗机。俄罗斯按自己的标准研制的所谓"第五代战斗机"亦属此类。第四代战斗机在飞行性能上的主要特点是：具有极高的机动性和敏捷性；可超音速巡航，有超视距攻击能力、多目标攻击能力以及隐身能力；全新概念的综合航空电子系统，高度综合信息利用；高可靠性和维护性。

F-22 继承美国主力战斗机为重型战机这一特点，最大作战起飞重量达 28 吨。它将近年航空领域的许多高新技术融于一体，是名副其实的第四代战斗机的典范，称得上是当今世界上最先进的战斗机。

F-22 的先进性首先体现在它的隐身性上。它采用了多种措施，以降低飞机的雷达、红外、声波和目视等探测特征。它可以将所有携带的导弹等武器收入在机身内的三个导弹舱中，这让对方难以发现和跟踪它，使飞机的生存能力和实施攻击的突然性大大提高。

同时，F-22 具有超强的机动性能。它安装了最先进的涡轮风扇发动机，使战斗机第一次具有了超音速巡航的能力。以往的战斗机一般都是采用较省油的亚音速进行巡航，只有在空中格斗时才实施超音速飞行。而 F-22 可以以正常的耗油量就能实现超音速飞行，既解决了第三代战斗机以超音速巡航耗油量大的难题，又不容易受到敌方红外制导导弹的攻击，可以极大地提高其作战效能。

F-22 不仅不易被发现，不易被摧毁，而且由于其装备了先进的机载雷达，具备了先敌发现、先敌发射、先敌命中的能力。它能携带多达 10 枚的各型先进导弹，火力猛烈，不愧为"猛禽"的称号。

歼-10 战斗机是中国中航工业集团成都飞机工业公司从 20 世纪 80 年代末开始自主研制的单座单发第四代战斗机。该机采用大推力涡扇发动机和鸭式气动布局，是中型、多功能、超音速、全天候空中优势战斗机。中国空军赋予其编号为歼-10，对外称 J-10 或称 F-10。2004 年 1

月，解放军空军第 44 师 132 团第一批装备歼-10。

歼-20 也是中国成都飞机工业（集团）有限责任公司为中国人民解放军研制的第四代（采用欧美主流的战斗机划分标准，俄罗斯标准为第五代）双发重型隐形战斗机，用于接替歼-10、歼-11 等第四代空中优势/多用途歼击机的未来重型歼击机型号。该机将担负我军未来对空、对海的主权维护任务。首架工程验证机已于 2011 年 1 月 11 日在成都实现首飞，预计歼-20 将在 2017 年至 2019 年期间投入使用，2020 年后逐步形成战斗力。

30. 武装直升机和预警机

导言

直升机用于军事上，一般都称作武装直升机。预警机就像是整个作战部队的大脑，起着协调整体作战的作用。

武装直升机的源头是直升机。世界上第一架实用直升机的发明人是美籍俄国人伊戈尔·伊万诺维奇·西科斯基。

1889 年 5 月 25 日，西科斯基出生于俄罗斯基辅。一天，母亲从街上买来一个来自中国的玩具——竹蜻蜓，他对这种精巧的玩具玩得入了迷。这种中国的竹蜻蜓，玩时双手一搓，然后手一松，竹蜻蜓就会飞上天空。旋转一会儿后，才会落下来，与现代的直升机升空原理相似。12 岁那年，小西科斯基根据竹蜻蜓的原理制作了一架橡筋动力的直升机模型，他从此迷上了飞翔事业。

1908 年，威尔伯·莱特驾机来到巴黎做飞机表演，西科斯基有幸目睹了前辈们的英姿后，便决定要自己动手制造一种能直接升空的"会飞的机器"。1909 年，他开始研制直升机，但在当时的发动机和飞行理论水平下，研制直升机根本不可能成功。经过多次失败后，西科斯基不得已停下来，转而研制固定翼飞机，这一放，就是 30 年。

1919 年，西科斯基移居美国，1923 年，他组建了西科斯基航空工程公司，但并不成功，公司很不景气。1928 年，他加入了美国国籍，并于次年组建了西科斯基飞机公司，开始研制水上飞机。

在积累了无数教训和经验，创造了多次辉煌后，西科斯基仍没有忘记儿时的梦想，又回到了直升机的研制中。当时德国人根据竹蜻蜓原理研制了螺旋式发动机，以此为基础，西科斯基用了不到 3 年功夫，解决了研制直升机最大的难题——直升机在空中打转儿的毛病。他巧妙地在机尾装了一副垂直旋转的抗反作用力的小型旋翼——尾桨，终于使直升机飞上了天空。

1939年9月14日，西科斯基身穿黑色西服，头戴鸭舌帽，爬进座舱，轻松地把一架直升机升到空中，高约两三米，平稳地悬停了10秒之久，然后轻巧地降落回地面。这在航空史上是崭新的一章，他成功地让世界上第一架真正的直升机——VS-300升空了。

20世纪40年代，工程师们开始了在直升机上加装武器的试验。1942年，德国人在Fa-223运输直升机上加装了一挺机枪，这可算是武装直升机的萌芽。20世纪50年代，美、苏、法等国都分别在直升机上加装武器，开始主要用于自卫，后来也用来执行轰炸、扫射等任务。不过，研制专用武装直升机，却是在20世纪60年代初的越南战争时期。战争中，美国主要用于运输的直升机损失惨重，因而他们决定研制专用武装直升机。第一种专门设计的武装直升机是美国的AH-1G，1967年开始装备部队，并用于越南战场。

目前，代表现代科学技术成就的电脑、自动驾驶仪和雷达导航仪等先进设备都已登上直升机，使飞行员的操作更加灵活方便。例如，他们可以利用电脑和自动驾驶仪进行自动操作，使飞机悬停在空中，自己通过软梯下机办一些其他事，然后再上机飞行。未来的武装直升机将主要由电脑操纵飞行，甚至还可按照要求自动进行攻击作战。

目前世界上最先进的武装直升机是美国的阿帕奇AH-64D武装直升机。我们玩过的一款著名电脑游戏《长弓阿帕奇》就是以这款飞机为原型开发的空战游戏。

阿帕奇是美国陆军装备的双引擎攻击直升机，在夜视能力、恶劣环境工作能力等方面很有特色，由美国麦道公司研发生产（现在由波音公司制造）。阿帕奇与俄国的卡-50、英国的山猫-3、德法联合的虎式等均是世界上顶级的攻击直升机。

阿帕奇直升机有很高的战场存活率。它采用凯夫拉尔座椅，驾驶员座舱有装甲保护，可以抵御12.7毫米机枪的攻击。它被地面12.7毫米机枪击中后还能飞行30分钟，某些重点保护设备如螺旋桨甚至可以经受23毫米机炮的打击。

阿帕奇的武器装备非常强大，是敌方坦克的天敌。如阿帕奇AH-64D装备有毫米波长弓火控雷达，毫米波的优势是它在低可视条件下工作，并且可以减少地面杂波的影响，这使得阿帕奇的作战响应时间小于 30 秒，可以说是为美国陆军插上了上天入地的无敌翅膀。

在武器系统方面，阿帕奇强悍至极。它的机身下装有一门 30 毫米自动 M230 机炮。机炮长 167.6 厘米，总重 57.5 千克，每分钟可以发射 625 发子弹，备弹 1 200 发。装备的长弓地狱火导弹是完全的发射后不管的反坦克导弹，射程 8 千米，半主动激光制导。在 1991 年以美国为首发动的沙漠风暴行动中，500 辆以上的伊拉克坦克命丧于地狱火导弹。阿帕奇可以装配的空空导弹包括毒刺、响尾蛇、西北风等，还可装备 Hydra-70 火箭弹。阿帕奇还能根据不同的任务需要选择不同的装备，在近距离支援战斗中，它的典型装备是 4 个 4 轨发射器，共装备 16 枚地狱火反坦克导弹。

此外，阿帕奇还有很强的侦察能力。它的综合导航系统包括全球定位系统（GPS）、多普勒导航仪、惯性导航仪、雷达高度导航仪等。飞行员夜视传感器包括一部红外前视仪。飞行员佩戴的头盔有显示系统，传感器的图像就显示在飞行员的头盔显示仪上。它的雷达"圆屋顶"在雷达扫描时打开，扫描后就关闭。处理器可以处理最多 256 个移动目标的方位、速度、方向等诸元。

预警机就像是整个作战部队的大脑，起着协调整体作战的作用。它在战斗中不仅能高速、精确地实施侦察、警戒、指挥等任务，而且有的预警机还具有一定的作战能力。当有来犯之敌时，它也会像普通战斗机那样，发起攻击，消灭敌人。

20 世纪 40 年代，美国率先研制预警机。1945 年，美国用舰载轰炸机改装成世界上第一架预警机 AD-3W。20 世纪 50 年代，美国又将 C-1A 小型运输机加以改进，装上新型电子设备，于 1958 年 3 月试飞成功，正式定名为 E-1B "跟踪者"式舰载预警机。

除了舰载预警机外，美国也十分注重陆基预警机的发展。1949 年 6 月 9 日，美国大型陆基预警机问世。

目前世界上最先进的预警机是美国的 E-3 "望楼"预警机。E-3 预警机是一种电子设备相当复杂、性能先进的电子飞机，具有下视能力。不但可搜索监视水上、陆地和空中目标，而且可以指挥引导己方飞机作战，因此，又称为空中预警和控制飞机。

中国现在也有了先进的预警飞机——空警-2000 预警机，采用俄制伊尔-76 为载机，但固态有源相控阵雷达、显像台、软件、集成电路、高速数据处理电脑、数据总线和接口装置等皆为中国设计和生产。据悉，空警-2000的雷达天线并不像美俄预警机一样是旋转的，相反它是固定不动的，是以电子扫描进行俯仰和方位探测。据说这种雷达的反应速度因为采用相控阵制式会更快，对目标的搜索数量也会随之更多。

空警-2000预警机采用三部相控阵雷达，呈三角形排列，每部负责扫描120度空间范围，三部可构成360度全方位探测，能同时追踪300个空中目标，同时指挥几十架战机作战。该机空中滞留时间约为6小时（不加油，最大重量起飞，距离基地1 000千米的条件下），一次加油后可延长6小时左右。

第五章
现代信息技术

启示录
全方位影响生活的技术

　　信息是什么？信息是消息、情报、指令、密码等，是人与人之间甚至动植物之间的沟通。信息包括市场信息、遗传信息、自然信息、向外星人发布的地球信息……

　　信息无处不在，离开了信息，人便无法生活。试想，如果你是哑巴，不能用语言与他人沟通信息；你是聋子，不能从别人的谈话中听到信息；你是瞎子，不能用眼睛感受大自然的信息；你是文盲，不能从报纸、杂志、图书中获得信息；你是电脑盲，不能从网络上获得信息；你没有电话、手机，不能与他人远距离地沟通信息；你没有电视机，不能从荧屏上获得信息……你的生活会变成什么样？

　　信息本身不是实体，必须依靠某种载体进行传递。

　　原始的通信方式是面对面谈话，谈话双方都想告诉对方某件事情，这些事情中所包含的内容就是信息，双方的语言就是信息载体。在书信往来中，信息载体是文字。在电报、电话中，信息载体是电信号。图像、字符、书报、杂志、唱片、电视等，都可作为记载信息的媒介。同一信息可用多种载体进行传递，信息内容不变。不同信息载体决定信息传递速度的不同。如同一条消息，打电话告诉对方快，写信就慢。

　　而自然界的一些信息，则有特殊的载体，比如，生物的遗传信息，其载体便是 DNA 和 RNA。

　　信息载体是衡量信息交流水平的重要标志。信息载体的演变，推动着人类信息活动的发展。从某种意义上说，信息革命就是信息载体的革命。人类在原始时代就开始使用语言，现在世界上存在的口头语言约3 500种，语言是人类传递信息的第一载体。随着生产力的发展和社会的进步，出现了信息的第二载体——文字。现在世界上有 500 多种文字在被使用。文字的发明，为信息的存贮（记载）和远距离传递提供了可能，是人类文明的一大进步。电报、电话、无线电的发明，使大量信息以光的速度传递，促进了整个世界的联系，人类信息活动进入了新纪元，电磁波和电信号成为人类的第三信息载体。

随着信息量的剧增，信息交流愈加广泛，进而需要容量更大的信息载体。计算机、光纤、通信卫星等新的信息运载工具成为新技术革命形势下重要的信息载体。一根头发丝粗细的光纤可以同时传输几十万路电话或上千路电视。卫星通信可把信息传到世界任何一个角落。新的信息载体必将导致新的信息革命。

电脑、手机、互联网络、通信卫星的发展，使我们进入了信息时代。在信息时代里，信息技术全方位影响人的生活。人与人之间的距离在缩短，"天涯若比邻"，人们犹如居住在一个地球村里，频繁地进行着信息交流，享受着手机、互联网络给我们带来的便捷，以及信息时代全新的工作和生活方式给我们带来的快乐、幸福！

31. 莱布尼茨和布尔——电子计算机的核心技术原理二进制的创建者

导言

莱布尼茨创立了二进制数学，布尔创立了以二进制为核心的数理逻辑，成功地将信息转化为数字，成为后来发明的电子计算机的核心技术原理，为电子计算机的发明奠定了基础。

发明机械计算机的帕斯卡逝世后不久，在与法国毗邻的德国莱茵河畔，有位英俊的年轻人正挑灯夜读。由帕斯卡亲自撰写的关于加法计算机的论文，勾起了他强烈的发明欲，并且一个朦胧的设想已在他脑中酝酿。他就是德国大数学家、被《不列颠百科全书》称为"西方文明最伟大的人物之一"的莱布尼茨。

在公元 1700 年左右的某天，朋友送给莱布尼茨一幅从中国带来的图画，名称叫作"八卦"，是宋朝人邵雍所摹绘的一张"易图"。莱布尼茨用放大镜仔细观察八卦的每一卦象，发现它们都由阳（—）和阴（— —）两种符号组合而成。

太极八卦图

　　莱布尼茨饶有兴趣地把 8 种卦象颠来倒去地排列组合，脑海中突然火花一闪：这不就是很有规律的二进制数字吗？若认为阳（一）是"1"，阴（一一）是"0"，八卦恰好组成了二进制 000 到 111 共 8 个基本序数。由此，莱布尼茨最终悟出了二进制的真谛。虽然他设计的计算机用的还是十进制，但他却率先系统地提出了二进制数的运算法则。直到今天，二进制数仍然左右着现代电脑的高速运算。

　　帕斯卡的计算机经由莱布尼茨的改进之后，人们又给它装上电动机以驱动机器工作，成为名副其实的"电动计算机"，并且一直使用到 20 世纪 20 年代才退出舞台。尽管帕斯卡与莱布尼茨发明的还不是现代意义上的计算机，但是他们所做出的贡献为现代计算机的诞生打下了基础。

　　19 世纪中叶，英国数学家布尔建立了数理逻辑这一数学分支。数理逻辑是运用数学符号、数学方法来解决逻辑问题。在数理逻辑中，二进制数替代了常用的十进制数。这种应用两个数字的计数和运算方法，位数虽然比相应的十进制数要长，但运算规律简单。二进制的采用，成为电子计算机的核心技术原理。

32. 埃克特发明电子计算机

导言

　　电子计算机的发明引起了一场信息革命，使人类进入信息时代，是 20 世纪最伟大的发明之一。

　　第二次世界大战时，由于火箭、导弹、原子弹等现代科学技术的发展，产生了许多极其繁复的数学计算课题，这些课题需要成百上千次甚至几亿次、几十亿次运算，有些运算还需要在很短的时间内完成，如用火箭攻击飞机等目标。于是，在美国军械部拨款支持下，年仅 24 岁的宾夕法尼亚大学摩尔电子工程学院的普雷斯普·埃克特和30多岁的约翰·莫奇利建立了一个专门研究小组，埃克特为总工程师，开始研制电子计算机，目的是加快火炮瞄准仪的计算速度。

他们发明的电子计算机的基本原理是二进制，让计算机电路完成逻辑操作，用"1"代表"真"，使电路关闭；用"0"代表"假"，使电路开通。这是计算机对所有信息进行编译、存储和运行的语言基础，二进制表达使得用电子线路制造计算机成为可能。

1946年2月14日，世界上第一台电子计算机ENIAC（中文名埃尼阿克）问世了。这台计算机造价为487 000美元，是用电子管制造的，用电子管作"开关"。一共使用了17 840个电子管，其总体积大约有90多立方米，重达28吨，需要用一间占地170平方米的大房间才能存放。这台计算机的功耗为170千瓦，运算速度为每秒5 000次加法，或者400次乘法，比机械计算机快几百倍到上千倍，比人快数千倍。计算过程是按人编好的程序自动进行的。ENIAC的问世具有划时代的意义，表明电子计算机时代的到来。

1946年，杰出的数学家、美籍匈牙利人冯·诺伊曼提出了设计电子计算机的新思想，创立了一个所有数字式电子计算机至今仍遵循的范式。今天众所周知的"冯·诺伊曼结构"就是建立在他公布的原理基础上的，其中重要的一条原理是：计算机应按照程序顺序执行指令。这个思想一经付诸实现，现代计算机这个改变世界进程和面貌的精灵就诞生了。

1949年，英国科学家根据冯·诺伊曼的思想制成了一台电子计算机，叫作"电子延迟存储自动计算机"，简称EDSAC。这台计算机已具备了现代计算机的特点。此后，依据新思想研制的计算机不断涌现，到50年代中期，全世界大约已制造了1 000台计算机。

计算机堪称20世纪后半叶人类最重要的发明。纵观现代计算机的发展，从第一台电子计算机问世起，计算机已经经历了四代，即电子管计算机（1946—1958年），晶体管计算机（1959—1964年），集成电路计算机（1965—1970年），大规模集成电路计算机（1971年至今）。目前，计算机正向第五代即人工智能计算机时代发展。而且，从第一代的"巨无霸"计算机到现代的类型多样的计算机，计算机的体积日益缩小，功能却越来越强大，在人类信息社会生活中所发挥的作用也越来越重要。

2006 年，美国国家核安全局（NNSA）启用蓝色基因/L 超级计算机，创造了每秒 280.6 万亿次运算的性能纪录。蓝色基因/L 系统还将提供最高每秒 500 万亿次计算峰值性能超级计算机。这种超级计算能力超过了世界上其他任何科学计算设备的能力。2008 年，IBM 的 Road-runner 更是突破了千万亿次的量级，成为当时世界上最快的计算机。

中国在 2008 年 6 月推出了"曙光 5000"型——每秒 230 万亿次浮点运算的超级计算机，创造了亚洲第一，也是世界上继美国之后，第二个制造出超越每秒 100 万亿次运算纪录的超级计算机的国家。

此后，计算机的运算速度飙升。"天河"一号是中国首台运算速度达千万亿次的超级计算机，由中国国防科技大学研制，部署在北京的国家超级计算机中心，其实测运算速度可以达到每秒 2 570 万亿次。2009 年 10 月 29 日，中国第一台国产千万亿次超级计算机"天河"一号在湖南长沙亮相。2010 年 11 月 14 日，国际 TOP500 组织在网站上公布了最新全球超级计算机前 500 强排行榜，中国首台千万亿次超级计算机系统"天河"一号排名全球第一。

2011 年，"天河"一号被日本超级计算机"京"超越。此后，日本（1 亿亿次）、美国（2 亿亿次）、中国相继研制出运算速度超过每秒亿亿次浮点运算的超级电子计算机。2013 年，中国研制出运算速度超过每秒 5.49 亿亿次的超级电子计算机——"天河"二号，再次居排行榜榜首。中国目前正在研制每秒 10 亿亿次以上的超级电子计算机，预计比 2011 年最快的超级计算机快 10 倍，比现在最快的超级计算机也要快上 5 倍。

今天的计算机除了运算以外，还能处理各种信息，如文字、图像、声音，等等，因此，计算机已成为一种能快速而高效地自动完成信息处理的电子设备。它能按照程序引导的确定步骤，对输入数据进行加工处理、存储或传送，以便获得所期望的输出信息。由于计算机的强大信息处理功能，人们把它看作是人脑的延伸，所以又把它称为"电脑"。

33. 盖茨和艾伦与微电脑

导言

大企业家盖茨和艾伦发明的微电脑极大地改变了人们的生活，甚至改变了世界，因此，他们也应归于 20 世纪最伟大的发明家之列。

世界首富、微软公司的老板比尔·盖茨的创业在高中快毕业时就开始了。那时，他还是美国西雅图湖滨中学的学生。

1971 年秋季，盖茨的密友艾伦从西雅图湖滨中学毕业，考入华盛顿大学攻读电脑专业。他在读书之余，产生了创办一家公司，专门设计管理城市交通的电脑程序的想法。他将自己的设想告诉盖茨，盖茨十分赞赏朋友的设想，两人一拍即合。他们合资 360 美元，到政府登记注册创办了公司。公司成立后，他们先是在西雅图市售出了自己的产品，使西雅图市实现了电脑处理交通管理数据。之后，他们又将产品向全国各城市推广，使公司赚了两万多美元。

用少量的资本，选小项目起步，实现原始资本的积累，获得经商的经验，这是盖茨向成功之路迈出的重要一步。

如果只满足于小公司小项目赚小钱，那是永远成不了大气候的。1973 年秋季，盖茨进入美国著名学府哈佛大学学法律。哈佛大学位于美国东北部大城市波士顿的附近。艾伦也在这一年秋季来到波士顿，课余和周末常去看望盖茨。他们谈话的中心话题是要再创办一家公司。原来那家公司由于政府政策的原因关闭了，他们也不再满足于小打小闹，想选一个有前途的产品大干一场。

1971 年 11 月 15 日，英特尔公司推出了世界上第一个商业化的微处理器 Intel 4004。

1975 年 4 月，微型仪器与自动测量系统公司（MITS）推出了爱德华·罗伯茨发明的世界首台微型电脑"牛郎星"（MITS Altair 8800），售价 375 美元，带有 1 KB 存储器。

1975 年 12 月一个寒冷的日子，对盖茨和艾伦来说是最重要的一天。艾伦在书摊上翻阅一本电脑杂志时，发现了一篇介绍一种性能优良的微型电脑"牛郎星"的文章。他慧眼识珠，立即便发现了这种微型电脑的开发价值。他兴奋地买回杂志，找到盖茨，共同研究应用"牛郎星"电脑编制程序的项目。

英雄所见略同，盖茨也一眼看出了开发微型电脑软件项目的巨大价值。他看见说明书中写着"世界上第一台微型计算机，可与商用型号的计算机相匹敌"，就高兴地对艾伦说："看来计算机像电视机一样普及的时代就要到来了。"两个人为此兴奋不已。他们在朦胧中看到了自己的事业和梦想，因为他们擅长的就是计算机程序，如果计算机得不到普及，那么，对程序的需求就不会兴旺。相反，当计算机普及的浪潮到来时，人们对计算机各种程序的需求就会自然地成为一种必然，这样，他们的才华就有了用武之地。这两个天才少年用他们自发的兴趣和天才的头脑，预见到了一个庞大的新兴科技领域的出现！

他们越谈越兴奋，决定合作研究一种更先进的微电脑，并合资办一个开发微型电脑软件的公司。

1975 年 3 月 2 日，盖茨和艾伦发布了第一个真正意义上的微电脑产品，用于 Altair 8800 的 BASIC 编译程序。

选了一个顶尖级的高科技项目、顶尖级超时代产品作为公司的载体，是盖茨走向成功之路的第一步。这也是盖茨人生道路上最关键、最重要的一步。回顾巨富成功的范例，很多都是因为目光锐利，率先经营超时代产品而成功的。

微电脑刚出现的时候，人们并不把它当一回事，以为不过是一种玩具而已。但盖茨和艾伦却独具慧眼，看出了这种类似玩具的东西的巨大商业潜力。这种潜力是只有像盖茨和艾伦这样的高级电脑专家才能发现的。因为他们长期从事编写电脑程序的工作，看出"牛郎星"微型电脑与大型计算机一样，可以从事多种电脑程序的编制和应用。而且微型电脑还有体积小、价廉等大型电子计算机无法比拟的优点。这些优点使电脑的应用范围大为拓展，适用于各行各业，并有进入千家万户的可能。这种产品应用的广谱性，使这种产品的市场前景十分广阔，而这正是一个产品可能赚大钱的基本要素之一。

同时，由于微电脑在 1971 年才诞生，在短短三四年的时间里，人们还来不及认识微电脑的潜力，开发微电脑软件（编制的各种应用程序和系统程序）的研究人员也不多。如果能率先开发出微电脑软件，再申请专利保护起来，那么，在专利制度完善、知识产权能得到有效保护的国度里，就能持久地发财。由于这些软件具有垄断性，谁用谁就得给专利拥有者付钱。于是，随着微电脑的普及，使用微电脑软件专利的人就会越多，专利拥有者挣的钱也就越多。

他们在发明了新型微电脑后，决定成立一个专业从事微型电脑软件开发的公司。1975 年 7 月，盖茨和艾伦在亚帕克基市创立了微软公司。"微软"的意思是微电脑软件之意。他们创办公司的宗旨是：要为各种各样的微电脑开发软件。当时整个电脑软件行业只有微软一家公司。这位未来写进世界历史的财富之神盖茨，做微软公司老板时，还不到 20 岁。就是这个微软公司，由于选择了具有广谱性、垄断性要素的超时代产品——微电脑软件作为载体，后来为盖茨和艾伦带来巨大财富，造就出世界首富盖茨和世界顶尖级富豪艾伦，闻名遐迩。

创办微软公司的时候，盖茨还是个大学生。由于公司生意好，他不可能既读书又办公司，熊掌与鱼不可兼得，二者必须择其一。父母坚决反对他辍学办公司。按常理，放着世界级名牌大学不读，去办一个前途未卜的公司，实在是不可思议。

盖茨陷入痛苦的抉择之中。他很难违拗自小疼爱他的父母，也很留恋大学的生活，并愿意同常人一样完成大学的学业，取得学位，在知识时代里取得必不可少的"敲门砖""护身符"。然而，他经过再三斟酌，觉得商机百年难遇，稍纵即逝，微电脑软件的价值，迟早会为人们认识。在知识经济时代里，高科技领域的竞争十分激烈，他如果稍有犹豫迟疑，便会失去领先地位。领先地位的丧失，意味着事业已失败了一半。有得必有失，在权衡得失后，他决定不顾家人反对，辍学专心致志办公司。

在关键时刻，盖茨抓住人生难得的机遇，舍小利而求大利，这是他迈向成功之路的果断决策。但是，他成功后一再告诫后来者，他的这段经历不足为训。他是在十分特殊的情况下做出的无奈选择。青年时期，没有比打牢知识基础更重要的事，这从微软公司很少聘请中途退学的人担任要职可以得到反证。

34. 罗森发明卫星微波通信

导言

科学幻想往往是发明的先导。1945 年，著名科幻小说家克拉克在他的作品中，首次描述了关于"地球同步通信卫星"的幻想。按照这种想法，卫星应位于太空中某个特定的轨道，它围绕地球运行的角速度与地球的自转速度是一致的，并且它相对地球处于一个固定的位置。

关于"地球同步通信卫星"的科学幻想，虽然是一个绝妙的设想，然而在当时的技术条件下，人们不仅无法实现这个设想，甚至还不能深刻理解它。

1963 年，随着"辛柯姆"二号地球同步卫星的成功发射与运行，这个尘封了 18 年之久的设想终于在一群美国科学家和工程师手中变成了现实。他们中间的核心人物之一，便是最先提出自旋稳定式卫星设想的哈罗德·罗森。

罗森大学毕业后，于1956年进入休斯公司任职。此时，他的几个主要合作伙伴赫兹佩恩、威廉斯等都在休斯公司雷达部任职。1957年10月，苏联发射了第一颗人造地球卫星，这促使罗森和他的同事们立即投入到空间项目的研究之中，由此拉开了地球同步卫星研制的序幕。

当时存在的主要问题是火箭推力较小，很难将卫星送入距地面3.6万千米处的地球同步卫星轨道。

罗森试图以缩小卫星质量的途径来解决这一问题，同时还必须保证通信卫星所应具备的全部功能：能够进行通信，有能够覆盖整个地球表面的天线波束，此外还应有动力系统和控制系统。

在此基础上，罗森认为，能够满足要求的轻型卫星应该是一个表面覆有太阳能电池的旋转体，并且附有一定旋转式的天线装置，以便在卫星旋转时始终朝向地球。利用卫星旋转的优点，其控制系统可以设计成旋转相位控制系统，这样就可以减少所需的助推器数目。这就是自旋稳定式卫星的初步设想。

没有人知道罗森天才的设想源自何处，这一点连他自己也不清楚。其实，所有的设想都是他长期思索后水到渠成的结果，用他的话来说就是"对地球同步卫星琢磨了一两年之后一齐涌现的"。

后来罗森提及在他大学时的一次经历。在加州理工学院上物理课时，罗森曾向他的老师——发现正电子的诺贝尔奖得主安德森请教过一个动力学问题：物体旋转的稳定效应，譬如螺旋前进的足球或从枪膛里射出的子弹等的运动情况。也许，这些就是激发他灵感的最初火花吧！

在最初设想的基础上，罗森和他的同事们展开了进一步的工作。罗森改进了他的控制系统，因为他原以为只要使卫星进入轨道时达到正确的旋转姿态就可以了。然而最终却发现，旋转姿态的控制在卫星的整个生命周期内是始终需要的，因为太阳辐射压可以使卫星运转速度变慢。而且，由于地球、太阳和月亮产生的引力作用，也需要对卫星不断进行控制调整。

在试验了可连续使用的气体系统和液体系统后，他们最终采用了喷射的办法，这种办法只需要两个喷嘴就能完成卫星所需的全部旋转姿态和速度控制。与此同时，罗森的合作伙伴威廉斯完成了控制系统中的大型助推器的研制；赫兹佩恩采用了门德设计的轻巧、结实、高效的行波管代替流行使用的三极管，设计出了适合当时小型航天飞行器的极轻便的通信传播机。最后，固体电路微波接收器也由威廉斯和罗森合作完成了。在这些工作中，罗森早年在雷塞翁公司参与导弹研制工作时学习到的控制飞行器的各种方法，以及他在休斯公司搞雷达研究的工作经历，无疑对他的研究工作是大有裨益的。

接下来发生的事情便是众所周知的了：1961 年，"辛柯姆"一号通信卫星在巴黎航空展览会上首次亮相；两年之后，首次成功发射的"辛柯姆"二号卫星作为国际电话线投入使用；1964 年，"辛柯姆"三号卫星第一次实现了连续的跨洋电视转播。

从地面上看，这些通信卫星似乎总是"停"在空中某一位置上，这是因为卫星围绕地球运行的角速度与地球自转的角速度恰好相等，所以卫星相对地球是静止的。也正是这个缘故，通信卫星又称为地球静止卫星或同步卫星。

如果有一个人站在一颗同步通信卫星上，他能看到地球表面的三分之一多一点的地方。也就是说，一颗通信卫星所发出的微波，可以到达这三分之一多一点的地球表面上的任何地方；反之，这些地方发出的微波也能被这颗卫星接收到。因此，一颗同步通信卫星的通信范围可以覆盖地球表面的三分之一多一点。若在赤道上空等距离发射三颗同步通信卫星，它们的通信范围就可以覆盖整个地球，从而实现全球范围的卫星通信。

现在，在太平洋、印度洋、大西洋上空各有一颗国际通信卫星，这三颗卫星和地面上的卫星地面站一起组成了一个全球通信网。通过这个通信网，可以将在任何一个国家进行的比赛、演出等实况及时传到世界各地。

如今已有 150 多个国家与地区，总共建立了近 1 000 个通信卫星地面站。我国也于 1986 年 2 月 1 日成功地发射了第一颗实用同步通信卫星，通过该卫星已开展了电视、广播、电话、电报、传真等多项卫星通信业务。卫星通信正迅速发展到教育、气象、医疗、救灾抢险和导航等领域。随着卫星转发的功率增大，家庭电视机仅需配上直径 1 米左右的小型接收天线，就能随时收到世界各地精彩的电视节目了。

正是人造卫星，特别是同步通信卫星，把世界各地连成一个整体，任何地方发生的事情，瞬间就能传遍全球。空间变小了，时间缩短了，生活在地球上的人们，尽管相隔千里，却感觉像是居住在一个世界性的村落——"地球村"里一样。

35. 高锟与光纤通信

导言

顽童并不那么让人头疼，只要引导得法，也可以成才，甚至成栋梁之材。高锟是个顽童，他说自己在阳台上的实验室所储存的氯化物曾经足以毒死上海全城人，幸好被父亲及时发现。父亲没有责怪他，而是从他爱科学这一点上看到了儿子是个可塑之材。经过学校培养和自己的努力，他成了举世闻名的光纤通信发明人。

高锟是继李政道、杨振宁、丁肇中、李远哲、朱棣文、崔琦及钱永健之后，第八位获得诺贝尔科学奖的华裔科学家，被誉为"光纤通信之父"。

1933 年 11 月 4 日，高锟出生在江苏省金山县。高锟小时候住在一栋三层楼的房子里，三楼是他童年的实验室。童年的高锟对化学实验十分感兴趣。他胆大包天，竟敢自制炸弹。他用红磷粉和氯酸钾混合，加上水调成糊状，掺入湿泥，搓成一颗颗弹丸。待弹丸风干之后扔下街头，发出惊天动地的爆炸声，幸好没有伤及路人。他还曾经自制灭火筒、焰火、烟花和相纸。后来他迷上无线电，很小便成功地装了一部有五六个真空管的收音机。

1957 年，高锟进入国际电话电报公司（ITT），在其英国子公司——标准电话与电缆有限公司工作，任工程师。1960 年，他进入ITT 设于英国的欧洲中央研究机构——标准电信实验有限公司，在那里工作了十年，其职位从研究科学家升至研究经理。正是在这段时期，高锟教授成为光纤通信领域的先驱。

从 1957 年开始，高锟即从事光导纤维在通信领域运用的研究。1964 年，他提出在电话网络中以光代替电流，以玻璃纤维代替导线。

虽然人们已经知道信息可以用数字或模拟的方式传送，而且当时已有人研究透过气体或玻璃传送光，期望可达到高速的传送效率，但无法克服信号会严重衰减的问题。

1965 年，高锟对各种非导体纤维进行实验。他发现，当光学信号衰减率能低于每千米 20 分贝时，光束通信便可行。他更进一步分析了吸收、散射、弯曲等因素，推断被包覆的石英玻璃有可能满足衰减需求达到波导。这项关键研究结果，推动了全球运用玻璃纤维波导来通信的研发工作。

1966年，在标准电话实验室，高锟与何克汉共同提出光纤可以用作通信。这一年，高锟发表了一篇题为《光频率介质纤维表面波导》的论文，开创性地提出光导纤维在通信上应用的基本原理，描述了长程及高信息量光通信所需绝缘性纤维的结构和材料特性。简单地说，只要解决好玻璃纯度和成分等问题，就能够利用玻璃制作光学纤维，从而高效传输信息。这一设想提出之后，有人认为匪夷所思，也有人对此大加褒扬。在争论中，高锟的设想逐步变成现实，利用石英玻璃制成的光纤应用越来越广泛，全世界掀起了一场光纤通信革命。

此后，1970年，美国康宁公司研制出第一根低衰减的光导纤维后，才使光纤通信成为现实。随着第一个光纤系统于1981年成功问世，高锟"光纤之父"的美誉传遍世界。

高锟还开发了实现光纤通信所需的辅助性子系统。他在单模纤维的构造、纤维的强度和耐久性、纤维连接器和耦合器以及扩散均衡特性等多个领域都做了大量的研究，而这些研究成果都是使信号在无放大的条件下，以每秒亿兆位元传送至距离以万米为单位的成功关键。

令人十分遗憾的是，高锟晚年得了遗传至父辈的可怕疾病——阿尔茨海默症，而他的父亲也患有这种脑部退行性疾病。2009年，迟来的诺贝尔奖颁给了这个已经忘记过去的老人，公众唏嘘不已，工作在阿尔茨海默疾病防治领域的人们更有无以表达的悲哀。

同有线电通信相似，光纤通信两端除了电端机外还有光端机。比如当传输声音时，在发送端说话的声音通过电话机（电端机）变成强弱变化的电信号，电信号进入激光发射机（光端机），经能量转换后辐射出相应的强弱变化的光信号，光信号沿着光导纤维传输到接收端，接收端的光端机（光接收机）做着"复原"的工作，把光信号转换成相应的电信号，受话机（电端机）又把电信号复原成声音，这样我们就能听到对方的说话声了。

光导纤维体积小，重量轻，又很柔软。用多股光纤做成的光缆只有铅笔那么粗，重量却只有普通电缆的几百分之一，且可自由弯曲，铺设非常方便。光缆不怕潮湿和腐蚀，可以埋在地下，也可架设在空中。光信号在光导纤维中的损耗很小，可实现有效的长距离传输，且不需中继器。最重要的是光纤通信是一种能为人们提供特大通信容量的通信方式。

现在，激光输出的频率已远远超过了可见光的范围，通常为3.846×10^{14}赫兹～7.895×10^{14}赫兹，每套电视占用的频带宽度为 4 兆赫，那么，从理论上讲，激光就能同时传输 100 亿路电话或 1000 万套电视！换句话说，即使全世界的人同时通信，也只需要一根光纤；世界上最大的一家图书馆的全部图书信息，一根光纤只需要 20 秒就能传输完毕。

正是由于光纤通信具有频带宽、信息容量极大的特点，所以它在通信领域中的应用引发了一场真正的技术革命。世界各国，特别是工业发达国家，都极重视并致力于发展光纤通信。毋庸置疑，光纤通信成了当今通信行业的"新宠儿"。

36. 马丁·库帕发明移动电话——手机

导言

手机的发明，是第三信息载体的一次革命。

智能手机的发明，使手机更上一层楼。智能手机正在改变世界和人们的生活方式，冲击着新闻出版、商业、影视、交通、通信等许多传统产业。然而，智能手机的发明者——摩托罗拉公司，却在与三星、苹果等公司的智能手机市场竞争中败北，被谷歌公司收购，其间的故事，令人深思。

普通电话都是放在某个固定的位置上，当人们要打电话或接电话时，就必须要走到这个位置。因此有些时候就显得很不方便，甚至还可能由于我们远离话机听不到铃声而接不着电话。

那么可不可以摆脱电话线的束缚，使电话获得"自由"呢？

无线电话，也叫移动电话，即手机这个概念，早在 20 世纪 40 年代就出现了。当时美国最大的通信公司贝尔实验室开始试制无线电话。1946 年，贝尔实验室造出了第一部所谓的"无线"电话。但是，由于它的体积太大，研究人员只能把它放在实验室的架子上，慢慢地人们就淡忘了。

美国著名的摩托罗拉公司的工程技术人员马丁·库帕坚持研究移动电话，终于在 1974 年研制出世界上第一部移动电话。

马丁·库帕 1928 年出生于美国芝加哥，来自于一个乌克兰移民家庭，1950 年获得伊利诺伊理工学院的硕士学位。毕业以后，库帕参加了美国海军。退役以后，29 岁的马丁·库帕开始在摩托罗拉公司个人通信事业部门工作，这一干就是 15 年。

马丁·库帕在担任摩托罗拉通信系统部门总经理时，致力于推动移动电话，即手机的研发。他发明手机的灵感来自于科幻电影《星际迷航》，他回忆说："当我看到剧中的考克船长在使用一部无线电话时，我立刻意识到，这就是我想要发明的东西。"

考克船长的那部无线电话成为库帕和他的团队发明手机的原型。三个月以后，第一部手机大功告成。

"我们成功了！"实验室里的研究人员欢呼雀跃。研究团队的领导者马丁·库帕举着他们的研究成果——世界上第一部手机，激动地问道："我亲爱的朋友们，我就要走上大街，用这部手机给一个人打电话，你们猜是谁？"

"您的家人？""您的朋友？"在场的人纷纷猜测。

"不，你们都猜错了。"库帕神秘地笑着。随后，他走出实验室，来到曼哈顿的大街上。从他身边经过的人，无不停下脚步，盯着他手上那个没有线，有两个砖头大的电话，驻足观望。在此之前，人们从来没见过没有绳子的电话。

在众人的注视下，库帕按下了一串电话号码。电话通了，那头传来了一个男人的声音："这里是尤尔·恩格尔。"库帕兴奋地用几乎颤抖的声音说道："尤尔，我正在用一部真正的移动电话和你通话，一部真正的手提电话！"

电话那头沉默了。接电话的不是别人，正是库帕长期以来的竞争对手——贝尔实验室的一名科学家尤尔·恩格尔。库帕后来回忆道："我听到听筒那头的'咬牙切齿'——虽然他已经保持了相当的礼貌。"

和今天的手机相比，这部手机显得又笨重又误事——内部电路板数量达 30 个，通话时间只有 35 分钟，而充电时间却要 10 小时，仅有拨打和接听电话两种功能。可在当时，这部手机的诞生意味着一个新时代的开始——无线通信的诞生。

智能手机的发明，使手机更上一层楼。

智能手机，犹如个人电脑，是具有独立操作系统，可以由用户自行安装软件、游戏、导航等第三方服务商提供的程序，通过此类程序来不断对手机的功能进行扩充，并可以通过移动通信网络来实现无线网络接入的这样一类手机的总称。

智能手机除了具备手机的通话功能外，还具备了掌上电脑的大部分功能，特别是个人信息管理以及基于无线数据通信的浏览器、导航和电子邮件功能。智能手机为用户提供了足够的屏幕尺寸和带宽，既方便随身携带，又为软件运行和内容服务提供了广阔的舞台，很多增值业务可以就此展开，如股票、新闻、天气、交通、商品、应用程序下载、音乐图片下载，等等。结合通信网络的支持，智能手机势必将成为一个功能强大，集通话、短信、网络接入、影视娱乐为一体的综合性个人手持终端设备。

世界上第一款智能手机是由摩托罗拉在 2000 年生产的，名为天拓A6188 的手机。它是全球第一部具有触摸屏的智能手机，同时也是第一部中文手写识别输入的手机，最重要的是 A6188 采用了摩托罗拉公司自主研发的龙珠技术和支持无线上网的 PPSM 操作系统。龙珠也成了第一款在智能手机上运用的处理器，为以后的智能手机处理器奠定了基础，有着里程碑的意义。

摩托罗拉公司成立于 1928 年，1947 年，改名为 Motorola。它的总部设在美国伊利诺伊州绍姆堡，位于芝加哥市郊。它是世界财富百强企业之一，是全球芯片制造、电子通信的领导者。

摩托罗拉因在无线和宽带通信领域的不断创新和领导地位而闻名世界，曾和诺基亚以及爱立信并称为世界通信三巨头。摩托罗拉拥有全球性的业务和影响力，2006 年的销售额为 428 亿美元。公司旗下有三大业务集团，它们分别是企业移动解决方案部、宽带及移动网络事业部和移动终端事业部。

从发明了无线电应答器（被用于阿波罗 11 号宇宙飞船），到全球第一款商用手机，第一款 GSM 数字手机，第一款双向式寻呼机，第一款智能手机，全球第一个无线路由器，以及著名的铱星计划，等等，摩托罗拉一直引导时代的进步。

作为一家老牌通信巨头，摩托罗拉在通信业的地位毋庸置疑，从摩托罗拉发明第一款手机开始，摩托罗拉见证了迄今为止的整个手机发展史。

作为世界上第一个手机品牌，摩托罗拉曾经是何等的风光！它是曾经的大哥大！曾经的里程碑！但是，摩托罗拉移动自 2005 年起就开始走下坡路。它在与苹果、三星和 HTC 等公司的市场竞争中惨败，市场占有率远低于这三家公司。这是它故步自封，没有紧跟智能手机功能不断完善的时代潮流所致。用过摩托罗拉手机的人都知道，摩托罗拉手机太不人性化，操作很困难，几乎完全保留了欧美人的使用习惯，甚至不会发短信和存电话人名，它的显示屏也是老款的 TFT 显示屏，这使摩托罗拉在全球最大的智能手机市场——中国大失民心。

2011 年 8 月 15 日，谷歌公司宣布以每股 40 美元，总额约 125 亿美元的价格收购摩托罗拉移动。双方董事会全票通过该交易。2012 年 2 月 14 日，谷歌收购摩托罗拉获欧盟和美国批准。2012 年 5 月 19 日，中国商务部发布公告，正式批准了谷歌收购摩托罗拉移动，这桩全球最大手机厂商收购案跨过了最后一道门槛。2012 年谷歌正式完成了收购摩托罗拉移动的交易。

37. 因特网

导言

因特网是对人类社会和生活影响最为广泛、深刻的一项发明，被誉为 20 世纪十大发明之一。2013 年，全世界使用因特网的网民达 22 亿，中国网民即达 5.64 亿。科学技术进步对世界的影响，莫过于因特网。但是，事物没有尽头。在 21 世纪，移动通信和手机互联网成为当今世界发展最快、市场潜力最大、前景最诱人的两大业务，正在超越因特网，成为新的信息载体。

因特网，又叫作国际互联网，它是一种公用信息的载体，是全球性的网络，是现今最流行的大众传媒之一。它是由一些使用公用语言互相通信的计算机连接而成的网络，由广域网、局域网及单机按照一定的通信协议组成。

在因特网发明之前，异型计算机之间不能直接互通信息。即使是可兼容的计算机之间数据的传递，通常的办法也是取出一台机器的磁带或穿孔卡片，插入另一台机器才行。为了保障在非常时期，特别是发生核战争情况下，某些计算机被毁坏后，其他机器仍能继续从事有关工作，美国国防部研究计划署首先提出解决异型机之间的直接通信问题，决定研究"实用网络"。

1968 年，该项目的负责人利克利德尔和罗伯特·泰勒发表第一篇论文，提出了让计算机担负起信息直接交流任务的设想，并指出这样的计算机之间组成的网络技术，可以把被地理位置分割开的科学家联合起来，形成广泛的"科学家社会"。

1969 年，美国国防部研究计划署开始实用网络的建设。他们最初的实用网络有 4 个节点，分布在加州大学洛杉矶分校、加州大学圣巴巴拉分校、斯坦福研究所和犹他大学。将这四台计算机联机，形成互联网络。

1969 年 11 月 21 日，科学家们首次实现了从纽约的洛杉矶分校的一台计算机，与数百英里以外的斯坦福研究所的道格·恩格尔巴德实验室的另一台计算机直接通信。这无疑向世界宣告，计算机的通信功能已经被开发出来，异型机之间不能直接交流信息的时代已结束了。

1971 年，实用网络扩展为 24 个节点，1981 年发展到 200 多个节点。尽管入网的计算机尺寸、速度可能完全不同，但都可以顺利地彼此交流，分享到更多的信息。譬如，在该网上的用户只要按照网络的互联协议要求进行操作，就可享用该网络中的任何信息，并且可以向该网络提供信息资源，或与该网络中的任一成员进行信息交流。

计算机实用网络成功地解决了不同型号计算机之间互联的一系列理论问题和技术问题，形成了资源共享、分散控制、分组交换、协议分层等思想和技术手段，成为现代信息网络建设乃至信息高速公路建设的理论和技术基础。

1986 年，美国国家科学基金网建成并逐步取代了计算机实用网络的地位，成为因特网的主干网，进而发展成为面向全社会开放的跨国网络。

现在除了主干网，各种通信线路都可以同因特网连接。普通用户在就近的小网中入网，可以用普通电话线与小网连接。小网之间，区域网之间，或者国家网之间，可以用光缆或是通信卫星实现连接。因此，只要有必要的电信设施，连接因特网，享受国际资源共享，并不需要太多的投资。

因特网仅有 40 多年的历史，但发展之快，令人惊叹。

不过，在 21 世纪，移动通信和手机互联网成为当今世界发展最快、市场潜力最大、前景最诱人的两大业务，正在超越因特网，成为新的信息载体。

手机互联网正逐渐渗透到人们生活、工作的各个领域，短信、铃声下载、移动音乐、手机游戏、视频应用、手机支付、手机阅读、导航服务等丰富多彩的手机互联网应用迅猛发展，正在深刻改变信息时代的社会生活。手机互联网经过几年的曲折前行，终于迎来了新的发展高潮。迄今，仅中国手机用户人数就超过 10 亿，是因特网网民的一倍。这一历史上从来没有过的高速增长现象反映了随着时代与技术的进步，人类对移动性和信息的需求急剧上升。越来越多的人希望在移动的过程中高速地接入互联网，获取急需的信息，完成想做的事情。所以，现在出现的手机与互联网相结合的趋势是历史的必然。因特网与手机互联网联姻，使信息革命走上了更深刻影响人类社会的新阶段。

第六章
现代生物技术

启示录　生命科学带来的发明

伟大的英国科学家达尔文临终的时候说，他唯一的遗憾是，他发现的生物进化规律没有给人类带来更多更直接的利益。

其实，达尔文的发现已在生物学上引起一场革命。生物进化论战胜了神创论后，生命科学才得到了一次大解放，科学家们冲破了神创论所设的各种藩篱，闯入了各种禁区，揭开了生命秘密的一个个谜底。

这场革命触及生物学的各个分支，带来了生物学一百年来的长足进步。如今，生命科学及其应用技术生物工程，已经成为当代六大前沿学科之一。

生命秘密地揭开，为发明家们引路，一个谜底的揭开，便引来一连串发明。

科学家们在细胞水平上揭开了生命之谜的部分谜底后，改造生命的工程师们立即紧跟而上，使科学转换为技术，发明了细胞工程技术。

科学家们在分子水平上揭开了生命之谜和遗传之谜的谜底，破译了遗传密码以后，改造生命的工程师们立即着手干扰奇妙非凡的 DNA 分子的双螺旋结构，重新设计生物的施工蓝图，有意识地把一种品系或品种的效果良好的基因引进另一个品系或品种中去，使之产生我们所需要的某些特性、某种物质，唱出更加美妙的生命之歌。于是，现代的生物工程——基因工程便应运而生了。

由基因工程技术带来的发明有：基因工程疫苗、基因工程抗体、转基因食品，等等；由细胞工程技术带来的发明有：干细胞移植技术、器官移植技术，等等；由克隆技术带来的发明有：克隆动物、试管婴儿、试管植物，等等。

现在，用现代生物技术发明的医药、工业、农业新产品多如牛毛，它们正在给人类带来巨大的直接利益。生命科学领域的进展，还会在将来引发更多划时代产品的发明，如各种生命产品和仿生产品，包括人类器官、神经计算机、DNA 计算机等。

这一切，追本溯源，都是来自于达尔文的发现。他如果地下有知，一定会很欣慰。

38. 基因工程

导言

基因工程是在科学家发现生物遗传规律，破译遗传密码后发明的一项伟大技术，它开启了人类自主创造新的生物类型和改造人类自身的时代。这是当代科学大发现迅速转化为一系列重大发明的典型例证。事实上，从全世界的科学家集中破译遗传密码开始，发明家们就认识到这一伟大发现的实用价值，并紧跟其后，迅速将发现转化为发明，造福人类。这也促使人类认识到科学发现的意义，更加重视基础理论的研究。

1970 年，美国约翰·霍普金斯大学的汉密尔顿·史密斯于偶然中发现一种限制性核酸内切酶，为基因工程找到了第一个工具。接着，科学家们又陆续找到了基因工程的其他重要工具，如基因手术的"连接线"、基因的运输者等。

1973 年，以美国科学家科恩为首的研究小组，应用前人大量的研究成果，在斯坦福大学用大肠杆菌进行了基因工程的第一个成功的实验。1974 年，他们又进行了两个新的成功的实验，其中的一个实验是将高等动物非洲爪蛙的一种基因与一种大肠杆菌的基因组合在一起，引入到另一种大肠杆菌中去。结果，这种动物的基因居然在大肠杆菌中得到了表达（"表达"是指该基因在大肠杆菌内能合成生长激素抑制因子），并能随着大肠杆菌的繁衍一代代地传下去。

他们进行基因工程采取的重组 DNA 技术，一般步骤如下：将用各种方法制备的基因，嵌入用限制酶切开的载体环状 DNA 分子中，然后用连接酶把它们连接成一个整体，使这种带有外来基因的载体进入宿主细胞。在宿主细胞中，体外重组的 DNA 分子或者独立复制，随宿主细胞的分裂而增殖，或者整合到宿主细胞的 DNA 分子中去，成为分子的一部分，并在宿主的细胞中表达自己的遗传信息，使宿主产生新的性状。

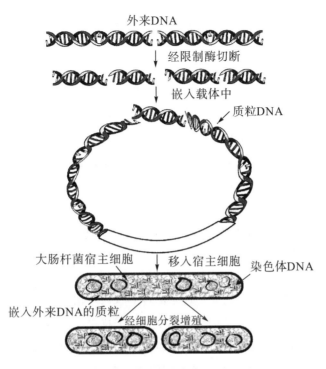

外来DNA

经限制酶切断

嵌入载体中

质粒DNA

大肠杆菌宿主细胞　移入宿主细胞　染色体DNA

嵌入外来DNA的质粒　　经细胞分裂增殖

基因工程的步骤

科恩的实验使全世界的科学家十分振奋。他们从实验中看出了基因工程这种"魔法"具有非常突出的优越性。首先，这种"魔法"很容易打破物种与物种之间的界限。在以前经典生物工程的概念中，亲缘关系远一点的物种，比如同属豆科植物中的大豆、花生、甘草、紫荆，要想杂交成功几乎是不可能的，更不用说动物与植物之间、细菌与动物之间、细菌与植物之间的杂交了。但基因工程技术却使这一切成为可能。同时，这种技术可以根据人们的意愿、目的，定向地改造生物的施工蓝图，创造地球上还不存在的新的生命物种，甚至于改良人类的施工蓝图，干预自身的进化过程。最后，由于这种技术是直接在遗传的物质基础——核酸上动手术，创造新的生物类型的速度可以大大加快。

这种优越性是以往的生物学技术所不能比拟的，因此，科恩的这种奇迹般的成果立即引起了全世界科学家的极大关注。短短几年间，基因工程的研究便在许多国家的上百个实验室中蓬勃地开展起来了。

基因工程的诞生，给人类改造生命的理想创造了无限的可能性，是人类文明史上不亚于发明原子弹的又一重大事件，引得举世瞩目。1977年12月，加利福尼亚州希望城国立医学中心的板仓敬一等四人，和旧金山的加州大学生物化学、生物物理系的三个人合作，第一次用基因工程的方法，使大肠杆菌生产出了一种珍贵的人脑激素——人生长激素释放抑制因子。

1978 年 6 月，以吉尔伯特为首的美国哈佛大学、波士顿裘斯林基金公司的八人联合小组，成功地采用基因工程技术，用细菌制造出了鼠胰岛素。同年 9 月，美国加州霍普市医学中心的分子生物学家伊太库拉等人宣布，用人工合成的人类胰岛素基因，植入无害的大肠杆菌实验菌株中，获得功能的表达，使杂种大肠杆菌成为一个"活的工厂"，生产出人胰岛素。

1979 年 7 月，美国加州大学研究小组和基因技术公司研究小组宣称，他们分别取得了人生长激素移植入大肠杆菌实验的成功。

1979 年，瑞士苏黎世大学的韦斯曼博士，1980 年，日本研究人员谷口维绍和美国分子生物学家吉尔伯特的合作小组，分别宣称，他们采用基因工程技术，用大肠杆菌生产出人体干扰素。

在这期间和以后，科学家们纷纷宣布，他们采用基因工程技术，在生产珍贵药物尿激酶、加压素、胸腺素、各种疫苗、免疫球蛋白、激素，在培养生产抗菌药、氨基酸的高产菌种，在移植大豆高产、固氮基因，在治疗分子病，在实现动物的光合作用等方面取得了进展，获得了巨大成就。

这些巨大的成就和可能给人类带来的巨大社会效益和经济效益，吸引了越来越多的科学家和实业家，使他们全力以赴地从事基因工程的事业。我国也已把基因工程列为重大科研项目之一，许多科研机构、大专院校都已开始建立基因工程技术体系，从事基因工程研究。

基因工程的出现，在给人类带来美好未来的同时，也让众多的科学家对基因工程潜在的危险性有了深深的忧虑。他们面对着这些潜在的危险，禁不住联想起发现核裂变现象后，随之而来笼罩全世界的核战争阴影。他们不寒而栗。

科学界出现重大争论时，解决问题的办法就是开展学术争论，让同行科学家集体做决定。于是，以伯格为首，包括沃森在内的十一个著名的美国分子生物学家，于 1974 年 7 月联名发出紧急呼吁，建议全世界的科学家延期做几项有危险性的试验，并召开国际会议讨论基因工程的安全性问题。

1975 年 2 月，十七个国家的一百五十名代表来到美国，在加利福尼亚州的阿西洛马会议中心举行国际会议。会议开得十分热闹，持不同意见的学者在会上争得面红耳赤。

通过激烈的争论，参加会议的绝大多数学者统一了认识，认为为了发展科学，应该继续进行基因工程的实验，但是应该制订出实验规则以保障安全。

会后，美国首先在国立卫生研究院内建立了基因工程审查委员会，并在 1976 年制订出了一个较严格的实验规则。这个规则要求在进行基因工程时采取物理、生物防范措施，并订出了四种实验室的水平。就是说，你有那种规定的保护措施、设备，才允许你做某种相应的实验。以后，英国、法国、德国、加拿大、瑞士、荷兰、苏联、日本等国也相继制订了本国的实验规则。

自从科学家们制订出了严格的实验规则以后，许多人认为，基因工程要成为一项有实际应用价值的技术，还是很遥远的事情。但是，从 1977 年开始，基因工程捷报频传，一项又一项具有实际应用价值的惊人成就传遍世界，震动全球。

同时，基因工程实验证明，科学家们以前对基因工程实验的危险性估计得过高了一些。不仅基因工程实验从未发生过任何危险事故，而且许多科学家用实验证明了基因工程技术的安全性。一个最有典型意义的实验是斯坦福大学的研究者科恩进行的。他们证明了基因工程并非人们强加给生物的"异己"的东西，实际上，和基因工程完全相同的过程在自然界中也是存在的。许多科学家还证明了用于基因工程的大肠杆菌 K_{12} 根本不能在人的肠道内寄生，将耐药性的质粒插入 K_{12} 的许多尝试也都失败了。

科学家是尊重事实的。过去一向很担心基因工程危险的一些学者通过实验之后转变了态度，认为基因工程的危险性不像原来预想的那么严重，从而主张对基因工程实验放宽限制。当初发出紧急呼吁的伯格、沃森等著名分子生物学家，现在都改变了当初的观点，沃森甚至认为连起码的实验规则也无须要了。他对自己当年的表态深为懊悔，说是"做了一件一生中最蠢的事"。因此，最初制订基因工程实验规则的美国国立卫生研究院修正了实验规则，适当地放宽了对基因工程实验的限制。反对基因工程的首脑人物、美国国会参议院议员 E·肯尼迪，在科学家的影响下，改变了过去的观点，主动撤销了向国会提出的要求对基因工程严加限制的法案。

39. 基因工程疫苗

导言

转基因在某些哗众取宠的人口中被"妖魔"化了，成了"邪恶"的代名词。这使我们仿佛回到了中世纪愚昧时代，忆起宗教裁判所的横行霸道，以及哥白尼、布鲁诺和伽利略的遭遇。可能这些人自己还不知道，他从小就是在转基因技术的光辉照耀下健康成长起来的。谁没打过抗乙肝疫苗，那就是转基因技术的产物，这一类转基因疫苗，被称为基因工程疫苗。

现代医学已经证明，人体本身有一整套强大而完备的免疫体系，能产生多种多样的淋巴素、免疫蛋白，用以消灭侵入机体的细菌、病毒，吞噬癌细胞。只要有办法充分地把人自身的免疫系统的能力调动起来，病魔就无法逞凶。疫苗就是根据这种原理发明的。在牛身上减了毒的天花病毒，种到人身上，使人体的免疫系统学会了对付天花病毒，从而制服了天花。我国制成的麻疹减毒疫苗，也是把麻疹病毒的毒力减低后制成的，儿童注射了这种疫苗后可获得对麻疹病毒的自动性免疫。乙脑疫苗用于预防流行性乙型脑炎；脊髓灰质炎减毒活疫苗用于预防小儿麻痹症；卡介苗用于预防结核病；百白破疫苗用于预防百日咳、白喉、破伤风；等等，都是成功的例子。

可是，传统疫苗虽然成本低、免疫原性良好，但有潜在致病性、致癌性，存在免疫反应不完全性。于是，基因工程师们设想，能不能使用基因工程技术生产各种疫苗呢？

科学家们通过研究后发现，能够教会人类免疫大军对付病毒的并不是病毒本身，而是包裹在病毒表面的一种蛋白质。只要把病毒产生这种蛋白质的基因搞清楚，将这种基因插入细菌中去，让细菌生产这种蛋白质，便能制造出预防病毒感染的各种疫苗，实现疫苗的大规模工厂化生产。

1986 年，美国默克公司首先研制成功基因工程抗乙肝疫苗，即转基因抗乙肝疫苗。他们用基因工程技术构建含有乙肝表面抗原基因的质粒，然后转移到酵母细胞中，用酵母细胞生产抗乙肝疫苗。此产品最早获美国 FDA 批准，在美国被广泛采用。另一种抗乙肝疫苗，是将重组的乙肝表面抗原基因转移到 CHO 细胞（中国仓鼠卵巢细胞）中，用这种细胞生产抗乙肝疫苗。这两种转基因抗乙肝疫苗分别叫重组酵母乙肝疫苗和重组 CHO 乙肝疫苗。

由于以前使用的血源性疫苗要使用大量的血液，且血液中难免带上血源性疾病，生产成本既高，安全隐患又多，很难惠及全民。而转基因抗乙肝疫苗免疫成本低，接种后安全可靠，血清学效果优于血源乙肝疫苗，因此迅速普及为常规抗乙肝疫苗。

目前，基因工程抗乙肝疫苗已基本取代了血源性抗乙肝疫苗，成为人类对付乙肝的强大工具。

1994 年，我国引进了默克公司的技术，成功地生产出转基因乙肝疫苗，随后建成了两条生产线。1997 年，卫生部专门下发 57 号文件，具体部署用基因重组乙肝疫苗取代传统乙肝疫苗事宜。同年，利用酵母菌生产的转基因乙肝疫苗被正式批准生产。

从此，乙肝疫苗终于得以大量生产。中国政府也终于有底气给儿童免费接种，甚至免费补种乙肝疫苗。2009 年至 2011 年，我国开展了 15 岁以下人群免费补种乙肝疫苗工作，共补种 6 800 万余人。

全面、免费疫苗接种的开展，使我国 5 岁以下儿童慢性乙肝感染率降至 1‰以下，我国每年乙肝新发感染者人数也降到了 10 万人以下。

根据卫计委的数据，1992 年至 2009 年，全国预防了 9 200 万人免受乙肝病毒感染，其中预防慢性乙肝病毒感染 2 400 万人，减少肝硬化、肝癌等引起的死亡 430 万人。

今天我们回顾这个过程，可以知道转基因产品已经以乙肝疫苗的形式深入中国人的身体，即便我们体内没有，我们的儿女孙辈体内也肯定有。这种转基因技术的大量使用没有像一些人说的那样会让中国人"断子绝孙"，倒是不使用的话，还真可能"断子绝孙"。

目前，应用基因工程技术已制造出不含感染性物质的亚单位疫苗、稳定的减毒疫苗及能预防多种疾病的多价疫苗。如把编码乙型肝炎表面抗原的基因插入酵母菌基因组，制成重组 DNA 乙型肝炎疫苗；把乙肝表面抗原、流感病毒血凝素、单纯疱疹病毒基因插入牛痘苗基因组中制成多价疫苗等。

同时，人们还设想，当人体患病之后，体内的免疫大军斗不过病魔时，能否人为地补充一些淋巴素、免疫球蛋白进入体内，协同体内的免疫大军战胜病魔呢？近年来，一种治疗癌症的淋巴素——转移因子，一种增强人体抵抗力的新药——免疫球蛋白和胎盘球蛋白，在人类同疾病的斗争中发挥了显著的作用。然而，转移因子的提取十分困难。免疫球蛋白和胎盘球蛋白是从人体胎盘中提取的，而人体胎盘总是有限的，因此市场上购买人体球蛋白极为不易。于是，基因工程师们开始转移各种淋巴素、免疫球蛋白基因到细菌中去的实验，企图让细菌在发酵工厂的大型设备里，生产大量价廉质高的珍贵药物。前面讲过的淋巴素的一种——干扰素基因转移的实现，便是这一系列设想首先取得成功的例子。目前人体球蛋白基因引入大肠杆菌的实验也已获得成功。

众所周知，艾滋病被称为"世纪瘟疫"，人类至今尚未找到医治这一顽症的理想方法。现在普遍采用的"鸡尾酒"疗法，就是让患者服用抗反转录酶等抗病毒药物，以控制病情的进一步发展。但它无法完全杀灭病毒，而且还会产生毒副作用。用"治疗疫苗"抑制艾滋病毒的新思路，最先是法国巴黎第五大学华裔学者卢威教授提出的，其原理是：既然艾滋病患者最主要的问题是免疫功能的丧失，那么只要找到一种能够有效触发并恢复其自身免疫能力的方法，病情应该可以得到控制。

一些艾滋病患者或艾滋病病毒感染者往往不能长期承受反逆转录酶病毒改为承受抗反转录病毒的系列化学药物治疗，用疫苗进行治疗的目的是使患者在停止抗反转录病毒治疗的情况下，不受或少受病毒重新扩散的威胁。

目前，世界上关于艾滋病治疗性疫苗的研究尚处于起步阶段，我国科学家在此方面的研究并不落后。

我国吉林省长春市解放军军事医学科学院十一所病毒学研究室的金宁一教授用了十余年研究艾滋病治疗性疫苗。目前，他研制的艾滋病基因工程治疗及预防重组疫苗课题已基本完成实验室工作，正积极投入到临床前的研究阶段。由于基础研究工作扎实，他在这条主线上又拓展了其他研究，视野越来越宽。他不仅研制出了用于治疗艾滋病的辅助治疗、具有自主知识产权的抗艾滋病毒"生物导弹"药物，还研制出了新型基因工程抗肿瘤治疗性疫苗。此后，从这条主线上又派生出了 SARS 疫苗、抗流感病毒疫苗等多项基因工程疫苗的研究。

40. 基因工程药物

导言

转基因技术在保护人类健康上起到了重大作用。事实胜于雄辩，那些将"转基因"妖魔化的科盲们可以休矣!

1982 年,美国 Lilly 公司将重组胰岛素投放市场,标志着世界上第一个基因工程药物的诞生。

据 2011 年的统计,全球有 3.5 亿糖尿病患者,其中每年有大约三百万人因为糖尿病死去。患糖尿病的根本原因是因为人体内胰岛素分泌不足或是不能正常利用,而胰岛素能控制身体里很多物质的运输和使用,尤其是控制血液里糖分的高低,所以,如果胰岛素出问题,血糖就会增高,导致糖尿病。控制糖尿病最有效的方法就是补充胰岛素,因此,胰岛素成了糖尿病患者的重要药物,是 I 型糖尿病患者不可或缺的救命药。

以前治疗糖尿病的胰岛素主要是从猪的胰腺里提取。可惜的是,从一只猪身上能提取的胰岛素太少,每 100 千克胰腺只能提取 4~5 克的胰岛素。人类必须寻找别的来源。20 世纪 80 年代,科学家们找到一种方法,把人类基因中控制胰岛素生成的片段植入大肠杆菌的基因里,使大肠杆菌变成一台微型的胰岛素工厂。科学家们将人体专门控制生产胰岛素的基因切割下来,用转基因技术植入到一种大肠杆菌中,生产出了人胰岛素。这种生产方法效率高,成本低,每 2 000 升培养液就能产生 100 克胰岛素。大规模工业化生产不但解决了这种比黄金还贵的药品产量问题,还使其价格降低了 30%~50%。

基因工程药物人胰岛素的规模化生产,为全世界亿万糖尿病患者带来福音。

基因工程药物的发明层出不穷,在美国,有胰岛素、干扰素、纤维酶原激活剂、生长激素、促红细胞生成素、生长激素释放因子、集落刺激因子、白介素-2、凝血因子、脱氧核糖核酸酶、单克隆抗体、葡萄糖苷酯酶、生长激素、胰岛素生长因子、人卵泡刺激素、甲状腺激素、高血糖素、多克隆抗体、可溶受体凝血因子、融合蛋白质、天冬酰胺酶等一百多种基因药物经 FDA 批准生产上市。

1989 年,中国批准了第一个在中国生产的基因工程药物——重组人干扰素 α1b(商品名安达芬),标志着中国基因工程药物的生产实现了零的突破。重组人干扰素 α1b 是中国自主研制成功并拥有自主知识产权的第一个基因工程一类药物。

干扰素具有抗病毒、抑制肿瘤细胞增生、调节人体免疫功能的作用,广泛用于病毒性疾病治疗和多种肿瘤的治疗,是当前国际公认的病毒性疾病治疗的首选药物和肿瘤生物治疗的主要药物。过去从人体血液中提取干扰素，300 升血液才能提取 1 毫克，其珍贵程度使病人望而生畏。现在用转基因技术合成了价格低廉、药性一样的干扰素，对患者来说，不再是如上天摘月，可望而不可即了。

此后，中国基因工程制药产业从无到有，不断发展壮大。现在，中国已有重组人干扰素 α1b、重组 BFGF（外用）、重组人表皮生长因子（外用）、重组人干扰素 α2a、重组人干扰素 α2b、重组人干扰素 γ、重组人白细胞介素-2、重组人 G-CSF、重组人 GM-CSF、重组人红细胞生成素、重组链激酶、重组人胰岛素、重组人生长激素、重组乙肝疫苗等基因工程药物和疫苗被批准生产并上市。

41. 干细胞技术

导言

干细胞对于大多数人来说还是一个陌生的名词，从婴儿的脐带血中提取干细胞治病更是一件稀罕事。其实，造血干细胞移植已成为根治恶性血液病（白血病、恶性淋巴瘤、多发性骨髓瘤）、再生障碍性贫血、难治性免疫缺陷病、某些遗传性疾病等 45 种疾病的有效手段。近年来干细胞移植已逐步用于中晚期恶性实体瘤（小细胞肺癌、乳腺癌、卵巢癌、睾丸癌、神经母细胞瘤等）、心脏病、神经系统损伤、组织器官修复、糖尿病、血管疾病等疾病的治疗。此外，干细胞还有增强人体免疫力、改变人类生存状态、延长人的寿命等潜能，具有不可估量的医学价值。

干细胞的"干"字，是骨干的"干"，而不能念成干净的"干"。干细胞是具有自我复制和多向分化潜能的原始的未分化细胞，是机体的起源细胞，是形成人体各种组织器官的原始细胞。在一定条件下，它可以分化成多种功能细胞或组织器官，医学界称其为"万用细胞"。

干细胞研究与临床应用最早起源于 20 世纪 60 年代，主要是对造血干细胞的研究，1998 年以前干细胞的概念就是指造血干细胞。之后，科学家们陆续发现，干细胞除可以从造血干细胞获得以外，还可从骨髓干细胞、外周血干细胞、胚胎干细胞和成体干细胞中获得。于是，人类进入了干细胞时代。

干细胞时代始于 1998 年。这一年，美国威斯康星大学的科学家汤姆森带领研究团队首次从人类胚胎组织中提取培养出胚胎干细胞，并且证实此株细胞具有全能干细胞特征，此项研究论文发表在 1998 年 11 月 6 日出版的美国顶级学术期刊《科学》杂志上。此项进展使科学家们看到了干细胞生物工程的曙光：在体外培育所需的组织细胞，取代病人体内的坏损组织细胞。这篇论文标志着一个干细胞时代的到来，而汤姆森也被人称作"干细胞研究之父"。1999 年，《科学》杂志将人类胚胎干细胞研究成果评为当年世界十大科技进展之首。2000 年，《时代》周刊将其列为 20 世纪末世界十大科技成就之首，并认为胚胎干细胞和人类基因组将同时成为新世纪最具发展和应用前景的领域。

近年来，干细胞已成为生命科学界最活跃和最有前景的研究领域。运用现代科技，研究人员已能够在体外鉴定、分离、纯化、扩增和培养人体胚胎干细胞和各种组织成体干细胞，然后补充到人体内，修复和替代病变组织，延缓人体衰老，治愈各种疾病，干细胞研究取得了重大突破。

成体干细胞已成功治愈 70 余种血液性疾病，其中一些此前被认为是致命的疾病，包括白血病、镰刀型细胞贫血症、霍奇金淋巴瘤、范可尼贫血及重症联合免疫缺陷病。根据美国国家卫生研究院 2 134 例成体干细胞临床观察统计，目前成体干细胞可以治疗的疾病包括血液系统疾病、神经系统疾病、糖尿病、肾脏疾病、骨关节疾病、肝脏疾病、下肢缺血性疾病、心脏病、皮肤疾病、自体免疫性疾病，等等。

干细胞为什么会有如此神奇的功效呢？原来，在细胞分化过程中，大部分细胞失去了自我分化的功能，导致机体死亡，然而有一类特殊的细胞能补偿机体内细胞的死亡，这类细胞就是干细胞。它们根据不同的发育途径产生不同的分化细胞，因此干细胞是一类能进行自我更新，并能增殖的细胞群。干细胞将从本质上弥补自身组织缺陷与修复病变组织。它可以被机体局部损失后释放的趋化因子及细胞因子所吸引并高浓度地聚集到损伤部位周围（干细胞归巢现象），根据需要分化为机体的各种细胞，起到细胞替代、修复损伤的作用，同时干细胞还可以释放各种营养因子，促进细胞的生长并激活机体内源性的修复机制。

目前，脐血干细胞移植技术是使用最广泛的干细胞技术，在治疗白血病等恶性血液性疾病中发挥了巨大的作用。

我国是干细胞及其衍生组织需求最大的国家。在我国，各种血液性疾病已成为严重威胁人们生存的恶性疾病。据卫生部的统计表明，白血病已成为影响我国青少年身体健康的第一恶性疾病，成为成年人第七位恶性疾病。我国每年新增白血病患者 4～5 万人，每年有 400 多万名患者在苦苦等待着造血干细胞移植，99％的病人得不到及时有效的治疗，主要原因是我国干细胞储存工作开展的时间短，供体来源缺乏，配型成功率低，因此开展干细胞储存工作刻不容缓，是完善医疗保障的重要举措。

中国的干细胞研究走在世界前列。早在 20 世纪 60 年代，我国就开始了骨髓移植研究，到 20 世纪 70 年代末 80 年代初，临床骨髓移植治疗血液病在我国陆续开展，20 世纪 90 年代以来，除骨髓移植外，外周血干细胞和脐血干细胞移植也逐渐普及应用于治疗血液病和肿瘤。

42. 克隆器官

导言

人体的器官坏了怎么办？在现代，器官移植已成为一种普遍的选择。

异体器官移植有两个致命的弱点：一是过敏反应，许多人在肝脏、心脏、肾脏，甚至皮肤的移植中因机体自身剧烈的排异反应而丧生。二是移植器官的来源，比如，要求换心的心脏病人那么多，到哪里去找同样多因意外死亡而事前又表示愿意捐出心脏来的人呢？在美国，每年只有 2 000 多颗心脏可用于心脏移植手术，而需要做手术的有 5 万多人。这意味着每年约有 5 万人因为没有可供移植的心脏而死去。面对着排队等待换心脏的长长队伍，美国政府不得不成立一个专门委员会，来决定该谁先换心脏，谁后换心脏。

于是，科学家们设想，用人自己的细胞，去克隆出各种器官存起来备用，到那时，如果某个器官坏了，到器官银行去拿一个来换上便是。由于此移植用的是人自身细胞克隆的器官，不会产生过敏反应，同时器官来源问题也解决了。

在二三十年前，这种关于器官银行的设想，还只见于科幻小说。随着当代干细胞技术及其他生物高科技的发展，器官银行的实施已经提到议事日程上来了。2000 年 5 月 24 日，美国华盛顿大学宣布，他们将动用 50 名科学家、14 个实验室、耗资 1 000 万美元，历时 10 年，完成在实验室培植人类心脏的计划。其培植人类心脏的材料取自病人的细胞。这个被称为"小阿波罗计划"的计划完成后，全世界每年会有成百万心脏病患者获得重生。

目前全世界有很多实验室在开展克隆人体器官的研究。在实验室中培植的人体器官包括心脏、肝脏、胰腺、乳房、皮肤、骨骼等，其中，由实验室培育的克隆胸骨、克隆血管、克隆皮肤和克隆胎儿的神经组织正在进行人体实验。

1998 年，世界第一例克隆胸骨移植到人体的手术取得成功。接受手术的是美国的一个十六岁的少年，他的名字叫肖恩，是一个出色的棒球手和山地车爱好者。他天生没有左胸骨。本来，医生们是准备他发育完全才给他动手术的。但由于他酷爱运动，没有左胸骨使他的每一次运动都成为一次冒险，稍有不慎就可能使缺乏保护的胸腔器官受伤，带来性命之虞。于是，从事人体器官研究的波士顿儿童医院的科学家们，在肖恩十二岁的时候，从他身上取下一块软骨，在体外利用克隆技术进行培养。几周以后，克隆胸骨培养成功。在得到美国食品和药物管理局的特许以后，医生们将这副克隆胸骨移植到肖恩身上。由于这副克隆胸骨是用肖恩自己身体上的细胞克隆的，避免了器官移植中常危及人生命的可怕的过敏反应，克隆胸骨在肖恩体内生长良好。一年后，肖恩的胸部已与正常人一模一样，而且，克隆胸骨很协调地随着肖恩身体的生长而生长。

随后，美国、瑞士等国家相继攻克了克隆皮肤的难题，将此技术应用到临床上也取得了成功。据报道，有一个美国妇女在一次煤气炉意外爆炸中受伤。医生从她身上取下一小块未损坏的皮肤，送到一家生化科技公司。该公司利用先进的克隆技术，使这一小块皮肤长成一大块皮肤，使患者迅速痊愈。这种手术避免了异体植皮的排斥反应，而这种反应往往使一些病人丧生。克隆器官的优越性由此可见一斑。

用人自身的细胞培育备用器官，是一项难度很大的高新技术，很多科学家和工程师在为建立器官培育的技术体系辛勤地工作着。

科学家们设计了多种多样克隆器官的技术体系。一种是直接取出病人的身体细胞，利用克隆技术在实验室里用培养皿培养，此为试管器官。一种方法是培养无头克隆人。这种设想是英国巴斯大学教授、发展生物学家乔纳森提出来的，基于他成功的无头青蛙试验。他采用一种封闭青蛙生命"天书"中有关长头的那一部书的书库大门，抑制蝌蚪头部的发育，培育出无头青蛙胚胎。他准备利用这种技术，培养无头人胚胎。这些无头人的躯干内的器官是完整的，可供人体器官移植用。由于这种无头人没有大脑和中枢神经系统，可以避免许多法律上的约束和伦理上的忧虑。

比较成功的技术体系是器官的"骨架"培育技术。生物工程师先画出培育某种器官的设计蓝图，然后根据设计蓝图，用多孔高分子聚合物搭建三维立体器官"骨架"，把人体细胞种在"骨架"上，让这些细胞在一定的外界条件帮助下繁殖成健全器官的肌肉组织，再配备上血液循环系统。聚合物"骨架"在生长过程中逐渐溶解。于是，一个完全同病人遗传特性一致的人体器官便培育成功了。利用"骨架"培育技术，科学家和工程师们已经成功地培育出皮肤、软骨、角膜、少量神经、指头、乳房和膀胱等，并进行了一些成功的实验。

美国卡罗莱纳医学中心的生物工程师哈伯斯塔特设计和培育了人体乳房组织，企图取代现有的人造假乳房移植术。他从病人乳房上取出脂肪细胞，种在由海绵状的藻酸钠构建的"骨架"上，长成很有弹性质感的人类乳房，乳房长成后，藻酸钠"骨架"可在人体内降解，并被人体吸收。这无疑是那些因乳癌而割掉乳房的妇女的福音。

美国杜克大学的尼克拉森正在培育人体动脉血管。目前，冠心病人在心肌梗死后，常规手术是在已经堵塞的心血管旁用体内其他血管进行"搭桥"手术，但术后5年之内，有三分之一的病人会因动脉血管再次堵塞而死亡。尼克拉森决定用病人的细胞培育出合格的人造动脉血管，来避免"搭桥"手术后的死亡事件。他首先进行了动物实验。他设计了人造动脉的"骨架"，然后将猪颈动脉的肌肉组织覆盖在骨架内部，8周后，组织培养液中就长成了蜡笔状的动脉血管，动脉血管壁的弹性和强度都达到了理想的要求，并能保持平和的搏动。

美国麻省理工学院的格理芬在电脑上设计了人体肝脏的三维立体"骨架"蓝图雏形。他与哈佛大学医学院的瓦坎蒂医生正按设计图付诸实施。美国密执安大学的休姆斯正在开发生物工程人造肾脏。哈佛大学的阿特拉已开发出了人造膀胱，正在狗身上做应用实验。加拿大拉瓦尔大学的两位科学家用取自人眼角膜的细胞培育出人造角膜……

这一切说明，器官银行的设想不是梦。科学家们推测，在未来10年至20年内，克隆人体器官将成为一个产业。医院将根据病人的需要，到器官银行去取病人定制存放在那里的器官。到那时，人的器官坏了，无论是心、肝、肺、脾、乳房、皮肤，还是呼吸系统、泌尿生殖系统的任何器官，有了严重的毛病，换一个新的器官就行。这在人类的文明史上，会成为一个里程碑式的进步。

43. 克隆动物

导言

　　"克隆"是英语单词"Clone"的音译，指生物体用身体细胞进行的无性繁殖，以及由这种繁殖方式产生的同原型一模一样的个体和种群。如果进行的是分子水平的复制，即 DNA 分子的复制，称为分子克隆；细胞水平的复制，则称为细胞克隆。个体的复制，即用无性繁殖方法产生的生物，称为克隆生物，如克隆羊、克隆猴等克隆动物。众所周知，只有在植物界和无脊椎动物中，才看得到无性繁殖现象。在自然界里，高等动物，特别是哺乳动物，一般只能进行有性繁殖。因此，高等克隆动物的诞生，对世界产生了很大的震动。

　　1996 年 7 月，英国爱丁堡罗斯林研究所的科学家用一只 6 岁成年母羊的乳腺细胞克隆出一只小羊"多利"。多利的基因与成年母羊的基因完全相同，是那只 6 岁母羊的复制品。这一研究成果立即被誉为 20 世纪最伟大、最有价值的科技突破之一。

　　准确地说，克隆绵羊多利没有父亲，却有三位母亲。它诞生的过程是这样的：科学家们首先从一只产于芬兰的成年母绵羊的乳腺中取出一个本身并没有繁殖功能的普通细胞，将这个细胞的基因分离出来备用。然后，科学家们又取出另一只母绵羊的未受精的卵细胞，将这个细胞的基因取出，换上第一只母绵羊乳腺细胞的基因。再将这个已被"调包"的卵细胞放电激活，使其开始像正常的受精卵那样进行细胞分裂。当细胞分裂进行到一定阶段，胚胎形成之后，再将这个胚胎移植到第三只母绵羊的子宫内发育。多利完全继承了它的"亲生妈妈"（提供乳腺细胞基因的第一只母绵羊）的全部 DNA 基因特征。也就是说，它是第一只母绵羊百分之百的复制品。

　　多利在 1996 年 7 月就已经被克隆出来了，但罗斯林研究所的科学家们一直严密封锁消息，直到 1997 年他们认为时机已经成熟时，才郑重地向公众公布了这个人类在生物学领域所取得的重大突破。世界各地众多媒体记者在获悉这个消息后立即赶到英国爱丁堡，在罗斯林研究所亲眼看到了这只不同凡响的克隆绵羊多利。多利在自己的羊圈里自在地走来走去，好奇而又好客地伸出粉红色的鼻子嗅记者的手。无论从哪个角度来看它都是一只标准的绵羊，具有与其"亲生母亲"相似的特点。

　　克隆羊多利完成了它的历史使命后，于 2003 年 2 月 15 日去世。多利因肺部感染被实施"安乐死"，与普通绵羊十一二年的寿命相比，早夭的多利只活了 6 年零 5 个月。

医学专家介绍，肺部感染是绵羊常患的一种"老年病"，早在此前一年，年仅 6 岁、刚刚步入"中年"的多利就出现了关节炎等早衰症状，随后又发现多利还患有不断恶化的进行性肺病，研究人员不得已对它实施了安乐死。

专家认为，绕开正常两性生殖方式来到这个世上的多利，宣告了"克隆时代"的到来——克隆羊多利出生，克隆人的出现也将为期不远，而后者一旦出现，将对人们现行基于有性生殖方式之上的伦理体系造成巨大冲击。

从多利一出生，很多科学家就担心，克隆技术存在着某种现在还不可知的缺陷。这种担心不无道理，因为科学家们试验了两百多次才成功克隆出多利，其后国内外的多次克隆动物试验也表明，克隆动物的成活率普遍不高。此次多利羊一死，进一步印证了科学家们的猜测。

其实，多利并非第一个被"复制"出来的动物。国际生物学界从 70 年代就已经开始了"克隆"的研究，到如今已有三十多年的历史了。在多利诞生前，已有几个国家、多个实验室的生物学家成功地克隆出了一些较为低等的动物。

那么，多利为何会引起科学界的如此强烈的震动呢？因为多利不是基于绵羊胚胎细胞，而是第一只以成年绵羊的体细胞为母本培育成功的"克隆"绵羊。此前，国际生物学界普遍认为，虽然不论是动物还是植物的任何一个细胞都潜在地包含着整个生物体的所有基因密码，但对于最高等的哺乳动物来说，其非繁殖性细胞在胚胎期之后即失去繁殖特性。因此，国际生物学界普遍认为，在现阶段，要以成年哺乳动物的非繁殖性细胞为母本进行无性繁殖，以获得同母本基因特征完全一样的完整幼体绝无可能。一些颇有名望的生物学界泰斗甚至断言，要在这方面取得突破性进展，得要等到"下个世纪中叶的某一天"。

克隆绵羊多利顺利诞生并健康成长的消息像一颗重磅炸弹，将国际生物学界长期以来坚信不疑的"金科玉律"击得粉碎。众多的生物学家绝没想到在他们的有生之年就已经看到了"下个世纪中叶某一天"才会发生的事情，又怎能不为此大跌眼镜呢！而且，1997 年 7 月，从该研究所又传出转基因克隆羊诞生的喜讯，这种克隆羊带有人的某种基因。这标志着克隆动物大规模用于造福人类时代的到来。

第七章
现代农业技术

启示录 转基因的是是非非

最近几年，在中国，关于转基因技术和转基因食品引起的争论牵动着全国人民的神经，影响了中国现代生物技术的发展，阻碍了中国走向现代生物技术世界先进行列的步伐。

在转基因争论中，民众夹在"拥转派"和"反转派"两派之间，不知所从，根本原因在于对分子生物学及其衍生的转基因技术缺乏了解。因此，我们需要多去了解，以判明哪些是科学，哪些是谣言，哪些是忽悠，使那些已深入我们生活各个层面，挥之不去，每个人都必须面对的各种转基因问题不再困扰我们。普及转基因知识已刻不容缓。

我仔细看了两派人士的文章，发现两派中都有专业背景很深的专家，他们讲了转基因利弊的两个方面，不少意见都是言之成理的，只是，他们把利弊都推向了极端，不是"好得很"，就是"糟得很"，水火不容。

我觉得，两边都说得有一些道理，也有偏激的地方。任何事物都有正反两方面，特别是重大的科技发现和发明，如物理学家发现的核能，可用于造福人类，如建造核电站，为人类提供能源；也可用于制造核武器，屠杀人类，成为悬在人类头上的达摩克利斯利剑。转基因技术亦然，若将其用于造福人类，将为人类带来惊喜；若将其用于制造基因武器，其可怕程度不亚于原子弹、氢弹。

如此，我在本章中带大家先去了解转基因技术的正面效应。拥转人士对这一点谈得不够，我便多说一些。

了解了转基因技术的正面效应后，我们再去了解转基因技术的负面效应。反转人士用科学的论断强调转基因技术的负面效应，对于人类的生存和发展亦至关重要，不可漠视。

其实我们不应再在转基因的是非问题上争论不休了，因为生命科学与现代生物技术的迅猛发展已把转基因技术甩在了后面。在 21 世纪初，比转基因技术更加先进的合成生物技术迅速发展起来，成为一门崭新的技术——合成生物学，进入人类自由掌控生命的超级阶段。

因此，两派主将的对骂赶快终止吧，我们要做的就是腾出时间、精力、人力、物力、财力，整合我国并不落后的分子生物学、信息科学、计算机科学、工程技术力量，全力以赴进行合成生物学及其技术体系的创建和研究，走在这门关系国家、民族、大众的科学技术前沿。须知，落后就要挨打！

44. 杂交水稻

导言

用传统生物技术，也可以研究出高产农作物品种，袁隆平的杂交水稻研究证明了这一点。

1981 年 6 月，我国将第一个特别发明奖颁发给以水稻专家袁隆平为首的科研协作组。袁隆平做出了什么特别的贡献，使他得到国家如此的重视呢？

20 世纪 50 年代初期，袁隆平从西南农学院毕业，离开了美丽的山城重庆，来到山清水秀、环境优美的湖南省黔阳农校教书。在教遗传学的过程中，他对研究水稻产生了强烈的兴趣。他想，能不能找到一个好的水稻品种，使水稻大幅度增产呢？这种想法一旦占据了他的心以后，他便坚持不懈地在探索水稻秘密的道路上走了下去。

1960 年 7 月，袁隆平在试验田里发现了一株长得格外健壮、穗大粒饱的水稻。第二年春天，他将珍藏的这株变异水稻的种子播种在试验田里，谁知长出的水稻参差不齐，没有一株能超过它们的父代或母代。这是怎么回事呢？他沉思起来。他发现，用古老的人工选择的方法来培育水稻新品种，要在目前各种已选出来的良种的水平上有大的突破，是比较困难的。必须借鉴现代遗传学理论。于是，他找来大批有关细胞遗传学的参考书，向孟德尔、摩尔根等经典遗传学的研究者请教。袁隆平在查阅资料的过程中，深深地被孟德尔、摩尔根的理论所折服。孟德尔的豌豆杂交实验，摩尔根的果蝇杂交实验，都具有严密的科学性。从这些杂交实验出发，育种工作者们发明的利用杂种优势育种的技术，在实践中创造了许多奇迹。根据细胞遗传学的原理，一个品种的纯种后代，与它们的父母相似，不容易产生优于父母的特性。但是两个品种的纯种后代互相杂交，再产生的后代，则能够集中两个品种的优点，其生长、成活、繁殖能力或生产性能等方面均优于双亲。这就是杂种优势现象。

袁隆平想，能不能选择两个品种的水稻的纯种，让它们杂交，使杂交水稻大幅度增产呢？于是，他开始进行培育杂交水稻的研究工作。

杂交水稻的培育是一项十分复杂的研究工作，全世界许多学者的研究都没能取得重大突破。其中，难度最大的是要寻找一种稻花中只有母亲能够生育，父亲不能生育的水稻品种。我们知道，水稻的每一朵花，就是一个水稻家庭，里面住着男子、女子，他们在稻花中结婚，生儿育女。如果另一个品种的另一株稻花中的男子，想闯到这个稻花封闭的家庭里去同里面的女子结婚，生儿育女，几乎是不可能的，除非封闭的稻花家庭中的男子不能生育。但是，在自然界里存不存在这种男子不能生育，术语称为雄性不育的稻花家庭呢？袁隆平开始寻找。1964 年夏季，黔阳农校农场里的水稻又扬花了。他头戴草帽，手拿放大镜，一朵花一朵花去找。一千朵、一万朵、十万朵……第十四天，他终于发现了一株雄性不育的水稻！他小心翼翼地把它移栽在花盆里，用别的稻花和它杂交，使它留下种子。经过一代、两代，果然成功了。他手中有了雄性不育的种子，杂交试验可以开始了。

袁隆平和助手们在荒芜的土地上开出试验田进行试种。他们脚踩烂泥，头顶烈日，每天都要轮番到试验田里去看几遍。可是，接下来的"文化大革命"却给试验带来了灾难。1967 年春季的一个清晨，袁隆平来到试验田边，不由惊呆了，实验秧苗全被拔光了！意外的灾难，并没有动摇他那要培育出高产水稻的坚强决心。他在污泥里一寸寸地寻找，终于在烂泥中找到了五株秧苗，又从水井里捞上了五株，他把它们移栽到试验盆里，坚持试验。

育种工作并不是一帆风顺的。他们培育的杂交水稻最初产量并不高，与一般良种比较，看不出有什么优势。困难、挫折、失败，并没有使袁隆平丧气。经过苦苦思索，他决心应用遗传学的另一个原理：远缘杂交优于近缘杂交。他们决定兵分几路，四处寻找野生稻。第二年，袁隆平的助手在海南岛发现一株雄性不育的野生稻，他们将这株野生稻取名叫"野败"。袁隆平精心培育"野败"，并且毫无保留地把它的种子分送给各地的杂交水稻研究者，他希望大家能共同协作，把杂交水稻的研究工作迅速向前推进。

1960年，当袁隆平发现一株天然的杂交稻并开始研究时，许多人嘲笑说提出杂交水稻这一课题是对遗传学的无知。当时，美国著名遗传学家辛诺特和邓恩的经典著作《遗传学原理》中明确指出："自花授粉作物自交不衰退，因而杂交无优势"。但是在1973年，袁隆平却成功选育出了高产杂交水稻组合"南优2号"，亩产达到623公斤。美国著名的农业经济学家唐·帕尔伯格给予了袁隆平最高评价："袁隆平为中国赢得了宝贵的时间，他增产的粮食实质上降低了人口增长率……他正引导我们走向一个丰衣足食的世界。"袁隆平成为举世公认的"杂交水稻之父"。

超级稻被誉为水稻的"第三次革命"。超级稻的概念最早由国际水稻研究所于1989年提出。广义的超级稻是指在各个主要性状如产量、米质、抗性等方面均显著超过现有水稻品种（组合）的水平。我国现阶段的超级稻是狭义的概念，指在抗性和米质与现有水稻品种（组合）相仿的基础上，在产量上有大幅度提高的新品种（组合）。我国农业部从1996年开始组织实施"中国超级稻研究"项目。由袁隆平院士主持的中国超级稻计划，提出了我国超级稻育种目标：第一期目标是2000年亩产达到700公斤，第二期目标是到2005年亩产达到800公斤，第三期目标是到2015年亩产达到900公斤，第四期目标是2020年亩产达到1000公斤以上。

2003年10月9日，30多年前颠覆了国际经典水稻理论的袁隆平再次让世界注意到了他。湖南省湘潭县泉塘子乡的超级杂交稻百亩示范片平均亩产达到807.46公斤，通过了国家专家组的验收，这说明超级杂交稻的第二期目标已经有了重大突破，他又一次站在成功的门槛边。

水稻亩产从600公斤提高到800公斤是一个世界性的难题，而袁隆平从1996年提出"超级杂交稻计划"后，几乎每三年就能让杂交稻单产潜力成功提高100公斤，他的研究似乎是一株最为优良的作物——多产、稳定。

2013年9月，在湖南省隆回县羊古坳乡牛嘴形村，农业部专家组对由袁隆平院士创新团队成员选育的第四期超级杂交稻苗头组合"Y两优900"101.2亩高产攻关片，现场测产验收，一类田亩产1045.9公斤，百亩片平均988.1公斤，创造百亩连片平均亩产最新世界纪录，逼近亩产 1000 公斤的超级杂交稻第四期研究目标。

几年前，美国经济学家布朗发出了"未来谁来养活中国"的疑问，引起世界性的恐慌。袁隆平以自己的研究成果，乐观而且自信地回答了这个问题：依靠科技进步和国人的努力，中国人完全有能力养活自己！而且将为解决世界粮食问题做出贡献！

现在全国已经有两亿多亩稻田种植了袁隆平的杂交稻，其粮食总产量占全国稻米产量的 90％以上。

45. 张启发、袁隆平与转基因水稻

导言

当农作物常规育种技术走到头以后，能够"百尺竿头，更上一步"的莫过于使用转基因技术。因此，袁隆平宣称，他要使用转基因技术，发明更加高产抗虫的超级水稻新品种！同时，不管使用转基因技术会遇到多少阻力，最终都会取得胜利，因为，没有什么力量能阻止科学的进步。

中国的农作物新种选育要更上一层楼，必须使用转基因技术。转基因技术使玉米种植单产上了一个新台阶，便是有力的证明，且因转基因玉米抗虫而少施农药，降低了成本，其竞争力是常规玉米无法匹敌的。据统计资料显示，非转基因玉米单产都在 440 公斤以下，中国的只有356 公斤/亩（与世界平均单产相平）。而种植转基因玉米单产都在 500公斤/亩以上，其中美国的单产为 628 公斤/亩（美国的玉米种植总面积中 90％是转基因玉米），几乎高出中国非转基因玉米单产的 75％。

我国是水稻生产第一大国，也是转基因技术研究的主要根据地。

2009 年 12 月初，中国生物安全网上公布的"2009 年第二批农业转基因生物安全证书批准清单"上，出现了一直备受争议的转基因水稻。这两种由华中农业大学研发的抗虫转基因水稻"华恢 1 号"和"Bt 汕优 63"，首次获得农业部为转基因水稻颁发的安全证书，并准予在湖北省范围内进行种植。

"华恢 1 号"和"Bt 汕优 63"是中国科学院院士、美国科学院外籍院士、华中农业大学生命科学学院院长张启发领衔的团队研发的。该品系的研发工作始于 1995 年，1999 年通过了农业部的成果鉴定，同年开始中间实验，2002 年完成环境释放，2003 年至 2004 年进行生产性试

验。整个安全评价程序是根据国家《农业转基因生物安全管理条例》等有关法规的要求，并参照国际食品法典委员会《转基因植物风险评估指南》等国际通用准则进行的。历时 10 年的安全评价，经过农业转基因生物安全委员会审定通过而最终获得了安全证书。

国际农业生物技术应用服务组织主席詹姆斯博士在 2009 年 12 月 4 日出版的《国际农业生物技术周报》上撰文指出，中国政府批准转基因水稻和玉米是一项里程碑式的决策，显示出中国正在打造转基因关键作物的"三驾马车"：用于纤维的 Bt 棉花、用作饲料的植酸酶玉米和粮食作物 Bt 水稻。中国的转基因棉花早已获得批准，并在中国新疆大规模种植，转基因玉米也批准进入了大田实验。如今，转基因水稻又获批准进行食用实验，中国的转基因产业前途光明。

2013 年 10 月 19 日，"全国首届黄金大米品尝会"在武汉华中农业大学举行，300 多名转基因铁杆支持者参加了活动方所组织的报告会，并参加了设在华中农大国际会议报告厅的"转基因大米晚宴"。在晚宴上，一种转 Bt 基因大米被做成月饼、米糕、米粑和豆皮，10 公斤的"黄金大米"则被熬成米粥，供与会者食用。

活动的主角张启发院士在演讲后接受记者采访时，对转基因水稻在中国的前景表示悲观，说："2009 年 5 月，在 11 年的争取之后，我们研究的两种转基因水稻'华恢 1 号'与'Bt 汕优 63'取得了国家所颁发的安全证书，当时我比较乐观，但现在 4 年过去了，这两张证书也将在明年失效，但转基因水稻商业化不是更近，而是更遥远了。"

为什么会如此？只因一些人发动了一股反转基因的浪潮，给在中国推广转基因技术带来想象不到的巨大阻力，对中国的粮食安全国策产生了一定影响。

中国科学界不能坐视不理，2013 年 7 月，61 名院士联名上书国家领导人，请求尽快推进转基因水稻产业化。61 名院士在建议书中这样写道："推动转基因水稻种植产业化不能再等，再迟缓就是误国，转基因产业化发展不起来，则商业发展不起来，对科研影响非常大。"

有人说袁隆平也是反对转基因水稻研发的。事实胜于雄辩，袁隆平从来就是转基因水稻研发的支持者，也是亲力亲为者。

研究常规育种的袁隆平和研究用转基因方法育种的张启发院士是关系很好的同行。张启发院士研究分子育种比袁隆平早，袁隆平在仔细研究了分子育种理论后，认为"如果不加强分子育种技术研究，短则 5

年，长则 10 年，中国的杂交水稻技术就要落后国际水平了"。于是，袁隆平决心与张启发进行水稻育种研究的合作，强强联合，使我国的水稻育种工作更上一层楼。袁隆平说："我跟张老师做的是同一件事，他做的是上游，我做的是下游。他研究的好东西我们在田里来实现。"他还说，以杂交稻为材料的转基因水稻应该称作转基因杂交稻。张启发院士完全赞同他的这个观点，一再强调转基因水稻与常规技术一脉相承，也是杂交稻。

袁隆平在育种工作中感到应用转基因育种技术越来越紧迫、越来越必要，于是他在国家杂交稻工程技术研究中心成立了转基因应用研究室、分子育种研究室，从全国招聘了数十名高级专业人才，包括从张启发院士那里招聘了多名优秀的研究人员，到长沙共同进行转基因水稻的研究。

同时，袁隆平还承担了国家转基因生物新品种培育科技重大专项中的"高产转基因水稻新品种培育"的重大项目，并在国家转基因生物新品种培育科技重大专项支持下建立了转基因水稻产业化基地。

2010 年 2 月 6 日，袁隆平接受新华社记者采访，公开表明支持转基因的鲜明态度。他说"现代生物技术是解决国家粮食安全的重要出路"，破除了一些居心叵测之徒说袁隆平反对转基因水稻的谣言。

46. 孟山都与转基因农作物

导言

如今，在中国，反转基因特别是反转基因农作物，反转基因食品成为一种时尚。要是你站在他们的对立面，你就会成为另类，被侧目以视。其实转基因技术只是改良生物特性、创造生物新品种的一种方法。这种方法无所谓好坏，使用得当，可以产生好的结果，使用不当，可以产生坏的结果。使用转基因技术创造生物新品种，同人工选种、杂交育种、双杂交育种、多倍体育种、辐照育种、太空育种等方法一样，选育出的作物新品种都要通过严格的安全实验。只要能通过这些实验，并得到国家相关政府部门的批准，就是安全的。

基因工程技术使微生物、动物、植物之间的基因转移成为可能，原来难以实现的远缘杂交成为可能。于是，形形色色的转基因植物出现了。

随着基因工程，即转基因技术的诞生，世界上兴起了一股基因工程热，生物技术公司如雨后春笋般涌现出来，在美国尤盛。经过激烈的竞争，一些生物技术大鳄出现了。在转基因农作物领域，出了一条大鳄，那就是美国的孟山都跨国农业生物技术公司。这个公司是从美国具有110年历史的老牌化工企业孟山都公司，经过企业并购和分拆而来的。早在1983年，孟山都公司就组织三个学术团队，完成首批转基因农作物的发明，并于1987年进行了田间试验，是世界上第一个把转基因改造作物种植在田间的。

第一个团队的领头人是罗伯特·傅瑞磊博士，他于1981年加入孟山都，后来担任孟山都的首席技术执行官。第二个团队的领头人是美国华盛顿大学的玛丽·戴尔·齐尔顿，第三个团队的领头人是孟塔古教授，他们分别开办了两个生物技术公司，玛丽·戴尔·齐尔顿如今受雇于瑞士先正达公司。

1983年冬天，这3个团队同时在美国迈阿密举行的生物化学会议上介绍了其取得的研究突破，这些成果最终带来了当今主导商品农业的生物技术作物。2013年，他们因利用DNA环——质粒将外源基因植入植物的成就分享了2013年世界粮食奖。

1983年，孟山都研发的转基因烟草成功，从此，转基因开始进入人们的视野，闯入大众的生活。

目前，世界上种植的主要转基因农作物有4种，即玉米、棉花、大豆和油菜籽。这4种转基因农作物的种植面积在1998年就占了该4种农作物种植总面积约16%。其他转基因农作物包括烟草、番木瓜、土豆、西红柿、亚麻、向日葵、香蕉和瓜菜类。

在转基因种子市场上，孟山都公司是一个耀眼的垄断巨头，在玉米、大豆、棉花等多种重要作物的转基因种子市场上，它占据了70%~100%的份额。全世界超过90%的转基因种子，都使用它的专利。

2000年11月，日本宣布用转基因水稻生产免疫球蛋白获得成功。这项成果是日本东京理科大学科学家千叶丈完成的。他成功地用转基因水稻生产出预防乙肝病毒的球蛋白，这有可能为用廉价而安全的手段生产预防肝炎药物提供新思路。

乙型肝炎在一些国家已成为一种常见病。迄今为止，能有效地预防这种疾病的免疫球蛋白是使用受过感染的人的血液精制而成的，价格昂贵。千叶丈教授把制造乙型肝炎病毒的抗体基因植入水稻细胞中去，加以栽培后，成功地从其叶子中提取出了这种抗体。在试管中进行的实验结果表明，这种抗体会对病毒产生抑制作用。

据这位学者计算，用这种方法，每 1 000 平方米的转基因水稻可制取 10 克球蛋白，足够数万名新生儿注射用。

2000 年 12 月，日本宣布培育出含母乳成分的番茄。这项成果是由日本农林水产省生物资源研究所等单位取得的。他们开发出一种基因重组番茄，该番茄能生产母乳中所含的多功能蛋白质——乳铁蛋白。

乳铁蛋白具有提高免疫机能和防止感染的作用，并具有增加铁质的功效。日本农林水产省生物资源研究所等单位将人的乳腺中产生乳铁蛋白的基因组导入了番茄品种"秋玉"之中。实践表明，番茄"秋玉"的果实、叶、根的部分能生成乳铁蛋白。在其果实中，每 100 克可生成 2.5～3.3 毫克的乳铁蛋白。

福建省农科院遗传工程重点实验室以王锋博士为首的科学家，采用优质高产的杂交稻作为研究材料，成功地于 2002 年培育出抗虫转基因水稻，并将这种抗虫转基因水稻种植面积扩大到 16 公顷。

数十块三米见方的稻田纵横交织，不施农药的抗虫转基因水稻生机勃勃，穗压青苗，紧挨的非转基因水稻则早已被稻纵卷叶螟和大螟等害虫侵蚀殆尽，枯萎凋零。在福州市盖山镇吴凤村，福建省农科院转基因水稻试验基地的对比试验，令人直接领略了高科技的神奇。

"模化转基因水稻育种体系的建立"科研项目于 2002 年通过了现场验收和评审。专家一致认为，这项研究为我国转基因水稻产业化奠定了良好的基础，是继我国抗虫棉研究取得重大成果后，转基因植物研究的又一重大突破，整体研究达国际先进水平。

这种我国拥有自主知识产权的成果一旦通过生物安全性研究，就能够迅速投入生产，创造出巨大的经济效益和社会效益。

2002 年，山东师范大学赵彦修、张慧两位教授从碱蓬中成功克隆出一个耐盐的关键基因。这种国际上首次从盐生植物中克隆出的耐盐基因，具有十分重大的经济价值，是赵彦修、张慧两位教授在测定了 1 755 个碱蓬基因的序列后才发现的。由这种耐盐基因决定的一种有运输功能的蛋白，能使植物免受盐害。所有农作物因为都不具备这种类似的机制，因而不耐盐，现在可以利用植物基因工程手段将该基因导入作物，培育新型农作物和园林植物。目前已培育出的耐盐转基因植物有番茄、大豆、水稻、速生杨4种，这些转基因耐盐农作物和园林植物，可使我国的大量盐碱地变成良田，成为我国新的粮仓。

47. 转基因大豆和转基因玉米

导言

　　转基因大豆和转基因玉米的研发史也说明，转基因作物和食品在国民科学素质世界第一的美国是被广泛认可的。

　　美国是转基因技术发展最快的国家，其转基因作物商品化种类最多，种植面积也最大。目前美国60%以上的加工食品都以转基因作物为原料。美国公众接受转基因食品的程度也最高。有民意测验显示，美国人吃了转基因食品多年，并未发生任何安全事故，故绝大多数美国人接受采用生物技术生产的粮食。据可靠数据显示，美国有5 000余种食品含有转基因食材，且每年每人平均食用含转基因食材的食品在100千克以上。

　　1996年春，美国孟山都公司研发的转基因大豆种子投入生产。美国伊利诺伊州西部许多农场主就种植了这种大豆新品种。这种转基因大豆中移植了矮牵牛的一种基因，这种基因可以抵抗除草剂——草甘膦，草甘膦可将杂草与作物一起杀死。这种转基因大豆能抵抗甘草膦，让作物不被草甘膦除草剂杀死。有了这样的转基因大豆，农民就不必像过去那样使用多种除草剂，而只需要草甘膦一种除草剂就能杀死各种杂草。

　　此后，孟山都公司不断在转基因大豆中引入抗虫基因或耐除草剂基因，以生产新一代的转基因大豆品种，其中最著名的是抗农达型大豆。他们利用一项先进的转基因技术——HIT，把多种抗虫基因或耐除草剂基因转入作物，生产出诸多高产、抗虫、抗药转基因新品种。

　　2005年，世界上种植转基因大豆的国家已超过了7个，转基因大豆种植面积所占比例为美国81%，阿根廷100%，巴西20%，乌拉圭100%，巴拉圭、南非、罗马尼亚、加拿大等国的转基因大豆也在发展。当前国际市场上转基因大豆主要有两种，即抗除草剂转基因大豆和抗虫转基因大豆，应用面积较大的是抗草甘膦除草剂的转基因大豆。

　　2013年，孟山都公司对外称，他们把耐草甘膦基因、高产基因和改善油品质的基因转入作物培育的转基因新品种——抗农达2型大豆，产量超过抗农达大豆7%～11%，种植面积达到3 500万～4 000万亩，预计 2020 年种植面积将超过 2.7 亿亩。

90 年代中期,我国由大豆净出口国转变为净进口国。2001－2002 年度,我国进口大豆达到 1 039 万吨,2003－2004 年度突破 2 000 万吨,2005 年达到 2 659 万吨,2007 年突破 3 000 万吨,2008 年达到 3 744 万吨,2009 年更达到 4 255 万吨。也就是说,过去不到 10 年时间里,中国大豆进口量增长了 300％！到 2009 年,每个中国人平均每年消耗进口大豆 32.7 千克,平均每天超过 80 g。而这些大豆,几乎全是转基因的。

1996 年,美国推出转基因玉米。1997 年,美国孟山都公司推出保丰抗玉米螟玉米,应用种内基因技术对抗欧洲玉米螟。1998 年,孟山都推出抗农达玉米,这种玉米可以抗农达和其他草甘膦基除草剂。孟山都公司成为第一家推出组合基因产品的公司。

2000 年 11 月 13 日,美国另一家生物技术公司——先正达成立,也加入了研发和推广转基因玉米的行列。

2001 年,孟山都推出抗农达玉米 2 代,成为第一家推广第二代生物技术产品的农业公司。

目前,全世界除美国以外,还有加拿大、菲律宾、阿根廷、南非、西班牙、葡萄牙、法国、捷克、乌拉圭、洪都拉斯、斯洛文尼亚、罗马尼亚、波兰在大面积种植转基因玉米,全球种植面积达到 5 亿亩以上。

我们这里引用方舟子的一段话：反转基因人士无法否认这一事实(美国转基因玉米的种植面积占玉米种植面积的 88％),但他们说,美国种的玉米都是出口、做饲料或做生物燃料的,美国人是不吃玉米的,最多吃点爆米花。我在 2010 年曾写过一篇《"美国人不吃转基因玉米"的谣言可休矣》驳斥过这种说法。但两年来这一谣言仍然在不停地传播,直到现在,仍有些人在我的微博上发评论,教育我美国人不吃转基因玉米。所以很有必要根据最新的数据再写一篇驳斥文章。美国是世界上最大的玉米生产国,自己消费不了,当然要出口。但是和反转人士说的相反,美国玉米出口量只占总产量的一小部分,2011 年 9 月－2012 年 8 月,美国玉米出口量只占总产量的 13％。美国玉米用途的大头是用来生产酒精燃料,占了总产量的 39％,其次是做动物饲料,占了 37％。剩下的 11％的其他的用途主要是四部分：一部分是用来生产果葡糖浆、葡萄糖,作为甜味剂加到食品中,这部分当然都是用来吃的。一部分是用来生产淀粉,进而用于生产纸张、塑料、蜡烛等,有些也作为食用淀粉加到食品中。一部分是直接吃的，比如玉米粒、爆米花、谷物早餐、玉米片、玉米饼。玉米其实是美国人的主粮之一，一般美国人早餐吃的谷物早餐，就含玉米，而风靡全美的墨西哥餐，就是以玉米饼、玉米片为主食的。说美国人只是偶尔吃吃爆米花的人，肯定没有在美国生活过。还有一部分是用来酿酒的。那么美国人吃掉了多少玉米呢？我们忽略食用淀粉和酒的部分，只看看直接吃的玉米和间接吃的糖浆部分。根据美国农业部的数据（原数据以蒲式耳为单位，1 蒲式耳玉米＝25.4 千克），可以算出，2011—2012 年度，平均每个美国人每天吃掉大约 220 克玉米，其中 45 克是直接吃的，175 克是间接吃的（加工食品中的果葡糖浆等）。

48. 转基因食品

导言

反转基因人士认为，美国人把自己不吃的转基因大豆卖给中国，毒害中国人民。事实是这样吗？据美国大豆协会统计，美国大豆 55％ 自用（转基因品种占 94％），主要是用来做食用油，副产品豆粕做饲料（和出口到中国的大豆用途一样）。美国 2012 年消耗大豆油 810 万吨，占食用油的 63％，其中，转基因大豆占 94％，约 712 万吨。

反转基因人士散播一些谣言来煽动大众的"反'转基因'情绪"，是一点科学依据也没有的。谣言止于智者！

转基因食品，就是利用现代分子生物技术，将某些生物的基因转移到其他物种中去，改造生物的遗传物质，使它们在形状、营养品质、消费品质等方面向人们所需要的目标转变。这些含有转基因成分的食品，就叫转基因食品。例如，北极鱼体内的某个基因有防冻作用，科学家将它抽出，植入番茄里，于是就制造出新品种的耐寒番茄。

其实，转基因的基本原理并不难了解，它与常规杂交育种有相似之处。杂交是将整条的基因链（染色体）转移，而转基因是选取最有用的一小段基因进行转移。因此，转基因比杂交具有更高的选择性。

1983 年，世界上第一例转基因植物——一种含有抗生素药类抗体的烟草在美国成功培植，当时就曾有人惊叹："人类开始有了一双创造新生物的'上帝之手'"。

从此，人们可以用鲜鱼的基因帮助番茄、草莓等普通植物来抵御寒冷；把某些细菌的基因接入玉米、大豆的植株中，就可以更好地保护它们不受害虫的侵袭。转基因技术能够提高农作物的抗病虫害和抗杂草能力，减少农药和除草剂的使用，使农作物的生产成本大大降低；还可以培育出营养成分更高，有晚熟、保鲜功能的转基因农产品。

然而，由于考虑到食品的安全性，直到 10 年之后，第一种转基因食物才开始在美国市场上出现，它就是可以延迟成熟的番茄。一直到 1996 年，由这种番茄制成的番茄饼，才得以允许在超市出售。

如今，全世界已经有近 50 个国家开展了转基因植物田间实验，涉及 60 多种植物。而动物来源的、微生物来源的各类转基因食品也相继出现，发展非常迅速。据统计，在美国，转基因食品高达 5 000 多种，已成为人们日常生活的普通商品。生活中最常见的几种转基因食品包括番茄、大豆、玉米、大米、土豆等。

到目前为止，根据不同类型的来源，转基因食品主要分为以下四大类型：

第一类，植物性转基因食品。植物来源的转基因食品很多，例如做面包需要高蛋白质含量的小麦，而目前的小麦品种含蛋白质较低，这时将高效表达的蛋白基因转入小麦，将会使做成的面包具有更好的焙烤性能。还有我们前面提到的番茄，番茄这类营养丰富、经济价值很高的果蔬，很容易变软和腐烂，不耐贮藏。为了解决番茄这类果实的贮藏问题，研究者发现，控制植物衰老激素乙烯合成的酶基因，是导致植物衰老的重要基因，如果能够利用基因工程的方法抑制这种基因的表达，那么就能培育出抗衰老、抗软化、耐贮藏的植物新品种。

第二类，动物性转基因食品。动物来源的转基因食品也有很多种类。比如，牛的体内转入了人的基因，牛长大后产生的牛乳中含有基因药物，提取后可用于人类病症的治疗。在猪的基因组中转入人的生长素基因，猪的生长速度增加了一倍，猪肉质量大大提高，现在这样的猪肉已在澳大利亚被端上了餐桌。

第三类，转基因微生物食品。微生物是转基因最常用的转化材料，所以，转基因微生物比较容易培育，应用也最广泛。例如，生产奶酪的凝乳酶，以往只能从杀死的小牛的胃中才能取出，现在利用转基因微生物已能够使凝乳酶在体外大量产生，避免了小牛的无辜死亡，也降低了生产成本。

第四类，转基因特殊食品。科学家利用生物遗传工程，将普通的蔬菜、水果、粮食等农作物，变成能预防疾病的神奇的"疫苗食品"。比如，科学家培育出一种能预防霍乱的苜蓿植物，用这种苜蓿来喂小白鼠，能使小白鼠的抗病能力大大增强。而且这种霍乱抗原能经受胃酸的腐蚀而不被破坏，并能激发人体对霍乱的免疫能力。于是，越来越多的抗病基因正在被转入植物，使人们在品尝鲜果美味的同时，达到防病的目的。

49. 转基因食品的安全性

导言

由于转基因食品是利用新技术创造的产品，是一种以前从未有过的新生事物，人们对食用转基因食品的安全性自然产生了疑问。

最早提出这个问题的人是英国的阿伯丁罗特研究所的普庇泰教授。1998年，他在研究中发现，幼鼠食用转基因土豆后，会使内脏和免疫系统受损。这引起了科学界的极大关注。1999年，英国的权威科学杂志《自然》刊登了美国康奈尔大学教授约翰·罗西的一篇论文，指出蝴蝶幼虫等田间昆虫吃了撒有某种转基因玉米花粉的菜叶后会发育不良，死亡率特别高。的确尚有一些证据指出转基因食品存在潜在的危险。

不过，更多的科学家的试验表明转基因食品是安全的。赞同这个观点的科学家主要有以下几个理由。首先，任何一种转基因食品在上市之前都进行了大量的科学试验，国家和政府有相关的法律法规进行约束，而科学家们也都抱有很严谨的治学态度；另外，传统的作物在种植的时候农民会使用农药来保证产量，而有些抗病虫的转基因作物无须喷洒农药；还有，一种食品会不会造成中毒，主要是看它在人体内有没有受体和能不能被代谢掉，转化的基因是经过筛选的、作用明确的，所以转基因成分不会在人体内积累，也就不会有害。

科学家举例说，比如培育出来的一种抗虫玉米，向玉米中转入的是一种来自于苏云金杆菌的基因，它仅能导致鳞翅目昆虫死亡，因为只有鳞翅目昆虫有这种基因编码的蛋白质的特异受体，而人类及其他的动物均没有这样的受体，所以就无毒害作用。

专家还指出，转基因食品的外表和天然食品没有多大区别，味道也与天然食品相似，有的转基因食品中还因添加了提高蛋白质、维生素含量的基因，能给人体补充适量的营养。

如今，国内外相关部门都出台了转基因食品的安全管理办法，这样使得转基因食品的安全性得到了一定程度的保障。我国卫生部根据国际通行的生物评价办法，按照转基因生物对人类、动植物、微生物和生态环境的危害程度，将农业转基因食品分为了 4 个等级：安全等级 I（尚不存在危险）、安全等级 II（具有低度危险）、安全等级 III（具有中度危险）、安全等级 IV（具有高度危险）。目前我国列入第一批标识管理的农业转基因产品有大豆种子、大豆、大豆粉、大豆油、玉米种子、玉米、玉米油、玉米粉、油菜种子、油菜籽油、棉花种子、鲜番茄、番茄酱等。按照规定，消费者在购买转基因食品时，可询问商品的性能、质地、有效期限、生产厂商等问题，经营者有义务向消费者说明。而生产厂商则要在标牌上，把包括安全等级等产品的基本情况介绍清楚。

所以，在购买转基因食品时，我们只需要注意的是，对制造商不贴标识的转基因产品，不要急于购买。如果吃了没有贴标识的转基因食品，我们完全有权向卫生、工商等部门举报。

近十余年来，现代生物技术的发展在农业上显示出强大的潜力，世界很多国家纷纷将现代生物技术列为国家优先发展的重点领域，投入大量的人力、物力和财力扶持生物技术的发展。但是，转基因食品在世界各个国家和地区之间的发展是不均衡的。比如说，美国人对生物技术有着更深层次的体验，转基因食品在美国没有受到更多的排斥，而是走上了寻常百姓的餐桌。近年来，美国的转基因作物种植面积逐年增加。以玉米为例，至 2012 年，美国种植的玉米高达 88％是转基因玉米，其中15％是抗虫转基因玉米，21％是抗除草剂转基因玉米，52％是抗虫兼抗除草剂转基因玉米。

我国有 13 亿人口，占世界总人口的 22％，这意味着中国将以占世界可耕地面积的 7％养活世界 22％的人口。城市化发展使农业耕地不断减少，而人口又持续增加，对工农业生产有更高的需求，对环境将产生更大的压力。为此，从 20 世纪 80 年代初，中国已将现代生物技术纳入其科技发展计划，过去 20 多年的研究已经结出了丰硕的果实。目前，抗虫棉等五项转基因作物早已被批准进行商品化生产，转 Bt 杀虫蛋白基因的抗虫棉 1998 年的种植面积为 1.2 万公顷。资料显示，到 2000 年上半年为止，我国进入中间试验和环境释放试验的转基因作物分别为48 项和 49 项。我国现代生物技术的研究开发目前也已经取得了很多成果，但是与欧美等发达国家相比，我国现代生物技术发展的总体水平还较低，还需要我们进一步努力。

转基因食品是新科技产物，尽管现在还存在这样或那样的问题，但随着科技的发展，它会愈来愈完善。我们相信，只要按照一定的规定去做，生物技术的发展会是健康、有序的，我们的生活也会因生物技术带来的转基因食品而变得更加丰富精彩。希望我们的将来，食品不会短缺，食品都是新鲜的，食品的功能越来越多，而不仅仅是为了填饱肚子——比如糖尿病人只需每天喝一杯特殊的牛奶，就可以补充胰岛素。希望将来我们见到多种水果摆在药店里出售，补钙的、补铁的、治感冒的、抗病毒的……那样，我们的明天，会因转基因食品而灿烂无比。

说到这里，你还害怕转基因食品吗？

转基因食品，你会吃吗？

50. 太空育种

导言

我国是最早，也是唯一将航天诱变育种技术直接用于农作物培育的国家。太空育种被联合国粮食及农业组织列为多种诱变育种方式之一，也意味着中国开拓的将航天育种技术与生物技术相结合的新领域为世界所认可。

太空育种，也称空间诱变育种，是将农作物种子或试管种苗送到太空，利用太空特殊的、地面无法模拟的宇宙高能粒子辐射、宇宙磁场等在高真空、高洁净环境中的诱变作用，使种子产生变异，再返回地面选育新种子、新材料，培育新品种的作物育种新技术。

太空育种具有有益变异多、变幅大、稳定快，以及高产、优质、早熟、抗病能力强等特点。其变异率较普通诱变育种高 3～4 倍，育种周期较杂交育种缩短约一半，由 8 年左右缩短至 4 年左右。

科学家们意识到太空有许多辐射是人类试验难以模拟的，因此，科学家们越来越期待通过植物种子上天，来改变植物种子的质量性状，如色彩和粒性等由单基因控制的性状，以期在植物遗传育种领域寻求新的突破。

太空育种是集航天技术、生物技术和农业育种技术于一体的农业育种新途径，是当今世界农业领域中最尖端的科学技术课题之一。目前，世界上只有美国、俄罗斯、中国三个国家拥有返回式卫星技术，而只有中国发展了太空育种技术。在太空育种技术方面，中国走在世界前列。

随着我国航天事业的飞速发展，浩瀚的太空已成为中国科学家培育农作物新品种的实验室和育种基地。

自 1987 年以来，我国已先后 22 次利用返回式卫星，5 次利用"神舟"飞船，为 26 个省、市、自治区和香港地区，以及法国、德国、日本等国家共几百家单位开展了 1 400 余项空间搭载实验，在空间材料科学、空间生命科学、空间工程科学，特别是空间诱变育种等领域取得了可喜的成果。

2002 年 3 月 25 日，由安国市科崴种子经销有限公司提供的 24 种药用植物种子，搭载"神舟"三号飞船升空。4 月 18 日，经历了宇宙失重、射线、高真空与微重力等空间环境的药材种子，在安国市科崴航天育种基地播种吐绿。目前，这里的近 30 种太空药材生长旺盛，植株健壮。

为了扩大育种规模，该基地还选育引进了十几种遗传性状稳定、高效优质、抗病性强的药材籽种。这些药材籽种也曾搭载"神舟"一号飞船升空。

虽然太空药材籽种播种的时间晚了一些，但是从对它们的生长跟踪记录来看，太空药材与常规药材相比，在同等生产管理条件下，还是具有显著的生态优势。以太空药材板蓝根为例，目前植株健壮，叶子宽度达到 18～19 厘米，长约 25 厘米，根粗达 1 厘米，根深达 30 厘米。而同期常规生长的板蓝根，叶长仅 16 厘米，叶宽 13～14 厘米。这些太空植物至今没有发生菜青虫虫害，而常规板蓝根至少已打药两次。再以太空药材牛膝为例，茎粗且高，目前高度已达 40～50 厘米，叶片肥厚，呈墨绿色。太空药材薏苡目前生长旺盛，分蘖较多，单株分蘖平均达到 12～13 个，而常规薏苡甚至在生长期结束时也只有 8～9 个。

我国尝试用"神舟"三号飞船搭载蔬菜、水果、水稻等植物的试管种苗，进行太空育种，以培育高产、抗病虫害的"太空蔬菜""太空水果""太空农作物"等，也取得了显著成绩。其中太空青椒单果最重可达 750 克；太空番茄平均单果重 250 克；太空黄瓜亩产量比普通黄瓜高 20% 左右，而且口感好，抗病性好。

目前我国的太空植物包括小麦、水稻、番茄、甜椒、黄瓜等 12 个品种，河北、甘肃、山东、四川等省都有大面积种植太空蔬菜的基地。

第八章
新材料技术

启示录　新材料与生活

　　材料的世界缤纷而又复杂，而人类生活的日益进步，以及有些材料本身的性质（如材料本身带有微毒性等）也使得许多材料已经无法满足人们现在的需要。这就驱使科学家不断地进行开发研究，开发出更多可以为人类利用的材料，这种材料就叫"新材料"，又叫"先进材料"。这些新材料性能超群，包含人类最新的科技成果，有些新材料甚至已达到科幻小说或科幻电影中才能见到的水平。

　　当你看到硕大的卫星天线罩被小小的登月舱带上了月球，看到被撞瘪的汽车外壳只需一桶热水就恢复了原貌，看到你使用的笔记本电池瞬间充满了电……这些发生在我们周围的变化一定让你惊诧万分，以为自己产生了错觉，可它就是发生了。无论你相不相信，这就是新材料带给我们生活的巨大变化。

　　20 世纪 70 年代，材料科学越来越受到人们的重视，在人们日常生活中占据了重要地位。那时人们已经把信息、材料和能源誉为当代文明的三大支柱。

　　20 世纪 80 年代，是世界经济迅猛发展的时代，日新月异的新技术竞相大放异彩，世界范围内的高新技术迅猛发展，国际上的竞争也是日趋激烈，各国都为能在世界市场上占有一席之地而争夺。生物科技、信息技术、空间技术、能源技术、海洋技术等，发展这些领域不发展新型材料是难以立足的。

　　新型材料的开发本身就是一种高新技术，亦可称为新材料技术，其标志技术是材料设计或分子设计，即根据需要来设计具有特定功能的新材料。在这个新技术时代，人们又把新材料、信息技术和生物技术并列为新技术革命的重要标志。这时人们已经充分地认识到材料的重要性，科学技术的发展对材料不断提出了新的要求。

在 21 世纪的今天，当你静下心来仔细看看我们周围的环境，你会发现，她以不易察觉的方式完成了自己一次次的换装。跨越 20 世纪生活在 21 世纪的今天的我们也眼见了周围的慢慢变化：从前的平房大院变成了筒子楼又变成了高高的居民区，20 世纪 90 年代霸气威武的"大哥大"越来越小，越来越方便，一直到现在的仅有几毫米厚的智能手机……短短几十载，我们享受着新科技带给我们的喜悦。然而这些新科技促使生活变化最终的落脚点，却是在材料的巨大革新上。试想，如果制作手机的材料不能出现巨大的进步，仅仅依靠出色的工业设计设计出超薄超炫小巧玲珑的手机，却不能制造出来，又有何用呢？

我们又能看到，在科幻电影、科幻小说中的高科技产品与未来情境正在逐渐变成现实：从最早儒勒·凡尔纳小说中的航空器、阿瑟·克拉克笔下的地球同步卫星，到可以攀爬墙壁的手套、能够打印任何产品的 3D 打印机，等等，这些一般人认为只能想象出来的高科技产品已经逐渐被人们使用甚至普及。而这些物品能够制作成功，与材料的革新无不相关相切。

材料的历史伴随着人类文明的演进，从第一代、第二代天然材料的利用到第三代利用合成的方法合成出自然界并不存在的材料，一直到现在我们立足于高新技术群而存在的材料。不断发展、不断革新正是材料所具有的特性，这也催生新材料（先进材料）名词的产生。其实从严格意义上讲，新材料仅仅是一个相对的概念，有新才会有旧，新旧都是依托于当时的时代背景来做出判断的，每个时代都有其时代的先进材料，当然我们现在所指的新材料通常为近几十年为之创新的材料。新型材料与传统材料之间并没有明显的界限。传统材料通过采用新技术，提高技术含量，提高性能，大幅增加附加值，更加适用人类生活的即成为新材料。称之为新材料一般满足几个条件：新出现或正在发展中的具有传统材料所不具备的优异性能的材料；高技术产业发展需要，具有特殊性能的材料；由于采用新技术，使材料性能比原有性能有明显提高，或出现新的功能的材料。

51. 航空航天新材料

导言

碳纤维复合材料的使用带来了飞行器的一个新时代。

早在 2004 年，欧洲战术航宇集团（TAG）就研制出一种新型 TAG-M65 和 TAG-M80 复合材料无人直升机（UAV）。这种新型直升机采用全复合材料机体，在结构和设计上具有独特性，具有极轻的重量和极高的强度，有效载荷大，耐航性强。TAG-M65 和 TAG-M80 无人机的有效载荷能力 20 千克，续航时间 8 小时，能在 800 千米距离内遥控或自主完成各项任务。

2009 年 12 月，被称为"梦想飞机"的波音 787 型飞机在美国西雅图成功实现首飞。作为波音公司飞机家族的新成员，这架飞机的独特之处在于它是以大量的碳纤维复合材料取代铝材制作机体，整个机身、机翼、尾翼和发动机舱都用合成物制成，是全球第一款以碳纤维合成物为主体材料的民用喷气客机。

飞行器的发展越来越快速，为了使飞行器能够在有限的燃料量内延长留空时间，飞得更高更快，需要飞行器的质量尽可能轻，而这对于制造材料的要求也是越来越严格：质量轻、强度高、耐高温、耐腐蚀，等等。具有优良的抗疲劳性能、独特的材料可设计性及质量轻等优点的复合材料无疑成为制造飞行器的最佳材料。

目前正在研制的新型战机使用的复合材料可占飞机结构总重量的 50％以上。尽管复合材料成本相对略高，但是据国外有关资料调查显示，先进战斗机每减重 1 千克，就可以节约 1 760 美元，因此使用轻便的复合材料必然带来直接的经济效益。并且只有采用了复合材料，才使得前掠翼（有前掠角的机翼）得以在 X-29 战斗机上实现。

复合材料是由两种或两种以上不同性质的材料通过物理或者化学的方法，在宏观上组成具有新性能的材料。复合材料由来已久，而 20 世纪 40 年代复合材料这一名称正式出现正是由于航空航天领域的出现。先进复合材料则是指可用于加工主承力结构和次承力结构、其刚度和强度性能相当于或超过铝合金的复合材料。那么先进复合材料到底具有哪些特性，使得它们如此受到航空航天领域的推崇呢？

其一，复合材料的比强度和比模量高。材料的强度除以密度称为比强度，材料的弹性模量与密度之比称为比模量，这两个参量都是衡量材料承载能力的重要指标。比强度和比模量高说明材料的质量轻，而强度和刚度大。复合材料可谓集合了不同性质的材料的优势特性，因此更能满足对于材料的特殊需求。

其二，复合材料耐疲劳性能好。可能读者朋友们都会有这种感觉，无论是看书还是其他需要长时间专注精神的事情，总会有感到特别累的时候，而那时候你已经非常疲劳了，材料也是如此。金属材料在无限多次的交变载荷作用下不被破坏的最大应力就是疲劳强度。一般金属的疲劳强度为抗拉强度的 40%～50%，而某些复合材料可以高达 70%～80%。复合材料在达到疲劳强度后的断裂是从基体开始逐渐扩展的过程，并非没有任何先兆的断裂。因此，复合材料在破坏前可以检查和补救。纤维复合材料还具有较好的抗声振疲劳性能。用复合材料制成的直升机旋翼，其疲劳寿命比用金属的长数倍。

其三，复合材料耐热性能好。高温下，用碳或硼纤维增强的金属，其强度和刚度都比原金属的强度和刚度高很多。普通铝合金在 400 ℃时，弹性模量会大幅度下降，强度也会下降。而在同一温度下，使用碳或硼纤维增强的铝合金的强度和弹性模量则基本不变，这种耐热性也凸显了复合材料的稳定性。

除此之外，复合材料过载安全性好，即复合材料即使在超载的情况下，载荷都会在极短的时间内重新分配力量，确保整个构件不至于在短时间内丧失承载力。

复合材料的种种特性都使得它们在航空航天这个特殊的领域拥有更多的用武之地。飞机已经不再是金属专制，复合材料在总材料中的比例在逐步提高。有分析人士认为，未来必定是复合材料的时代。

先进复合材料家族中，碳纤维复合材料在航空航天领域应用最为广泛。

碳纤维主要是由碳元素组成的一种特种纤维，其含碳量一般高于90%，每一根碳纤维都由数千条更细小的、直径在 5～8 微米之间的碳纤维组成。碳纤维具有一般碳素材料的特性，如耐高温、耐摩擦、导电、导热及耐腐蚀等。但与一般碳素材料不同的是，其外形有显著的各向异性，柔软，可加工成各种织物，沿纤维轴方向表现出很高的强度。碳纤维比重小，因此有很高的比强度。碳纤维的力学性能也非常优异，它的比重不到钢的 1/4，碳纤维树脂复合材料要比钢强 7～9 倍，抗拉弹性也比钢高得多。

碳纤维的主要用途是与树脂、金属、陶瓷等基体复合，制成结构材料，即碳纤维复合材料。

在战斗机和直升机上，碳纤维复合材料应用于战机主结构、次结构件和战机特殊部位的特种功能部件。国外将碳纤维/环氧和碳纤维/双马复合材料应用在战机机身、主翼、垂尾翼、平尾翼及蒙皮等部位进行减重并提高抗疲劳能力。世界上最大的飞机 A380 由于碳纤维复合材料的大量使用而创造了飞行史上的奇迹。

52. 形状记忆合金

导言

形状记忆合金是智能材料的一种，是指当具有一定初始形状的合金在低温下经过塑性形变并固定成另一种形状以后，通过加热到某一临界温度以上便又会恢复初始形状的一类合金。例如在低温下将一把形状记忆合金制作的勺子压弯然后进行加热，当加热到某个临界温度以上时，已经弯曲的勺子便会自然地恢复正常的形状。这便是形状记忆合金所具有的性质。而形状记忆合金所具有这种记住原始性质的功能称为形状记忆效应。

这种犹如魔术一般的记忆效应在 1932 年就由瑞典人奥兰德在金镉合金中观察到了。他发现合金的形状改变以后，一旦加热到一定的跃变温度，便又可以神奇地变回原来的形状，人们把这种具有特殊功能的合金称为形状记忆合金。后来的研究表明，很多合金都具有形状记忆效应，然而这些现象在当时并没有引起足够的重视，只是作为一种个别材料极其特殊的现象来进行观察。1962 年，美国海军军械研究所的比勒在研究工作中也发现在高于室温较多的某温度范围内，把一种镍钛合金丝烧成弹簧，然后在冷水中将其拉直或铸成正方形、三角形等形状，再放在 40 ℃以上的热水中，该合金丝恢复成了原来的弹簧形状。直到这时，人们才对形状记忆效应产生浓厚兴趣，开始积极开发形状记忆合金，自此，形状记忆合金便进入了实用阶段。

1969 年，美国的一家公司首次将镍钛合金制成的管接头应用于F-14 战机中。1970 年，美国用镍钛记忆合金丝制成了宇宙飞船用的天线。这些应用刺激了国际上对于形状记忆合金的开发和研究，在以后四十余年，各种形状记忆合金相继问世。从 20 世纪 90 年代至今，高温形状记忆合金、宽滞后形状记忆合金以及记忆合金薄膜等成为研究的热点。

那么为何形状记忆合金会拥有如此神奇的形状记忆的本领呢？这一切都源于热弹性马氏体相变。所谓马氏体相变，最早是从钢中发现的：将钢加热到一定温度后迅速冷却，得到能使钢变硬、增强的一种淬火组织。为了纪念德国冶金家马滕斯，便把这种组织命名为马氏体。而变为马氏体的相变便是马氏体相变。后来人们发现马氏体相变在有些纯金属和合金中也存在。这种马氏体一旦形成，就会随着温度的下降而继续生长，如果温度上升它又会减少，以相反的过程消失。于是便产生了形状记忆合金的形状记忆效应。

形状记忆合金最先应用于航空航天领域，直至今日，它在航空航天领域仍是重要而实用的先进材料。

人造卫星是发射数量最多、用途最广、发展最快的航天器，科学家不断优化其构造，使之能够达到最佳的发射状态，其中便使用了形状记忆合金来制作人造卫星上庞大的天线。发射卫星前，使用形状记忆合金制作的抛物面天线可以折叠起来装进卫星的体内，极大的缩小了卫星所占的面积，当火箭升空人造卫星进入预定轨道以后，只需给其加温，折叠的天线便会使用其"记忆"功能而自然展开，恢复抛物面形状。

对于太空领域的探索大部分还处于无人操作的水平，而在无人操作时完成一些需要人手手动才能完成的动作就需要动一番脑筋，利用形状记忆元件制作的智能机械手就解决了这种问题。形状记忆材料不仅具有感温功能，还具有驱动的功能。这种机械手的手指和手腕靠镍钛合金螺旋弹簧的伸缩实现开闭和弯曲动作，肩和肘靠直线状的镍钛合金丝的伸缩实现弯曲动作，而各个形状记忆合金元件都直接通上脉宽调节电流加以控制。这种机械手非常小型，动作柔软，几乎可以和人手媲美。使用这种柔软的机械手可以在太空中做出许多细腻的工作，诸如取鸡蛋等。

在飞行器制造领域最常使用的是用形状记忆合金材料制作的记忆铆钉和记忆合金管接头。块头如此巨大的飞机如今还不可能实现整机制造，这就需要大量的连接件诸如铆钉和螺栓进行连接和牢固。采用形状记忆合金制作的铆钉尾部记忆成型为开口状，紧固前，将铆钉用干冰冷却使它的尾部拉直，插入需要紧固的固件的孔中，气温上升时铆钉的记忆作用便发挥了，恢复成了开口形状，这样固件就被紧紧牢固了。使用这种记忆铆钉，即使在很难操作的环境下，比如真空，也能够比较容易地实现材料的连接和紧固。

在医疗领域，由形状记忆合金制作的记忆食道支架成为食道癌患者的福音。记忆食道架能在喉部膨胀形成新的食道，必要时加上冰块，记忆食道便会遇冷收缩从而轻易取出。使用超弹性镍钛合金丝和不锈钢丝制作的牙齿矫正丝操作简单疗效好，还能减轻患者的不适感。各种骨连接器、血管扩张元件、各类心脏修补器、人造骨骼、手术缝合线等都会使用形状记忆合金。

在其他应用中使用形状记忆合金更是多种多样，例如用记忆合金制造的汽车外壳，若被撞瘪，只要浇上一桶热水就可恢复原来的形状；用记忆合金制造的马路照明灯，有两瓣随着灯的亮灭而逐渐张开或合上的金属叶片，白天，路灯熄灭叶片合上，晚上，路灯亮起灯泡发热，金属片受热逐渐张开，灯泡又会显露出来；用记忆合金丝混合羊毛织成衣服，当人运动后体温上升，衣服就会根据人的体温自动调整，使衣服变得宽松，使人感觉更舒适。

53. 隐形材料

导言

英国著名的科幻大师威尔斯写过一本叫作《隐身人》的科幻小说，描写了一个物理学家发明了隐身术后的一系列故事。成为隐身人后的生活无疑是这本小说的一大亮点。能够隐身之人出入若无人之境，心烦意乱的时候一隐身，让自己静静地消失于人群中，恐怕这是很多人都希望体验的一种感觉。数千年来人类对这种隐身术的追求从没有间断过。

史书上记载汉代的方士能够隐身。《后汉书》中记载，有个叫张楷的儒师，他精通《尚书》，门徒上百人。他还擅长道术，能够使用雾气隐身，号称"五里雾"，并且将这门幻术教给他的弟子们。当时关西人裴优会"三里雾"，自知技不过人，便去找寻张楷求教学习，可是张楷不肯见他。时值桓帝即位，裴优使用他的"三里雾"做了贼，结果被发现，在严刑拷打之下把张楷也供了出来，结果张楷进了大牢，两年的牢狱之灾之后，桓帝见他并没有什么能够隐身的本事，便把他给放了。试想如果张楷真的有隐身术，恐怕这两年的牢狱之灾也不会有了吧。

张楷的隐身术只是徒增大家的笑料罢了，可是门徒数百也足见隐身对于人们的巨大诱惑了。当然隐身术只是一个至今未出现的传说。可是现在的科技已经让我们能够做出"隐身"的东西了，隐形飞机就是其中之一。

可不要以为我们所说的隐形飞机真的会消失不见，让人肉眼无法看到。其实隐形飞机隐形的对象是雷达。我们都知道，当有飞机出现时，通过现代的雷达扫描，飞机会立刻被发现，出现在雷达扫描仪上。而隐形飞机的目的就是尽量减少或者消除雷达的接收作用，让雷达完全发现不到。隐形飞机主要用于军事上，作为各个国家的军事机密，如今已经成为各国竞相关注的焦点。

我们不禁好奇，隐形飞机究竟是怎样实现"隐身"的呢？这还得先从雷达的工作方式说起了。

雷达是一种利用无线电波来发现目标并测定其位置的电子设备。由于无线电波具有恒速和定向传播的规律，因此，当雷达波碰到了飞机时，一部分雷达波便会反射回来，然后根据反射雷达波的时间和方位便可以计算出飞机的位置了。由此可见，要想不被雷达发现，就要想办法降低对雷达波的反射。有一个衡量飞机雷达回波的物理量：雷达散射面积（英文缩写为 RCS），是指飞机对雷达波的有效反射面积，反射面积越小，自然雷达的探测就越弱。因此想要飞机对雷达隐身，就要尽可能减小雷达散射面积。

目前用来减少飞机雷达散射面积的主要途径有两种：一是改变飞机的外形和结构，另一种便是采用吸收雷达波的涂敷材料和结构材料。

改变外形在这里不做详细介绍，我们来说一说能够让飞机隐身的那些材料。能够让飞机隐身的材料根据用途分可以分为隐身涂层材料和隐身结构材料。

隐身涂层材料是使用最早的一种隐身方法。早在第二次世界大战期间，为了使战机不轻易被敌军发现，一些飞机就采用了经过试验的迷彩涂料，以降低飞机与天空背景的对比度，减小飞机的目视特征。这就是最早的隐形飞机。而现在的隐形飞机使用的隐身材料可远远没有这么简单。现代的隐身涂层要求在尽量宽的频带内，使用尽量薄的涂层，尽量轻的材料，所得到涂层的吸雷达波能力最强，即追求薄涂层、宽频、强吸收的效果。

雷达吸波材料是目前最为重要的隐形材料，这种材料能够吸收反射波，使反射波减弱甚至是不反射雷达波，从而达到隐身的目的。目前技术得以实现的主要是雷达吸波材料中的结构型雷达吸波材料和吸波涂料这两种。

雷达隐身涂层材料一种是能够让涂料将雷达波吸收。通过在黏合剂中加入电损耗或磁损耗填料，利用电损耗物质在电磁场作用下，使进入涂层中的雷达波转换为热能损耗掉。或是借助磁损耗材料内部偶极子在电磁场下运动受限定磁导率限制，而把电磁能转换为热能损耗掉。另一种是利用谐振原理。当涂层厚度等于雷达波长的四分之一时，通过谐振作用减少雷达波的反射。所有的雷达隐身涂层材料都是要求对相应波段的雷达波具有低反射的涂料。

雷达吸波涂料主要有磁损性涂料和电损性涂料两种。

磁损性涂料是由铁氧体等磁性填料分散在介电聚合物中组成。这种涂层在低频段内有较好的吸收性。美国 Condictron 公司生产的铁氧体系列涂料，厚 1 mm，在 2～10 GHz 内衰减达 10～12 dB，耐热达 500 ℃；Emerson 公司的 Eccosorb Coating 268E 厚度 1.27 mm，重 4.9 kg/m^2，在常用雷达频段内（1～16 GHz）有良好的衰减性能（10 dB）。但是磁损型涂料的实际重量一般为 8～16 kg/m^2，如何将重量减轻是目前亟待解决的问题。

电损性涂料通常以各种形式的碳、碳化硅粉、金属或者镀金属纤维作为吸收剂，以介电聚合物为黏合剂所组成。这种涂料与磁损性涂料相比重量要轻得多，一般可低于 4 kg/m^2，高频吸收好。但是美中不足，它的厚度大，难以做到薄层宽频吸收，因此这种涂料目前还没有公开用于飞机上的先例。

红外隐身涂层材料也作为一种重要的隐身材料在使用。红外隐身材料是通过降低或改变目标的红外辐射特征从而实现目标的低可探测性。红外隐身材料因为其坚固耐用、成本低廉、制造施工方便，且不受飞机外形的限制而受到各国的重视，成为近年来发展最快的一种热隐身材料。美国、德国、澳大利亚等西方国家都在致力于这种隐身材料的研究与开发。

无论是雷达隐身涂层材料还是红外隐身涂层材料，都为各国制造隐形战机提供了材料基础。

54. 人造石材

导言

现代家居生活中，精美的装修总是令人赞不绝口。去参观那些温馨且风格各异的家装，也是一件赏心悦目的事情。随着时代的发展，人们对于居住环境有了越来越高的要求，大气上档次成为很多人装修的标准。而一些酒店也以恢宏大厅中光洁的大理石地板作为展示其文化内涵橱窗的一部分。可是，因为天然石材数量有限，价格昂贵，就出现了替代品——人造石材。

1965 年，人造石材诞生于美国。自从美国杜邦公司在 1965 年研制成一种以甲基丙烯酸甲酯的聚合体，与天然矿石及颜料组合而成的合成材料以来，这种人造复合石材一直在装修领域中大显身手。

人造石材是以不饱和聚酯树脂为黏结剂，配以天然大理石或方解石、白云石、硅砂、玻璃粉等无机物粉料，以及适量的阻燃剂、颜色等，经配料混合、瓷铸、振动压缩、挤压等方法成型固化制成。相对于有着悠久历史的石材和陶瓷材料来说，于 20 世纪 60 年代诞生的人造石材是建筑装饰材料中的新贵。

人造石材按原料分类，可以分为树脂型人造石材、复合型人造石材、水泥型人造石材和烧结型人造石材。

树脂型人造石材又称聚酯合成石，是以不饱和聚酯树脂为黏结剂，与天然大理碎石、石英砂、方解石、石粉或其他无机填料按一定的比例配合，再加入催化剂、固化剂、颜料等外加人造石材剂，经混合搅拌、固化成型、脱模烘干、表面抛光等工序加工而成的。使用了不饱和聚酯树脂的石材成品光泽好、颜色鲜艳丰富、可加工性强、装饰效果好，因此室内装饰工程中采用的人造石材主要是树脂型的。

复合型人造石材的不同在于，它所采用的黏结剂中，既有无机材料，又有有机高分子材料。其制作工艺是：先用水泥、石粉等制成水泥砂浆的坯体，再将坯体浸于有机单体中，使其在一定条件下聚合而成。对板材而言，底层用性能稳定而价廉的无机材料，面层用聚酯树脂和大理石粉制作。复合型人造石材制品的优点是造价较低，原料简单易得，但它受温差影响后聚酯面易产生剥落或开裂。

水泥型人造石材是以各种水泥为胶结材料，砂、天然碎石粒为粗细骨料，经配制、搅拌、加压蒸养、磨光和抛光后制成的人造石材。配制过程中，混入色料，可制成彩色水泥石。水泥型石材的优点是生产取材方便，价格低廉，但其装饰性较差。我们常见的水磨石和各类花阶砖就属于此类。

烧结型人造石材的生产方法与陶瓷工艺相似，是将长石、石英、辉绿石、方解石等粉料和赤铁矿粉，以及一定量的高岭土共同混合，一般配比为石粉 60%，黏土 40%，采用混浆法制备坯料，用半干压法压制成型，再在窑炉中以 1 000 摄氏度左右的高温焙烧而成。烧结型人造石材的装饰性好，性能稳定，但需经高温焙烧，因而能耗大，造价高。

与天然石材相比，人造石材具有色彩艳丽、光洁度高、颜色均匀一致、抗压耐磨、韧性好、结构致密、坚固耐用、比重轻、不吸水、耐侵蚀风化、色差小、不褪色、放射性低等优点。具有资源综合利用的优势，在环保节能方面具有不可低估的作用，也是名副其实的建材绿色环保产品。

人造石材的产生，将开采天然石材时所产生的数目庞大的废料变废为宝，同时也减少了因废料所占用的土地资源，不得不说是一件于经济和环保都能带来双赢的好事。同时，围绕人造石材产业的发展形成的产业集群能吸收大量人员就业，带动区域经济的发展。人造石材所提倡和彰显的环保理念也使它成为新材料界冉冉升起的一颗新星。

55. 调光玻璃

导言

太阳为我们带来温暖和光明。随着地球的自转，一天之中太阳的位置不尽相同，因此光线总是千变万化的。在很多时候我们希望室内有足够充足的阳光，但随着现代人注重私密生活的意识逐渐提高，密集的高楼又使得我们只能时时拉上窗帘。有没有什么办法可以平衡阳光与隐私呢？答案是有的。神奇的现代科技将调光玻璃带到了我们的面前。

调光玻璃是一款将液晶膜复合进两层玻璃中间，经高温高压胶合后一体成型的夹层结构的新型特种光电玻璃产品。使用者通过控制电流的通断与否控制玻璃的透明与不透明状态。调光玻璃本身不仅具有一切安全玻璃的特性，同时又具备控制玻璃透明与否的隐私保护功能。由于液晶膜夹层的特性，调光玻璃还可以作为投影屏幕使用，替代普通幕布，在玻璃上呈现高清画面图像。

根据控制手段及原理的不同，调光玻璃可借由电控、温控、光控、压控等各种方式实现玻璃之透明与不透明状态的切换。拘于各种条件限制，目前市面上实现量产的调光玻璃，几乎都是电控型调光玻璃。电控型调光玻璃的工作原理是：当电控产品关闭电源时，电控调光玻璃里面的液晶分子会呈现不规则的散布状态，使光线无法射入，让电控玻璃呈现不透明的外观。但是，只要给调光玻璃通电，里面的液晶分子呈现整齐排列，光线可以自由穿透，调光玻璃就会瞬间呈现透明状态。

调光玻璃出现于 20 世纪 80 年代，由美国肯特州立大学的研究人员发明。在国内，更是被人们亲切地赋予"魔法玻璃"这一称号。可见调光玻璃的特性得到了普遍的接受和认同。智能电控调光玻璃于 2003 年开始进入国内市场。由于售价昂贵且识者甚少，其后的近十年间在中国发展缓慢。但随着国民经济的持续高速增长，国内建材市场发展迅猛，智能电控调光玻璃的需求日益增大，其本身成本由每平方米的几万美金降低为每平方米万元人民币，遂逐渐被建筑及设计业界所接受并开始大规模应用，调光玻璃开始步入家庭装修应用领域。相信不久的将来，这种实用的高科技产品将会走进千家万户。

那么，这种"魔法玻璃"究竟有哪些功能可以让它从众多玻璃中脱颖而出呢？我们为大家总结出以下几点：

第一是隐私保护。这也是智能调光玻璃的最大亮点，可以随时控制玻璃的透明不透明状态。如果将阳台飘窗更换成调光玻璃，便可以在鳞次栉比的高楼较差私密性上做出革命性改善。日常情况下，调节到透明状态，保持透亮采光；随意状态下，为保持安全感，可调节到不透明状态，却依然有阳光可亲近，实在是一举两得的好方法。

这种隐私保护也可以同样应用于商业领域，如办公区域、会议室、监控室隔断。即使是偌大的办公区，被数面墙体或磨砂玻璃隔断也会显得狭小憋闷，全部采用通透玻璃设计又缺乏商务保密性，可以自由调节通透度的调光玻璃就可以解决烦恼。日常状态下可调节为全光照透明状态，而当有需要时，只要轻轻按动遥控器，则可让整个区域从周围目光中彻底模糊掉。

在医疗领域，调光玻璃也可以得到很好的应用。用调光玻璃替代医院隔离病床做检查的帘子，既可以让病人放心，又大大增加了美观度。同时它也具有利于清洁，环保无污染的优点，很适合医院使用。

第二是投影功能。智能调光玻璃是一款非常优秀的投影硬屏，它的另一个名称便是智能投影玻璃屏。在光线适宜的环境下，智能调光玻璃的不透明状态可替代成像幕布，如果选用高流明投影机，投影成像效果非常清晰出众。

第三是安全性。智能调光玻璃的抗打击强度非常令人满意，即便是破裂后也可以有效防止碎片飞溅。

第四是调光玻璃还非常环保。调光玻璃中间的调光膜及胶片可以隔热、阻隔99％以上的紫外线及98％以上的红外线。屏蔽部分红外线减少热辐射及传递。而屏蔽紫外线，可保护室内的陈设不因紫外线的辐射而出现褪色、老化等情况，以及保护人员不受紫外线直射而引起各种疾病。

第五是调光玻璃的隔音效果。调光玻璃中间的调光膜及胶片可以在很大程度上阻隔噪音，解决了现代家居生活中噪音问题的困扰。而除此以外，还有人发现了智能调光玻璃在展厅、博物馆、商场、银行等地的新应用。调光玻璃作为橱窗或展柜玻璃时，正常情况下保持透明状态，一旦遇到突发情况，则可利用远程遥控，瞬间达到模糊状态，使犯罪分子失去目标，可以最大程度保证人身及财产安全。

总之，调光玻璃的应用场所非常广泛，覆盖行政办公、公共服务、商业娱乐、家居生活、广告传媒、展览展示、影像、公共安全等诸多领域。调光玻璃的前景被广泛看好。因为这种魔法玻璃，我们未来生活的舒适度也可以大大提高。

56. 生物材料

导言

生物材料的诞生，为救死扶伤提供了新的手段。

人类从远古时代走到今天，平均寿命不断延长，对生命质量也有了越来越高的要求，这种高要求的体现便是医疗技术的不断提高和发展。每个人都希望自己可以健健康康地活着，可是各种疾病却成了长寿的最大障碍。比如心脏病患者和需要血液透析的尿毒症患者，这些病人的血管往往已不能起到原有的作用，此时，人工血管便派上了用场。

人工血管是以尼龙、涤纶、聚四氟乙烯等合成材料人工制造的血管代用品，它是可以替代病变血管的管形植入物，适用于全身各处的血管转流术。

1950年以来，由于高分子化学的发展，促进了合成高分子材料的研制，因此，在20世纪50年代末60年代初，医学上常采用高分子合成纤维编织人工血管。如以高分子聚四氟乙烯为原料经注塑而成的直型人造血管，已广泛应用于临床；以涤纶或塔氟纶为原料织制的人工血管有茸毛状的管壁，经实验研究而用于临床，到目前为止，世界各国已普遍采用。

目前用于制造人工血管的原料有涤纶、聚四氟乙烯、聚氨酯和天然桑蚕丝。织造的方法有针织、编织和机织。织成管状织物后，处理加工成为螺旋状的人工血管，可随意弯曲而不致吸瘪。

随着科技的不断发展，用来解决旧有人工血管弊端的新型人工血管也产生了，比较引人关注的主要有以下三种：

一是碳涂层血管。均匀镶嵌于血管内壁的碳原子与血管壁有机地结合成一体，具有良好的生物相容性，与组织无反应。碳涂层微弱的负电荷排斥血小板在管壁的沉积，有效减少血栓形成机会；碳涂层不利于平滑肌细胞的生长和播散，能减少间质增生，可以显著提高血管开通率。

二是蛋白或明胶涂层血管。由于一般合成人工血管的生物相容性尚未达到理想状态，所以可以在这些高分子材料表面接上一层生物材料，以进一步提高其生物相容性，这就是生物混合型人工血管。一般所接的人工涂层包括以下几种：白蛋白，可提高人工血管的抗凝性能；纤维连接蛋白，可促进内膜形成，进而抑制凝血的发生；胶原蛋白，能促进内膜形成，防止凝血发生，还能提高人工血管的顺应性；明胶，有促进细胞黏附和生长的功能，从而在植入后能诱导内膜形成，防止凝血。

三是袖状血管。特别的袖状由电脑三维立体模型设计，优化流出道血流动力学，减少吻合口处内膜增生，显著提高血管开通率。且内膜附碳涂层，以减少血小板沉积。

人工血管的出现为心脏病等疾病患者带来了福音，在这些医疗新材料的陪伴和帮助下，人类的寿命也会越来越长，而生命质量同样会相应提高。

每个人可能都有过被烫伤的经历，不过烫伤程度却有很大区别。有的只需要拿凉水冲一冲就好，有的却需要到医院加以治疗。烧伤也是如此。如果是严重的烧伤，就需要到医院去进行真皮移植，可是对烧伤患者来说，真皮移植却是痛上加痛——医生需要从他们身体其他部位取下一块完好的皮肤，重新植入烧伤部位。这样一来，已经受伤的患者身上还要平添一处伤疤。

长期以来，人们严重的皮肤缺损创面，只能靠切取自体正常部位的皮肤移植修复。尽管能治愈创面，但在取皮部位却留下了新的创伤，常常导致疤痕增生，甚至因取皮过深，供皮区难以自愈，形成水疱，反复溃疡，导致"好了旧伤又添新疤"。

人造皮肤因此应运而生。

今天，人造皮肤用于皮肤移植的第一期治疗。人造皮肤能保护伤口免受感染，并促进结缔组织的生长。人体的免疫系统会逐渐分解多聚物，一旦病人自己的表层皮肤被植上以后，伤口会很快愈合。

神奇的人造皮肤有如此强大的功能和作用，但它的研发历程也经历了很多波折。起初，医学家到处寻找代替皮肤的材料，先是从别人身上取下的皮肤，再是胎盘上的薄膜，结果都很少能成功，因为不出几天，这些皮肤或是胎膜全会被身体里的保卫系统——销蚀掉。1981 年，一位名叫波克的医学家想出了个好主意：制造人造皮肤。到目前为止，许多科学家已用生物高分子材料或合成高分子材料制造出了一二十种人造皮肤。他们把这些材料纺织成带微细孔眼的皮片，上面还盖着一层层薄薄的、模仿"表皮"的制品。

20 世纪 80 年代后，有科学家先后研制出多种人工真皮，如来源于异体或异种皮的无细胞真皮基质，以胶原为主要原料经冷冻干燥后形成的海绵状胶原膜。此外，还有透明质酸膜、聚乳酸膜等，其基本特点是可诱导自体的组织细胞浸润生长，形成新的、结构规则的真皮样组织，从而重建真皮层。

20 世纪 90 年代以来，医学界已成功将复合皮用于大面积深度烧伤创面的修复，节省了伤者自体皮源，提高了救治率。但是，由于复合皮的制作费用十分昂贵，且移植后存活率只有 50％左右，因此，在临床上的广泛使用有待时日。

生物新材料还很多，比如，目前口腔种植体常用的材料主要是纯钛及钛合金、生物活性陶瓷以及一些复合材料，另外还有千奇百怪的整形外科材料、仿生材料等。

第九章
纳米技术

启示录　知识就是力量

纳米世界是指物质微小化到 0.1～100 纳米这个尺度时我们所观察到的微观世界。纳米实际上是一种长度单位，像厘米、毫米度量事物有多长一样，和技术扯不上直接的关系。

但是，科学家们发现，这个非常的尺度给我们带来了很多意想不到的变化。在纳米那样小的世界里，我们可以看到纳米颗粒的形状不断地变来变去，脾气暴躁的表面原子像吃了火药一般，随时处于"沸腾"状态，谁要是不小心碰上了它，它会立即"翻脸"。光彩夺目的金属，如黄金、铂金被切制成纳米材料后，就成了"黑金"。

科学家们发现，在纳米世界里，物质的属性还会发生奇妙的变化，会变得和常规世界截然不同。号称不怕火炼的金块熔点高达1 064 摄氏度，但 2 纳米的金微粒的熔点仅为327 摄氏度；普通银的熔点为900 摄氏度，铜的熔点为327 摄氏度，纳米银和纳米铜的熔点则分别降到100 摄氏度和39 摄氏度。铜会导电，陶瓷不会导电，这是我们的常识。奇怪的是，铜缩小到纳米级时变得不导电，而原本绝缘的二氧化硅在纳米尺度时却开始导电。陶瓷花瓶、陶瓷碗很坚硬，但是很容易被摔碎。当把烧制陶瓷的原料粉碎成纳米尺度的微粒后，再将其压制成纳米微晶陶瓷材料，就能像金属一样弯曲变形。将来，如果能制造出像铝等软金属一样可以随意弯曲的陶瓷，你就可以将花瓶、碗随心所欲地调整成你喜爱的样子，并且再也不用担心它掉到地上摔碎了。硅是灰色的，它是微电子业的明星材料，然而它最大的缺陷就是黯淡无光。但是如果把硅的尺寸缩小到纳米尺寸，它就可发出微弱的红光。磁性物质到了纳米级也会发生变化，会失去铁磁性，而表现出顺磁性或超磁性。

为什么物质在纳米的世界里会发生这么大的变化呢？

原来，物质的颗粒如果细到 0.1～100 纳米，就变成了原子和分子的世界。比如，一纳米等于十亿分之一米，或 10 埃，相当于一个氢原子的大小；银原子的直径是 0.33 纳米，金原子的直径是 3.48 纳米。分子的直径虽有超过 100 纳米的，但一般分子的直径大小为 10 纳米左右。

物质细小到 100 纳米以下后，不能用经典物理学来解释它的性质。在这个世界中，物质的运动受量子原理的主宰。传统的解释材料性质的理论，只适用于大于临界长度 100 纳米的物质。如果一个物体的结构小于这个长度，它的性质就不能用传统的物理、化学理论来解释。这正应了哲学上的一句话："量变导致质变"。

发明家们很快注意到了这一科学发现。美国著名物理学家、诺贝尔奖获得者费曼教授早在 1955 年就提出一种设想：人类能够用宏观的机器制造比其体积更小的机器，而这个较小的机器可以制作更小的机器，这样一步步进行可以达到分子状态，最终可以直接按意愿排列原子并制造产品。

科学家们发明了扫描隧道显微镜，发明了原子和分子操纵技术，实现了费曼的设想，点石成金。作为 21 世纪的基础技术，在纳米世界中操纵原子和分子的纳米技术研究即将全面展开。

可别小看了微小世界里的原子和分子操纵技术，它不光改变着或即将改变着我们的生活，而且还将使众多传统产业焕发生机。在生物医学方面，纳米科技更是潜力巨大。它甚至将超过信息技术和基因组工程，成为 21 世纪决定性的技术。所以人们说："下一个大东西是小东西。纳米科技和纳米材料是'小东西撼动大世界'"。

同时，物质在纳米级时发生的神奇变化使科学家们产生了很大的兴趣，促使科学家们对它进行研究，决心利用纳米世界的物质来为人类服务。首先，他们想到制造纳米材料，设法将物质细化到纳米级，制造出来的纳米材料性质特殊，用途极大。将纳米材料用于飞机制造中，因它能吸收雷达波，于是隐形飞机问世了；用纳米材料制成的刀具，比钻石刀具还硬；将镍或铜锌化合物加工成纳米颗粒，可以代替昂贵的铂或钯做催化剂。

纳米材料还被人称作"工业味精"，因为将纳米材料撒入传统材料中，老产品会换新貌。砧板、抹布、瓷砖这些爱干净的东西加入了纳米微粒后可除味杀菌；加入纳米材料的布不沾水，不沾油；一件"纳米毛衣"可以让你在数九寒天尽展美丽身姿；"拌"入纳米微粒的水泥、混凝土建成高楼大厦，可以吸收和降解汽车尾气，成为可呼吸的"城市森林"。由于可以通过精确地控制原子或分子来制造产品，生产过程将非常清洁，不会产生副产品和废物，甚至可以拆分废旧物的分子或原子，并用他们制造新的产品。

利用纳米技术，采用空气中的二氧化碳中的碳原子，可以制造出完美的金刚石材料，不仅强度会比钢高几十倍，而且重量仅是钢的几十分之一；把沙子的原子重新排列，加入一点磷，可以制成电脑的微处理器；操纵水、空气和尘埃的原子，可以制造出土豆和牛排。利用纳米技术，人类有可能在原子和分子尺度诊断和治愈疾病，甚至修补细胞。纳米技术还可以制造分子开关和导线，从而将导致一场计算机制造技术革命，使计算机的速度更快，体积更小。用纳米材料制造出导线用于存储器，能大大提高电子器件的储存功能，可以将美国国会图书馆几百万册书的信息放入一个只有糖块大小的装置中。

最诱人的是将来可能制造出来的"纳米机器人"，它可以进入人体摧毁癌细胞而不用损害健康细胞，可以将药物送至病变细胞，清扫血管，修复心脏、大脑和其他器官，外科手术将不会使人想起鲜血淋漓而害怕。利用纳米技术，还可以帮我们从原子开始制造我们生活中需要的一切：鲜花、手机、电视、电脑、飞机、汽车、房子等。神奇的纳米世界将在我们面前展开一个完全不同于现在的世界。

这就是科学的力量，技术的力量，知识的力量！

57. 操纵原子和分子的纳米技术

导言

1959 年 12 月 29 日，物理学家理查德·费曼在加州理工学院出席美国物理学会年会，发表了著名的演讲《在底部还有很大空间》，提出了一些纳米技术的概念，虽然在当时还未有"纳米技术"这个名词。他认为制造物品时可从单个分子甚至原子开始进行组装，以达到设计要求。他说："至少依我看来，物理学的规律不排除一个原子一个原子地制造物品的可能性。"并预言，"当我们对细微尺寸的物体加以控制的话，将极大地扩充我们获得物性的范围。"这被视为是纳米技术概念的灵感来源。

1974 年，东京理科大学的谷口纪男教授正式使用纳米科技一词。

1981 年，瑞士苏黎世的 IBM 公司实验室的科学家格尔德·宾宁及海因里希·罗雷尔发明了扫描隧道显微镜。它的工作原理是：利用一根非常细的钨金属探针，针尖电子会跳到待测物体表面上形成穿隧电流，同时，物体表面的高低会影响穿隧电流的大小，以此来观测物体表面的形貌。发明扫描隧道显微镜的 1981 年被广泛视为纳米元年。

扫描隧道显微镜一般用于在原子水平上观察物质，其核心部分装有一根钨制的探针，针头仅有几个原子那么宽。探针与被观测的样品并不接触，而是在其上方来回扫描。这使针头和样品之间产生微弱电压，把样品中的电子"拉"向针头。

当距离足够近、"拉力"足够强时，电子就会在奇妙的量子效应的作用下从样品中"消失"，仿佛穿过一个无形的隧道，在针头上"重现"，这被称为"隧道效应"。通过观察这些电子运动产生的微电流，就能得到样品表面的图像。

当隧道效应电流较强时，样品中的原子也会被"撕"下来，通过针头移动到别处。如果对这种现象善加利用，就能对单个原子进行操作，将它们逐个按特定结构"组装"成纳米机械。

1990 年，美国 IBM 公司的艾格勒利用这种仪器，把 35 个氙原子排成 IBM 三个字母。这是人类历史上首次操纵原子。用原子或分子制造机器，不再是梦想。

英国科学家佩西卡等人尝试在室温下移动铜样品表面上的溴原子。此时溴原子与铜样品紧密结合，需要产生更强的电流才能挪动它们。此外，分子热运动效应使探针不稳定，不断地晃来晃去，就像一个喝醉酒的足球运动员，连球都不容易抢到，更不用说准确地射门。

为此，研究人员想出一个巧妙的办法：令探针不断迅速振动，幅度为原子宽度的几倍，从而克服了探针本身的晃动造成的影响。经过几次振动，探针就能准确地捕捉到原子并把它移到目标位置上。

移动原子的实验表明人类能够自由地操纵原子了，这可是人类开天辟地的大事，因为大自然的一切都是由原子组成的，操纵原子，排列它们的结构，就可以得到我们想要得到的任何东西。

但真正揭开原子面纱的是我国的科学家。2001 年初，国际知名学术刊物《自然》发表了中国科技大学的科学家们在国际上首次直接"拍摄"到的能够分辨碳-60 化学键的单分子成像技术的论文。中国的科学家们将碳-60分子组装在一单层分子膜的表面，在零下268摄氏度时冻结碳-60分子的热振动，利用扫描隧道显微镜首次"拍摄"到能够清楚分辨碳原子间单键和双键的分子图像。

分子是由原子与原子通过化学键结合形成的，对化学键动"手术"就能定向选择化学反应，产生人们所需的新分子和新材料。而直接"看清"化学键，是进行分子"手术"的前提。这种单分子直接成像技术成为明察分子内部结构的"眼睛"，为纳米科学家进行"分子手术"提供了可能。

现在，除了电子扫描隧道显微镜外，科学家们还发明了其他观察纳米世界的仪器，被统称为扫描探针显微镜。它们都可以操纵纳米世界，但它们并不是操纵纳米世界的唯一工具。一种被称为分子束外延的技术可以一次一个原子层或分子层地制造特殊的晶体，就像用原子进行喷绘一样。使用分子束外延的技术，科学家们学会了制造极薄的特殊晶体薄膜的方法，每次只造出一层分子。目前，制造计算机硬盘读写头使用的就是这项技术。

1991年，IBM的科学家在操作氙原子的基础上，开发出了第1个原子开关元件。日本科学家开发出了能够控制单个电子移动的"单个电子晶体管"。利用原子开关和电子开关储存信息，可将人类迄今为止所积累的全部知识都放进去。

1993年，日本研制成功光子扫描隧道显微镜，这是一种能自动摆弄原子的高效"原子镊子"。

1996年11月，IBM的科学家们推出了世界上第一台分子算盘。1997年，美国科学家首次成功实现用单电子移动单电子，利用这种技术可望在20年后研制成功速度和存储容量比现在提高成千上万倍的量子计算机。

1999年，巴西和美国科学家在进行纳米碳管实验时，发明了世界上最小的"秤"，它能够称出一个病毒的重量。此后不久，德国科学家研制出能称量单个原子重量的"秤"，打破了美国和巴西科学家联合创造的纪录。

2000年，英国牛津大学的科学家成功地在室温下操纵单个溴原子在铜表面上移动，使纳米机械制造技术向前迈进了一步。

有了纳米技术，点石成金就不是梦想。传统的金刚石制备方法是用炸药爆轰石墨产生的瞬间高温、高压，使炸药中的碳转变成纳米金刚石粉。但这种方法得到的金刚石质量不高。我国科学家以廉价的四氯化碳和金属钠为原料，在密闭容器内加热到 700 摄氏度，制得纳米金刚石粉末，被科学界评为"稻草变黄金"。

我们相信，随着各种观察仪器的不断改进，人类探索原子世界的眼睛会越来越明亮，为科学家们更自如地操纵纳米世界的原子、分子做出巨大的贡献。

58. 纳米机器人

导言

1986 年，美国科学家埃里克·德雷克斯勒出版了《创造的发动机》一书，阐释了他创造微型机器人的理想，他说："我们为什么不制造出成群的、肉眼看不见的微型机器人，让它们在地毯或书架上爬行，把灰尘分解成原子，再将这些原子组装成餐巾、电视机呢？"

这也许还不够刺激，于是疯狂的德雷克斯勒继续预言："这些微型机器人不仅是一些懂得搬运原子建筑的'工人'，而且还具有绝妙的自我复制和自我维修能力，由于它们同时工作，因此速度很快，而且十分廉价。"

这就是最初的纳米机器人的构想。

1990 年的一天，在美国麻省理工学院举办的科技展览会开幕之前，当与会的科学家们进入展览大厅时，忽然间被一个小东西所吸引。只见这个仅有跳蚤般大小的东西从眼前光滑的地板上一溜滑过去，科学家们在展览会工作人员的协助下，才捉住这个不速之客——纳米机器人。令人惊奇的是，就是这么个小不点儿，竟然五脏俱全，其"身体"是由许多齿轮等零件、涡轮机和微型电脑组成，齿轮等零件小得竟如空气中飘浮的尘埃，人们需要借助高倍电子显微镜方可看清其真面目。就在这一年，美国成功地举行了首届纳米科学技术大会，正式创办《纳米技术》杂志。这一切向全世界宣告：纳米科技、纳米机械诞生了！

纳米机器人是纳米科技最具诱惑力的重要内容，其关键点之一是在纳米尺度上获得生命信息。第一代纳米机器人是生物系统和机械系统的有机结合体，如酶和纳米齿轮的结合体。这种纳米机器人可注入人体血管内，帮助人做全身健康检查、疏通脑血管中的血栓、清除心脏动脉脂肪淀积物、杀死癌细胞等。第二代纳米机器人是直接从原子或分子装配成具有特定功能的纳米尺度的分子装置。第三代纳米机器人将包含有纳米计算机，是一种可以进行人机对话的装置，一旦研制成功，可在 1 秒内完成数十亿次操作。这种纳米计算机将使人类的劳动方式产生彻底的变革。

纳米机器人的研制和开发将成为 21 世纪科学发展的一个重要方向，对各行各业产生巨大影响。

瑞典已经开始制造微型医用机器人。这种机器人由多层聚合物和黄金制成，外形类似人的手臂，其肘部和腕部很灵活，有 2 到 4 个手指，实验已进入能让机器人捡起和移动肉眼看不见的玻璃珠的阶段。科学家希望这种微型医用机器人能在血液、尿液和细胞介质中工作，捕捉和移动单个细胞，成为微型手术器械。

将特殊的纳米机器人倾倒于泄漏的原油、有害废弃物场地或受污染的水流中，它们能搜寻到有害分子，并将这些分子逐一去掉或改变其结构，使有害分子无害甚至有利于环境。

火柴盒大小的超微计算机速度更快、容量更大，但无法利用常规方式生产制造。纳米机器人能轻而易举地从原子级尺寸开始，完整地构造出电子器件，丝毫无误地将用纳米管制作的电路逐一连接起来。

钻石具有极高的透明度和超级强度，是理想的建筑材料，但加工处理极为困难。然而，纳米机器人能将钻石雕琢成任意形状，如厚度仅为几毫米的防划痕玻璃。更有意义的是，由于钻石的基本原料为普通碳原子，因此用纳米机器人能制造出钻石，其价格同玻璃一样便宜。

纳米机器人将使我们拥有一个美好的明天，但无可否认，纳米机器人也许会给我们带来另一个令人难以想象的世界。德雷克斯勒在《创造的发动机》中也提到了纳米技术潜在的威胁——纳米机器人能无限度地复制他们自己，可吃掉阻挡在它们面前的所有一切，包括植物、动物以及人类。事实也存在这种可能：要是纳米机器人忘记停止复制怎么办？可快速复制的机器人在人体内扩散的速度可能比癌细胞还要快，从而排挤掉正常组织；调皮捣蛋的食品制作机器人有可能将地球上的整个生物圈复制成一个巨大的面包；失控的纸张再生机器人可能将世界上的图书馆变成瓦楞纸板。不断有科学家对这种可能的危险性提出警告，但纳米专家们相信他们能够对付这种情况。一种办法是对纳米机器人的软件进行设置，使机器人在经过一定次数的复制之后自行毁灭；另一种解决方法是设计在特定环境下工作的纳米机器人，如仅存在于高浓度有毒化学物环境下工作的机器人，这也是大自然用来控制细菌生长的方法。不过，在市场运行模式下，也许不能排除这种可能：给不同的人植入不同的纳米机器人，让这些人执行不同的使命，或者制造某种纳米武器，消灭某一种族的人。也许，世界最终会达成协议：由纳米机器警察不断与破坏的"敌人"展开微观世界的斗争，就像今天需要网络防毒软件或网络警察一样。

也有科学家认为这些担忧是杞人忧天。有科学家指出：生物系统可以自我复制，但它们远远大于纳米尺度，而且也更为复杂。它们具有独立的系统来储存和复制遗传信息、产生能量、合成蛋白质、运送营养物质等。与此相比，病毒虽是纳米尺度的，但它们的自我复制必须借助于其他有活性的细胞。即使是大自然也没有能够创造出纳米尺度的自我复制结构来。因此，认为纳米机器人会自我复制是不可能的。

不管怎么样，对纳米机器人的未来发展确实应该引起人类的高度重视，不要一味地乐观，至少，现在应用于战场上的纳米机器虫已给我们的生活带来了潜藏的危险，谁敢保证现在做不到的事将来也不可能做到呢？

59. 纳米武器

导言

任何技术从来就不是只有光彩照人的一面，纳米技术也不会例外。在造福于人类的同时，我们会不会在不经意间打开潘多拉的盒子呢？

在未来战争中，纳米技术也将与机器人技术和基因技术一样发挥着不可估量的作用。无论是打击手段还是打击精度，都将向着更为理想的方向发展，一些超性能武器装备将逐步走上高技术战争的舞台。

超高音速武器将广泛投入战场。所谓超高音速武器是指飞行速度大于5马赫、以喷气式发动机为动力、以液态氢或核燃料为推动剂，能在空中、大气层和跨越大气层实现超高音速飞行的武器。超高音速武器的出现不但省去了飞机远距离作战空中加油过程和作战时间，更重要的是，它将对那些投入巨大资金的海战武器提出严峻的挑战，昔日海上的巨无霸将不复存在，取而代之的将是一些超高音速飞行武器，无论作战方式还是体制编制都将随之而改变。

超隐形武器在战场上将神出鬼没。在纳米技术的作用下，红外、等离子等隐身技术不断提高，实现武器装备真正的隐身已越来越近。到那时，战场上不仅有隆隆的枪炮声，一些隐形飞机、隐形坦克、隐形士兵等也将神出鬼没地出现于战场的不同角落。

目前，隐形飞机是隐形武器装备研制、发展最快，取得成果最多的领域。除了隐形飞机外，其他的隐形武器还有隐形导弹、隐形雷达、隐形舰船、隐形坦克等。据称，一种供特种部队用的军服正在试验。它能随着环境变化改变颜色和温度，防御雷达、红外侦察仪的探测。士兵如在面部也涂上抑制热辐射的涂料，就成了真正的"隐形人"。

精确制导武器将弹无虚发。精确打击一直是作战双方摧毁对方的重要方式，从第一枚激光制导炸弹到今天的"战斧"导弹系列，世界各国为其研究与发展耗费了大量资金。在纳米技术的作用下，精确制导武器的计算机系统、卫星导航系统和推进系统将得到全面改观，从而赋予制导武器前所未有的打击精度；在导弹发射升空后具有精确计算能力的计算机系统和全球定位系统等将赋予导弹准确的飞行路线，在超高音速和隐形技术作用下，导弹能在对方毫无反应的情况下完成攻击任务。

微型武器将防不胜防。目前，一些发达国家正在研制的微型武器主要用于执行侦察任务，并正向着袖珍化和智能化方向发展。在这一领域中，更具有发展潜力的还要数那些能破坏敌方电脑网络、信息系统、制导系统的纳米间谍和微型攻击性机器人。

在未来战争中，作战样式将发生根本改变，未来战场极可能将由数不清的各种纳米微型兵器担纲。

如"蚂蚁"士兵。这是一种通过声波控制的纳米型机器人，这些机器人比蚂蚁还要小，但具有惊人的破坏力，它们可以通过各种途径钻进敌方武器装备中，长期潜伏下来。一旦启用，这些纳米士兵就会各显神通：有的专门破坏敌方电子设备，使其短路毁坏；有的充当爆破手，用特种炸药引爆目标；有的施放各种化学制剂使敌方金属变脆、油料凝结，或使敌方人员神经麻痹，失去战斗力。

"苍蝇"飞机。这是一种如同苍蝇般大小的袖珍飞行器，可携带各种探测设备，具有信息处理、导航和通信能力。其主要功能是秘密部署到敌方信息系统和武器系统的内部或附近进行监视。这些纳米飞机可以旋停、低飞、高飞，敌方雷达根本发现不了它们。据说它还适应全天候作战，可以从数百千米外将其获得的信息传回己方导弹发射基地，直接引导导弹攻击目标。

袖珍遥控飞机。这种由美国研制并将批量生产的遥控飞机，只有 5 英镑纸钞大小，装有超敏感应器，可在暗夜条件下拍摄出清晰的红外照片，并将敌方目标告知己方导弹发射基地，指引导弹实施攻击。

"麻雀"卫星。美国于 1995 年提出了纳米卫星的概念。这种卫星比麻雀略大，重量不足 10 公斤，各种部件全部用纳米材料制造。一枚小型火箭就可以发射数百颗纳米卫星。若在地球同步轨道上，等间隔地布置 648 颗功能不同的纳米卫星，就可以保证在任何时刻对地球上任何一点进行连续监视，即使少数卫星失灵，整个卫星网络的工作也不会受影响。

"蚊子"导弹。纳米器件比半导体器件工作速度快得多，可以制造出全新原理的智能化微型导航系统，使制导武器的隐蔽性、机动性和生存能力发生质的变化。利用纳米技术制造的形如蚊子的纳米型导弹，可以起到神奇的战斗效能。纳米导弹直接受电波遥控，可以神不知鬼不觉地潜入目标内部，其威力足以炸毁敌方火炮、坦克、飞机、指挥部和弹药库。

这些纳米武器还会造就现代战争中的一种特殊的军种——微型军或称微型兵团。这些微型军包括间谍草、苍蝇间谍、蝎子机器、针尖炸弹、微型无人侦察机等。

用纳米技术制造的微型武器系统，成本将很低，而使用也会极为方便。

纳米时代将是一个全新的时代，纳米级战争也将是全新样式的战争，我们不应只是想着如何阻止这样的战争发生，还应努力学习科学技术，以全新的姿态迎接这一场全新的军事技术变革。

60. 碳纳米管

导言

1991 年，日本物理学家饭岛博士发现了碳纳米管，发现它具有独特的导电、导热性能。随后，研制碳纳米管迅速成为世界科学前沿领域竞争最激烈的研究课题。而如何合成出直径最细的碳纳米管同时又能保证其状态稳定，则是全球科学家所共同面对的挑战。

香港科大物理系汤子康博士，这个腼腆的浙江书生，经过无数次的失败，有一天突然来了灵感——利用沸石。沸石是一种多孔晶体，常放在鱼缸里吸附污物。汤博士就巧妙地利用这些微孔，让碳管在其中形成，就像把肉馅塞进莲藕里一样。结果，既保证了碳管的直径细小，又解决了碳管的稳定问题，它们都老老实实地待在微孔之中。就这样，汤子康在 1998 年成功研制出尺寸最小、排列整齐并且大量存在的 0.4 纳米单壁碳管。

汤子康和物理系主任沈平带着这个成果兴奋地前往洛杉矶参加美国物理学会年会。谁知，汤子康一宣读论文，立即受到了在场物理学家的质疑。碳纳米管发现者饭岛博士和纳米领域的权威学者、美国麻省理工教授崔瑟豪斯都认为，从理论上来讲，不可能合成出这么细的碳纳米管。

被国际专家"判了死刑"，并没有令沈平、汤子康感到气馁。问题出在哪里呢？原来，碳管研制出来后，汤子康是根据碳管的特性分析和对载体直径的估算，得出碳管直径为 0.4 纳米的结论。由此，他们想到，如果能够用电子显微镜看到碳管，那么一定会令国际专家心服口服。

于是，沈平找到了当今国际著名的电子显微镜专家王宁博士，请他把碳纳米管看出来。由于单壁碳纳米管在电子显微镜下很不稳定，几秒钟的功夫就已经解体，王宁这一看就是好几个月，但最终还把它看出来了。

当 0.4 碳纳米管定格在底片上，当他们的论文发表在物理学界最重要的杂志《应用物理杂志》上，以前曾抱怀疑态度的外国科学家开始和他们联系，希望展开合作。

但故事并没有结束。2000 年 11 月 2 日出版的《自然》杂志，刊登了由饭岛领导的一个日本研究小组的碳纳米管研究成果。饭岛在论文中指出，他们意外地发现了一个直径为 12.6 纳米、一共 18 层的碳纳米管，其中最里面一层的内径为 0.4 纳米。饭岛在文末感叹，要合成出单壁、尺寸均一、排列整齐的 0.4 碳纳米管，仍旧是科学家所面临的挑战。

有趣的是，就在这同一页中，也刊登了汤子康和王宁的研究报告。文中令人信服地描述他们是如何一步步合成出 0.4 纳米单壁碳管，击败这一挑战的。杂志一问世，立即在国际上引起轰动，英国 BBC 等欧美传媒纷纷采访两位博士。

汤子康博士兴奋而自豪地说："饭岛他们的发现十分偶然，再找出第二个都很难，就是那个碳纳米管也好像是穿了 18 层毛衣一样，受到层层保护，状态不稳。而我们可以一下子合成数以亿万计一模一样的碳纳米管！"

作为石墨、金刚石等碳晶体家族的新成员，碳纳米管韧性很高，导电性极强，导热性极高，场发射性能优良，兼具金属性和半导体性，强度比钢高 100 倍，比重只有钢的 1/6。一次，莫斯科大学的研究人员为了弄清碳纳米管的受压强度，将少量碳纳米管置于 29 千帕的水压下（相当于水下 18 000 米深的压力）做实验。不料，未加到预定压力的 1/3，碳纳米管就被压扁了。他们马上卸去压力，它却像弹簧一样立即恢复了原来形状。于是，科学家们得到启发，用碳纳米管制成像纸一样薄的弹簧，这种弹簧用作汽车或火车的减震装置，可大大减轻车辆的重量。

碳纳米管还能使人的感觉延伸至超微世界。美国加州喷气推力实验室的一位研究人员正在研究用大量的碳纳米管制造一种灵敏度极高的人造耳，它甚至可以听见细菌游动的声音，或者听到活细胞内液体流动的响声。美国哈佛大学的化学家称，他们发明了一种方法，用碳纳米管制造出一台超大倍数的显微镜，可以看到迄今为止最为清晰的生物分子的图像。

发明家们还设想用碳纳米管建造太空天梯。建造太空天梯，最重要的问题就是寻找到足够强韧的缆线材料。那么，什么材料可以担当这一重任呢？答案就是由碳纳米材料构成的复合带。这种带子由一片片的碳纳米纤维组成，其强度和韧度远远超过任何一种建筑材料。如果用它做绳索，是从月球上挂到地球表面而唯一不被自身重量所拉断的绳索。利用碳纳米技术，人类将可以在地球与月球、火星以及金星之间架起长达 10 万千米的太空天梯，这一规模庞大的项目将成为 21 世纪人类最伟大的工程之一。

更令人惊奇的是，科学家们用精密的电子显微镜测量碳纳米管在电流中出现的摆动频率时，发现可以测出碳纳米管上极小微粒引起的变化，从而发明了能称量亿亿分之二百克的单个病毒的"纳米秤"。这种世界上最小的秤，为科学家区分病毒种类、发现新病毒做出了贡献。

科学家指出，虽然碳纳米管被誉为纳米材料中的"乌金"，但普及化尚需走过漫长的道路。例如，不同直径和螺旋度的碳纳米管具有不同的特性，如何将这些碳纳米管设计成电路技术难度很大；在制作显示器时，每个单独的像素需要一个单独的线路，这样复杂的线路在批量化生产中是一个难题。另外，由于制造成本太高，目前这种材料还没有得到商业推广。这一切都有待我们有志青年不断探索，以便早日让这种"乌金"走进我们的生活，早日实现人类在星球之间架起天桥的梦想。

61. 生物芯片

导言

生物芯片技术是 20 世纪 90 年代初半导体技术和生物技术"联姻"的结晶，由于它可能形成巨大产业，自然就成了国际科研的热点。

生物芯片有很多种，包括基因芯片、蛋白质芯片、多糖芯片和神经元芯片等，能够从各个层次揭示生命的奥秘。

将来人类可以对生物过程进行纳米级的微量分析，这项技术的成熟可以使人们制造出一种生物芯片，它不仅可以检查苹果的果皮是否残留有农药，还可以检测市场上买回来的肉、菜、饮料是否有过量的农药污染，是否有微生物，是否细菌超标，是不是已经腐败了。

通过生物芯片系统对作物基因一个一个地进行筛选，可以在有限的土地上提高农作物的产量和品质，提高农作物的抗旱、抗病虫能力，使果树结出味道香、果实大的水果来。

最重要的是，生物芯片可以让我们随时生活在健康的状态中。不管是在家里还是出差或旅行，你都可以通过生物芯片，随时对我们所处的周围环境或者我们自己进行采样，像尿液、唾液、水、空气之类的，分析完以后，通过卫星传输系统，传输到世界上任何地方，比如专家或家庭医生那里。他们会根据芯片上的数据告诉我们当地的水是干净的还是脏的，我们的健康情况是好还是坏。

生物芯片会促进远程医疗的发展。如果一个医生在非洲，他能否对中国的患者进行手术？这完全能够办到。医生可以在非洲进行遥控，通过卫星传输系统进入执行手术室，对患者进行手术。每一个患者都有一个非常完整的病史，但他的病历可能分布在全国各地，甚至世界各地，医生不太容易了解。随着生物芯片的发展，将来可能会出现一种万能翻译机，可以将患者的病历翻译成任何一国的语言，每个人带着密码，只要可以上网的地方，就可以将病历传送给医生，医生了解病人的病史就变得非常方便。

想知道一个病人到底得了什么病？用生物芯片诊断一下，在几分钟之内就会出结果。能否在疾病发生以前就预测到呢？可以！这就是预防医学。我们把所有人的基因全部放到芯片上，从各个时期，从无病到发病期进行监控，把图像输入分析器。疾病普查的时候，病人把样品交给医生，医生会把样品的情况跟计算机中存储的各种图像进行查询匹配，预测一下有没有得病的可能，如果会得，得的是什么病。匹配下来，就可以提前防治。这是每个人所希望的。

以后看病的时候，医生可以刷卡，告诉你属于什么样的人群，基因有什么样的特征；哪些药物可以吃，哪些药物不可以吃；有些药物吃了以后，你会不会有很大的反应，或者没有反应。这样，治疗就有非常好的效果了。

生物芯片的发明也推动了制药行业。

生物芯片中有一种叫药物合成芯片，它非常小，但上面有几百个"小工厂"，每个"小工厂"里面可以对我们从来没有遇到过的、自然界中没有的化合物进行合成。通过这样的方式，在芯片上可以合成各式各样的数不清的化合物，再通过药物筛选系统，对这些化合物进行筛选，看哪些化合物可以作为药物分子来使用。比如说一个癌细胞，在没有给药以前是绿色的荧光，给了药以后，如果对癌细胞有很大的杀伤作用，激光照射上去，细胞的荧光颜色可能变成蓝色。这样，一种新药就可能产生了。

美国麻省理工学院的研究人员推出了一套完整的微型药库样品。这种可植入皮下或吞服的微型芯片上载有上千个细微药囊，它们只有针孔那么大。芯片可以植入到人的身体里并释放整个疗程需要的药物。这种芯片还可以被医生用来放入病人体内寻找病症所在，不管这些病症是需要使其失去活性或者再生的癌细胞，还是在血管内需要清除的病变。科学家还发明了携带纳米药物的芯片，将这种芯片放入人体，在外部加以导向，使药物集中到患处，可以提高药物疗效。

我国生物芯片研究始于1997—1998年间，在此之前生物芯片技术在中国还是空白。尽管起步较晚，但是中国生物芯片技术和产业发展迅速，实现了从无到有的阶段性突破，并逐步发展壮大。截至2006年，中国生物芯片的产值已达2亿多元，生物芯片研究已经从实验室进入应用阶段。

62. 纳米药物

导言

除生物芯片、纳米生物机器人以外，形形色色的纳米药物也正在迅速发展中。

科学家们利用物质在纳米级的特殊性能，研制出纳米药物。纳米药物是指将原料药物加工成的纳米粒。这种纳米粒是一种药物载体输送系统，犹如一种分子囊，将药物包封于纳米粒中，形成一种药物与载体构成的纳米级药物颗粒。当药物颗粒粒径达到纳米水平时，药物的总表面积大大增加，药物的溶出速率随之提高，与给药部位接触面积增大，提高了单位面积药物浓度。同时，由于载药纳米粒较好的黏附性及小粒径，药物与吸收部位的接触时间延长，增加了药物在吸收部位上皮组织黏液层中的浓度，并延长了药物的半衰期，因此提高了药物的生物利用度。载药纳米粒还可以改变膜运转机制，增加药物对生物膜的通透性，使药物有可能通过简单扩散或渗透形式进入生物膜，增加溶解度。

纳米粒药物作为生物大分子的载体，可以改善难溶性药物的口服吸收度。同时，蛋白质、多肽这类大分子药物口服后易被胃酸破坏，且在肠道中很容易发生蛋白水解，故难以透过肠壁被机体吸收。纳米载体可携带各种大分子药物，通过口服、注射、吸入等多种给药途径，提高生物利用度，减少用药量，减轻或消除毒副作用。

人体有许多天然的生物屏障保护着机体使其不受损害，如血脑屏障、血眼屏障、细胞生物膜屏障等，但这些屏障的存在也给一些病变的治疗带来困难。纳米药物的应用则能使一些药物透过上述屏障到达特定的部位。

由于纳米药物优点突出，科学家们正在发展智能化的纳米药物传输系统，例如用于血糖检测的超小型系统，通过将纳米药物植入皮下来监测血糖水平，根据监测结果自动适时准确地释放出胰岛素。

科学家们还在研制一种仅有 20 纳米左右的"智能炸弹"，可以识别出癌细胞的化学特征并摧毁癌细胞。

科学家们正在设计一种装备了纳米泵的人工红细胞，携氧量是天然红细胞的 200 倍以上。当心脏发生意外，突然停跳时，可将其注入人体，提供生命赖以生存的氧。这种"细胞"是个约 1 微米大小的金刚石氧气筒，内部有 1 000 个大气压，泵动力来自血清葡萄糖。它输送氧的能力是同等体积天然红细胞的 236 倍。

美国密歇根大学的科学家们用树形聚合物发展了能够捕获病毒的纳米陷阱。体外实验表明，纳米陷阱能够在流感病毒感染细胞之前就捕获它们，科学家们希望这种方法可以用于捕获类似艾滋病病毒等更复杂的病毒。此纳米陷阱使用的是超小分子，超小分子能够在病毒进入细胞致病前就与病毒结合，使病毒丧失致病的能力。

我国深圳安信纳米科技集团推出了由我国率先研制开发的"广谱速效纳米抗菌颗粒"，具有抗生素的作用，但不会产生耐药性。

我国湘雅医学院卫生部肝胆肠中心张阳德教授利用纳米技术治疗肝癌取得了重大突破。以张教授为首的课题组，自 1995 年以来展开了"高性能磁性纳米粒 DNA 阿霉素治疗肝癌"课题的研究，他们将肝肿瘤移植到老鼠身上，并将载带抗肿瘤药物阿霉素的纳米微囊注射到老鼠体内，结果发现，磁性阿霉素白蛋白纳米粒聚集在老鼠的癌变位置。7 天后，大部分癌细胞被抑制，外观上肿块消失。此实验证明，纳米微囊对癌细胞具有高度的靶向性，能够选择性杀死癌细胞，且不损伤正常细胞，对移植性肿瘤疗效好。

科学家们还发现，纳米技术在预防与控制癌症方面将大有作为，美国已启动癌症纳米科技计划，将发展能投递抗癌药物及抗癌疫苗的纳米级设备，目前美国已有 22 种纳米药物进入临床试验。

近年来，纳米技术在我国传统的中药研究和应用中开始受到广泛重视，并诞生了纳米中药这一新概念，在采用纳米技术制造中药有效成分、有效部位、原药、复方和新型制剂等方面取得了一定的进展。

我国启动了"纳米 973 计划"，在全国资助了一些研究团队，这些团队成员正夜以继日地进行着相关研究。

第十章
新能源技术

启示录　新能源与人类未来

　　我们用天然气做饭，用汽油开车，用煤炭取暖，用大量水电工程为我们供电，这是否就意味着我们可以高枕无忧了呢？当然不是。为能源而发生的战争，为能源而起的经济、政治风波，为能源而导致的世界危机，数不胜数。

　　看，为了争夺这世界上最宝贵的资源，1990年8月，在海湾地区引发了第二次世界大战后全球最大的一场局部战争——海湾战争。

　　战争的起因就是在1990年8月1日，伊拉克与其邻国科威特围绕石油问题的谈判宣告破裂。伊拉克以科威特开采了属于他们的地下石油为理由而悍然发动战争，以求得更大的石油利益。8月2日，伊拉克入侵科威特并很快占领全境。

　　这场战争很快被联合国定性为伊拉克对科威特主权的侵犯，是一场不折不扣的侵略战争。于是，8月7日，美国为了保护自己在中东的石油利益，首先派兵开赴沙特阿拉伯备战。经过一番周密准备，1991年1月17日，以美国为首的多国部队轰炸巴格达，海湾战争正式爆发。这不仅仅是一场国家与国家的主权争夺战，更明显的是，他们的目标都是一个——石油！而石油也正是当今世界能源格局中最最重要的成员。可以说，这场战争就是一场完完全全的石油争夺战。可惜，野心勃勃的萨达姆实力有限，无法实现他世界石油帝王的梦想，更无法让他心中的"美帝国主义"屈服在他掌控的石油之下。可怜的萨达姆随后在美国发起的第二次海湾战争中失败，2003年12月13日，在提克里特的地洞中被美军士兵逮捕，被捕时已俨然垂暮老者，不复往日枭雄了。最终，在2005年的世纪审判后，他带着石油帝国的梦想离开了人世。

在现代社会里，任何人也离不开能源。

停电了，没有电脑没有生产设备，工作不知道怎么做；没有电视，生活似乎找不到快乐；没有灯光，城市的夜晚将一片漆黑；没有供水，我们只有忍受一身的汗臭就此入眠；没有地铁，我们只能走路穿过全城去上班；没油了，到处都是断油停开的车；没有了基本的交通工具，工厂失去了生产的动力，人们再也无法远行，食物即将匮缺，饮水无法消毒，病人无法急救……

这是什么样的场面？——世界末日！

没错，没有能源的日子就是世界末日！

可以肯定的是，无论哪一个国家，未来都是有能源危机的。毕竟，地球就这么大，能源就这么多，即使分配有所倾斜，也不能满足任何一个超级大国的需求。

传统能源主要有石油、天然气、煤、电（分水电、火电和核电）四种。这四种传统能源（包括获得能源所需的原料）都是经过千万年的自然演变而储存在地球内部，一旦这些储备在地球内部的能源被人类开采使用完毕，将再也不会有这些能源提供给我们使用。

而这四种能源都面临着资源耗尽的危险。

据美国地质局估计，全世界最终可采石油储量为 3 万亿桶。由此推算，世界石油产量的顶峰将在 2030 年出现。由于剩余储量开采难度增大，石油产量会快速下降。世界煤炭总可采储量大约为 8 475 亿吨。长期来看，尽管世界煤炭可采储量相对稳定，但还是出现了下降的趋势。按当前的消费水平，最多也只能维持 200 年左右的时间。世界天然气储量大约为 177 万亿立方米。如果年开采量维持在 2.3 万亿立方米，则天然气将在 80 年内枯竭。

虽然核裂变发电站发展的势头非常好，但是即使在确保安全的情况下，它也不是一种最好的能源，因为它的原料依然有限。

全球铀资源的分布极其有限，开采成本在每千克 40 美元以下的铀基本上产自 10 个国家，其中澳大利亚储量为 64.6 万吨，占 41%；加拿大为 26.5 万吨，占 17%；哈萨克斯坦为 23.2 万吨，占 15%；南非为 11.8 万吨，占 8%。这 4 个国家就占了世界铀储量的 80% 以上。

从远期来说，中国铀矿资源储量可观。国际原子能机构预测中国可能的铀储量为 177 万吨，是世界上铀资源潜力最大的国家之一。近期铀矿基本够了，但是中期，即 2015 年至 2025 年间，随着大量核电项目建成投产，中国铀资源勘探开发的速度可能跟不上。

最新调查显示，地球已知常规天然铀储量，即开采成本低于每千克130美元的铀矿储量仅有459万吨，仅可供全世界现有规模核电站使用六七十年。

况且，在使用这些能源的过程中，还会发生严重的环境污染，是一些不干净的能源。

事实上，并不是能源资源不够，而是我们的科学技术限制了我们对能源的利用程度。太阳每天都在照射地球，也就等同于每天都在为地球充能，这些能量是完全足够满足我们人类对能源的消耗需求的。但是，如何开发、利用太阳带来的各种直接、间接能源就成了科学家们亟待解决的问题。无尽的太阳能、储备丰富的核聚变能、到处都有的风能、地下埋藏的地热能等，这些都是还未被人们详尽了解和利用的能源。如果能在这些方面随便做出一点点突破，能源问题就可能迎刃而解。

未来，只有利用新兴科技，开发新兴能源，使用新兴能源，才是有前途的未来，这也是全球所有国家关心和重视的问题。

知道这些问题是一回事情，要做到这些却是另外一回事情。不过，我们一直在努力，也一直在突破，新兴能源已经逐渐在人类的主动出击中开始展露出冰山一角。随着科学技术的发展，这冰山一角终归会带出那庞大的能量之山，为人类彻底解决纷争不息的能源之战做出巨大的贡献！

让我们期待新兴能源不断进入我们生产生活的那一天吧。那一天不会遥远，可以说已经近在眼前，我们将在新兴能源的引领下快步奔向幸福的未来。

63. 光伏发电

导言

照射在地球上的太阳能是非常巨大的，据测算，只需要照射大约40分钟，便足以供全球人类一年能量的消费。可以说，太阳能是真正取之不尽、用之不竭的能源。而利用太阳能发电是最佳的获取太阳能的方式，并且这样的电绝对干净，没有任何污染，不存在再生的问题，不消耗任何物质，不排放一点废物。所以太阳能发电被誉为最理想的能源。

据估算，每年辐射到地球上的太阳能为 100 亿亿千瓦时，其中可开发利用的就有 500～1 000 亿千瓦时。但因其分布很分散，目前能利用的甚微。

我们从太阳能获得电力可以通过两种方式：一种方式是先把太阳能转换为热能，再用热能产生蒸汽，用蒸汽推动现在的传统发电机发电。这种方式简便易行，可以很容易地利用太阳能发电。但是，这种方式的光电转换效率较差，中间通过了热这个环节，必然导致大量能量流失。而且，设备庞大，相当于建立一个大型火力发电站，还要加上大面积太阳能采集板，占地极大，不符合节约原则。

所以，更多更好的太阳能发电思路是直接通过半导体的作用，把太阳能转化为电能。这种发电方式也叫光伏发电。光伏发电需利用半导体的光电转换特性，通过太阳能电池进行光电变换来实现。它同以往其他电源发电原理完全不同，具有无资源枯竭危险、绝对干净、不受资源分布地域的限制、可在用电处就近发电、能源质量高、使用者从感情上容易接受、获取能源花费的时间短等诸多优点。

率先利用太阳能发电的是发达的欧美国家和日本。自 1969 年世界上第一座太阳能发电站在法国建成后，太阳能发电的比例在欧美国家逐渐提高，太阳能光伏技术也得到了不断发展。其中，欧盟是世界上光伏发电量最大的地区。在 2008 年，这个区域占全球光伏发电量的 80%。德国和西班牙的光伏发电总量约占欧盟的 84%，是名副其实的光伏发电强国。这些成就要归功于欧盟近 20 年来持续推动光伏产业发展。预计在 2020 年，太阳能光伏发电将占欧盟总发电量的 12%。

日本也是太阳能发电的强国，而且使用范围非常广，一般家庭都可以使用太阳能光伏装置发电。他们的做法是通过政府补贴，鼓励家庭购买家用的光伏发电装置。每个家庭通过光伏发电装置产生的剩余电量可以卖给政府或电力公司。这使日本的光伏发电量不断提高，也使日本的能源利用率大幅提升。

美国虽然在光伏发电技术上起步较早，但由于以往美国政府对光伏发电并不重视，以至于美国的光伏发电的发电量和技术革新不如欧盟和日本。但随着美国奥巴马政府出台一系列鼓励发展新能源的政策，美国在光伏发电产业上大有后来居上的势头。现在，美国的不少州出台了《可再生能源配额标准》。以加州为例，凡在住屋、商业建筑或公用建筑屋顶上安装太阳能设备的家庭或企业，都可获得州政府的多项补助，其中包括享受 30% 的减税优惠，减少 30% 的安装成本等。

由于太阳光照射的能量分布密度小，半导体光电转换要达到足够的能量需要占用巨大的面积，而且获得的能源同四季、昼夜及阴晴等气象条件有关，在实用方面还存在着很多技术性难题。

要使太阳能发电真正达到实用水平，一是要提高太阳能光电变换效率并降低其成本，二是要实现太阳能发电同现在的电网联网。

目前，太阳能电池主要有单晶硅、多晶硅、非晶态硅三种。单晶硅太阳能电池的变换效率最高，已达 20% 以上，但价格也最贵。非晶态硅太阳能电池的变换效率最低，但价格最便宜，今后最有希望用于一般发电的将是这种电池。一旦它的大面积组件光电变换效率达到 10% 以上，每瓦发电设备价格降到 1～2 美元，便足以同现在的发电方式竞争。

当然，特殊用途和实验室中用的太阳能电池效率要高得多，如美国波音公司开发的由砷化镓半导体同锑化镓半导体重叠而成的太阳能电池，其光电变换效率可达 36%，快赶上了燃煤发电的效率。但由于它太贵，目前只能限于在卫星上使用。

太阳能发电虽受昼夜、晴雨、季节的影响，但可以分散地进行，所以它适于各家各户分别进行发电，而且要连接到供电网络上，使得各个家庭在电力充裕时可将其卖给电力公司，不足时又可从电力公司买入。实现这一点的技术问题不难解决，关键在于要有相应的法律保障。现在美国、日本等发达国家都已制定了相应法律，保障了进行太阳能发电的家庭利益，鼓励家庭进行太阳能发电。

当前阻碍太阳能发电普及的最主要因素是费用昂贵。满足一般家庭电力需要的 3 000 瓦发电系统，光购买太阳能电池板就需 6～7 万美元，这还未包括安装费。有关专家认为，太阳能电池板至少要降到 1～2 万美元时，太阳能发电才能够真正普及到千家万户。而这降低费用的关键就在于太阳能电池提高转换效率和降低成本。

不久前，美国德州仪器公司和 SCE 公司宣布，它们开发出一种新的太阳能电池，每一单元是直径不到 1 毫米的小珠，它们密密麻麻规则地分布在柔软的铝箔上，就像许多蚕卵紧贴在纸上一样。在大约 50 平方厘米的面积上便分布有 1 700 个这样的单元。这种新电池的特点是，虽然变换效率只有 8%～10%，但价格便宜。而且铝箔底衬柔软结实，可以像布帛一样随意折叠且经久耐用，挂在向阳处便可发电，非常方便。据称，使用这种新太阳能电池，每瓦发电能力的设备只要 1.5 至 2

美元，而且每发一千瓦时电的费用也可降到 14 美分左右，完全可以同普通电厂产生的电力相竞争。如果每个家庭将这种电池挂在向阳的屋顶、墙壁上，每年就可获得 1 000～2 000 千瓦时的电力，基本能够满足一般家庭的需要。

关于太阳能发电还有更加激动人心的计划。一是日本提出的创世纪计划。该计划准备利用地球上的沙漠和海洋进行发电，并通过超导电缆将全球太阳能发电站联成统一电网以便向全球供电。据测算，到 2100年，即使全用太阳能发电供给全球能源，占地也不过为 829.19 万平方公里。这 829.19 万平方公里才占地球全部海洋面积的 2.3% 或全部沙漠面积的 51.4%，甚至才占撒哈拉沙漠的 91.5%。所以，未来的沙漠很可能将变成太阳能电站的世界。

另外，还有一个更奇特的思路，那就是天上的太阳能发电方案。早在 1980 年，美国宇航局和能源部就提出在宇宙空间建设太阳能发电站的设想，并准备在同步轨道上放一个长 10 千米、宽 5 千米的大平板，上面布满太阳能电池，这样便可提供 500 万千瓦电力。但这需要解决向地面无线输电的问题。现已提出用微波束、激光束等各种方案。目前虽已用模型飞机实现了短距离、短时间、小功率的微波无线输电，但离真正实用还有很漫长的路程。

随着我国太阳能光伏技术的发展，到 2013 年，中国已有七家光伏企业进入了全球前十名，标志着中国已成为全球新能源科技中心之一。然而，世界上太阳能光伏发电的广泛应用，导致了目前原材料供应缺乏和价格上涨，我们将技术推广的同时，必须采用新的技术，以便大幅度降低成本，为这一新能源的长远发展提供原动力！

64. 风力发电

导言

世界风能的潜力约 3 500 亿千瓦，但因风力断续分散，难以经济地利用。如今后输能储能技术有重大改进，风力利用率将会增加。

利用风力发电的尝试，早在 20 世纪初就已经开始了。20 世纪 30年代，丹麦、瑞典、苏联和美国应用航空工业的旋翼技术，成功地研制了一些小型风力发电装置。这种小型风力发电机在多风的海岛和偏僻的乡村广泛使用，它所获得的电力成本比小型内燃机的发电成本低得多。

不过，当时的发电量较低，大都在 5 千瓦以下。

现在风力发电机的功率越来越大，已从百瓦、千瓦发展到兆瓦级。2006 年，中国共有风电机组 6 469 台，其中兆瓦级机组占 21.2%。2007 年，这个比例跃升为 38.1%，提高了 16.9%。

但是，并非功率越大越好。功率的大小主要取决于风量的大小，而不仅是机头功率的大小。在我国，小的风力发电机会比大的更合适，因为它更容易被小风量带动发电，持续不断的小风，会比一阵狂风更能供给较大的能量。

那么怎样利用风力来发电呢？

把风的动能转变成机械能，再把机械能转化为电能，这就是风力发电。风力发电所需要的装置，称作风力发电机组。这种风力发电机组大体上可分风轮、发电机和铁塔三部分。

风轮是把风的动能转变为机械能的重要部件，它由两只（或更多只）螺旋桨形的叶轮组成。当风吹向桨叶时，桨叶上产生气动力驱动风轮转动。桨叶的材料要求强度高、重量轻，目前多用玻璃钢或其他复合材料（如碳纤维）来制造桨叶。

由于风轮的转速比较低，而且风力的大小和方向经常变化着，这又使转速不稳定，所以，在带动发电机之前，还必须附加一个把转速提高到发电机额定转速的齿轮变速箱，再加一个调速机构使转速保持稳定，然后再连接到发电机上。为保持风轮始终对准风向以获得最大的功率，还需在风轮的后面装一个类似风向标的尾舵。

发电机的作用是把由风轮得到的恒定转速，通过升速传递给发电机构均匀运转，因而把机械能转变为电能。

铁塔是支撑风轮、尾舵和发电机的构架。它一般修建得比较高，为的是获得较大的和较均匀的风力，又要有足够的强度。铁塔高度视地面障碍物对风速影响的情况，以及风轮的直径大小而定，一般在 6～20 米范围内。

那么，到底需要多大的风力才可以发电呢？

一般说来，3 级风就有利用的价值。但从经济合理的角度出发，风速大于 4 米每秒才适宜于发电。据测定，一台 55 千瓦的风力发电机组，当风速为 9.5 米每秒时，机组的输出功率为 55 千瓦；当风速为 8 米每秒时，功率为 38 千瓦；风速为 6 米每秒时，只有 16 千瓦；而风速为 5 米每秒时，仅为 9.5 千瓦。可见风力愈大，经济效益也愈大。

我国的风力资源极为丰富,绝大多数地区的平均风速都在 3 米每秒以上,特别是东北、西北、西南高原和沿海岛屿,平均风速更大;有的地方一年三分之一以上的时间都是大风天。在这些地区,发展风力发电是很有前途的。仅仅新疆地区,其蕴含的可开发风力资源就在 8 000 万千瓦以上。

中国节能西南地区总部大楼——成都国际科技节能大厦采用了微风发电技术,在成都这个风力资源并不丰富的地方创造了用风力发电支撑大厦照明用电的奇迹。可见,风力发电技术正在成熟并将逐步走入寻常百姓家!

另据媒体报道,仅依赖现有的政策,中国风电装机容量到 2020 年底可以达到 5 000 万千瓦的规模,相当于届时中国发电装机容量的 4%。但如果政策稍加完善,风电装机容量到 2020 年底可以达到 8 000 万千瓦,相当于届时发电装机容量的 7%。如果给予风电行业最积极的政策支持,风电装机容量到 2020 年底甚至可以突破 1.2 亿千瓦,达到届时发电装机容量的 10%,这样的发电量相当于 5 个三峡电站。大家算一算,那是多么巨大的能源财富啊!

65. 潮汐发电

导言

潮汐发电就是在海湾或有潮汐的河口建筑一座拦水堤坝,形成水库,并在坝中或坝旁放置水轮发电机组,利用潮汐涨落时海水水位的升降,使海水通过水轮机时推动水轮发电机组发电。从能量的角度说,就是利用海水的势能和动能,通过水轮发电机转化为电能。

在全球范围内,潮汐能是海洋能中技术最成熟和利用规模最大的一种。潮汐发电在国外发展很快。欧洲各国拥有浩瀚的海洋和漫长海岸线,因而有大量、稳定、廉价的潮汐资源,在开发利用潮汐方面一直走在世界前列。法、加、英等国在潮汐发电的研究与开发领域保持领先优势。

20 世纪初,欧美一些国家开始研究潮汐发电。1913 年,德国在北海海岸建成了第一座潮汐发电站。

第一座具有商业实用价值的潮汐电站是 1967 年建成的法国郎斯电站。该电站位于法国圣马洛湾郎斯河口。郎斯河口最大潮差 13.4 米,平均潮差 8 米。一道 750 米长的大坝横跨郎斯河。坝上是通行车辆的公路桥,坝下设置船闸、泄水闸和发电机房。郎斯潮汐电站机房中安装有 24 台双向涡轮发电机,涨潮、落潮都能发电。总装机容量 24 万千瓦,年发电量 5 亿多千瓦时,输入国家电网。

1968 年,苏联在其北方摩尔曼斯克附近的基斯拉雅湾建成了一座 800 千瓦的试验潮汐电站。

1980 年,加拿大在芬地湾兴建了一座 2 万千瓦的中间试验潮汐电站。试验电站、中试电站是为兴建更大的实用电站做论证和准备用的。

中国潮汐能的开发始于 20 世纪 50 年代,经过多年来对潮汐电站建设的研究和试点,我国潮汐发电行业不仅在技术上日趋成熟,而且在降低成本、提高经济效益方面也取得了较大进展,已经建成一批性能良好、效益显著的潮汐电站。

1957 年,我国在山东建成了第一座潮汐发电站。1978 年 8 月 1 日,山东乳山市白沙口潮汐电站开始发电,年发电量 230 万千瓦时。1980 年 8 月 4 日,我国第一座"单库双向"式潮汐电站——江厦潮汐试验电站正式发电,装机容量为 3 000 千瓦,年平均发电 1 070 万千瓦时,其规模仅次于法国朗斯潮汐电站,是当时世界第二大潮汐发电站。

由于常规电站廉价电费的竞争,建成投产的商业用潮汐电站不多。然而,由于潮汐能蕴藏量的巨大和潮汐发电的许多优点,人们还是非常重视对潮汐发电的研究和试验。

利用潮汐发电必须具备两个物理条件:首先潮汐的幅度必须大,至少要有几米;其次海岸地形必须能储蓄大量海水,并可进行土建工程。潮汐发电的工作原理与一般水力发电的原理是相近的,即在河口或海湾筑一条大坝,以形成天然水库,水轮发电机组就装在拦海大坝里。潮汐电站可以是单水库或双水库。单水库潮汐电站只筑一道堤坝和一个水库。老的单水库潮汐电站是涨潮时使海水进入水库,落潮时利用水库与海面的潮差推动水轮发电机组。它不能连续发电,因此又称为单水库单程式潮汐电站。新的单水库潮汐电站利用水库的特殊设计和水闸的作用,既可涨潮时发电,又可在落潮时运行,只是在水库内外水位相同的平潮时才不能发电。这种电站称之为单水库双程式潮汐电站,它大大提高了潮汐能的利用率。

因此,为了使潮汐电站能够全日连续发电,就必须采用双水库的设计。双水库潮汐电站建有两个相邻的水库,水轮发电机组放在两个水库之间的隔坝内。一个水库（高水位库）只在涨潮时进水，一个水库（低水位库）只在落潮时泄水；两个水库之间始终保持有水位差，因此可以全日发电。由于海水潮汐的水位差远低于一般水电站的水位差，所以潮汐电站应采用低水头、大流量的水轮发电机组。目前全贯流式水轮发电机组由于其外形小、重量轻、管道短、效率高，已为各潮汐电站广泛采用。

潮汐电站除了发电外还有着广阔的综合利用前景，其中最大的效益是围海造田、增加土地。

我国大陆海岸线长，岛屿众多，北起鸭绿江口，南到北仑河口，长达 18 000 多千米，加上 5 000 多个岛屿的海岸线 14 000 多千米，海岸线共长 32 000 多千米，因此潮汐能资源是很丰富的。据不完全统计，全国潮汐能蕴藏量为 1.9 亿千瓦，年发电量可达 2 750 千瓦时，其中可供开发的约 3 850 万千瓦，年发电量 870 亿千瓦时，大约相当于 40 多个新安江水电站。目前我国潮汐电站总装机容量已有 1 万多千瓦。

海洋能中，除潮汐能以外，还有波浪能、海水温差能等，理论储量十分可观。限于技术水平，现尚处于小规模研究阶段。当前新能源由于利用技术尚不成熟，故只占世界所需总能量的很小部分，今后有很大发展前途。

66. 生物柴油

导言

用专门的工厂来把人类食用的，甚至不可以食用的很多有机物转换成无机物能源，然后，再用这些能源来驱动我们的机器设备运转。其中，工厂化制备生物柴油是目前比较看好的一个生物能利用模式。

早在 1912 年，柴油发动机的发明者狄色尔在美国密苏里工程大会报告中就指出，用菜籽油做发动机燃料在今天看来并没有太大意义，但将来它会成为和石油及煤一样重要的燃料。

1983 年，美国科学家首先将菜籽油甲酯用于发动机，并将可再生的脂肪酸单酯定义为生物柴油，从此，生物柴油逐渐得到发展。

1984 年，美国和德国等国的科学家研究用脂肪酸甲酯或乙酯代替柴油做燃料，即采用来自动物或植物的脂肪酸单酯包括脂肪酸甲酯、脂肪酸乙酯及脂肪酸丙酯等代替柴油做燃料。

21世纪合成生物学兴起，采用基因重组技术、转基因技术、计算机辅助设计、基因人工合成与次生代谢工程等，将富油藻类细胞进行生物炼制，使含油量增加，以及分泌到细胞外等，一旦成功产业化，将带来石油与汽车工业的一场变革。

生物柴油是一种以油料作物、野生油料植物和工程微藻等水生植物油脂以及动物油脂、餐饮垃圾油等为原料油，通过酯交换工艺制成的可代替石化柴油的再生性柴油燃料。生物柴油可以变废为宝，把那些我们平常必须丢掉的油料转化为汽车可以使用的油料，既找到了新能源的来源，节约了石油资源的消耗，又解决了这些本为废物的垃圾处理问题，可谓一举两得，实在是造福人类之壮举。

生物柴油的含水率较高，最大可达30％～45％。这样高的水分有利于降低油的黏度，提高稳定性，不过也略微降低了油的热值。生物柴油的润滑性能非常好，不需要像普通柴油那样专门添加机油混合燃烧，自然也避免了常见的柴油车冒黑烟的问题。再加上它的硫含量低，使得二氧化硫和硫化物的排放低，以及生物降解性高达98％的特性，都可大大减轻意外泄漏时对环境的污染，环保性能大大加强了。此外，大家都知道，柴油车在早上第一次点火的时候都要对发动机进行电加热，这是因为柴油需要较高温度才能良好燃烧。而生物柴油在这方面则具有较好的低温发动机启动性能，可以减少相应的电加热预热过程。最后，生物柴油优于石化柴油的燃烧性能也是其比石化柴油好的重要指标。更关键的是，我们的柴油汽车使用生物柴油无须改动柴油机，可直接添加使用，同时无须另外单独添设加油设备、储存设备，也无须进行人员的特殊技术训练。

所以，我们说生物柴油是清洁的可再生能源，是典型的"绿色能源"，大力发展生物柴油对经济可持续发展、推进能源替代、减轻环境压力、控制城市大气污染具有重要的战略意义。

纵观国际，从发达国家如美国、德国、日本，到中等发达国家如南非、巴西、韩国，到发展中国家如印度、泰国等，均在发展石油替代产业的国际政策制度、技术完善、装置建设和车辆制造等方面提供了良好的借鉴，为我国走中国特色石油替代之路铺平了道路。

生物柴油在中国是一个新兴的行业，表现出新兴行业在产业化初期所共有的许多市场特征。许多企业被绿色能源和支农产业双重"概念"凸现的商机所吸引，纷纷进入该领域，生物柴油行业进入快速发展期。

从发展条件看，我国有十分丰富的原料资源。我国幅员辽阔，地域跨度大，能源植物资源种类丰富多样，主要有大戟科、樟科、桃金娘科、夹竹桃科、菊科、豆科、山茱萸科、大风子科和萝藦科等多种适用于制备生物柴油的物种，而且这些物种在不拿来做生物柴油前基本上是没有什么使用价值的物种。另外，我国有漫长的海岸线，具备大面积种植富油藻类的条件。可以说，我国完全需要，也十分适合发展生物柴油企业。

　　从未来的发展看，生物柴油的购买商主要有石油炼油厂、发电厂、轮船航运公司以及流通领域的中间商。生物柴油的需求量在不断增加，预计至2020年，我国生物柴油年需求量将达6 000万吨，但由于中国生物柴油发展起步较晚，产能利用率还不高，所以需求与产量形成反差，将会出现产品供不应求的局面。当人们更多地了解生物柴油优良的性能，接受的程度会更大，市场需求也会不断提高。强大的市场需求与有限的生产能力，使购买者的议价能力降低，同时也对生物柴油生产企业提出了更高的要求。应加大对技术创新的投入，不断提高油品的质量，以保持生物柴油良好的品质形象。

　　目前我国生物柴油的开发利用还处于发展初期，最关键的问题是要从总体上降低生物柴油成本，使其在我国能源结构转变中发挥更大的作用。只有向基地化和规模化方向发展，实行集约经营，形成产业化，才能走符合中国国情的生物柴油发展之路。随着改革开放的不断深入，在全球经济一体化的进程中，在中国加入WTO的大好形势下，中国的经济水平进一步提高，对能源的需求会有增无减，只要把关于生物柴油的研究成果转化为生产力，形成产业化，则其在柴油引擎、柴油发电厂、空调设备和农村燃料等方面的应用是非常广阔的。

67.　可燃冰

导言

　　可燃冰是一种天然气与水结合在一起的固体化合物，它的外观与冰相似，故称"可燃冰"。可燃冰在低温高压下呈稳定状态，冰融化所释放的可燃气体相当于原来固体化合物体积的100多倍，1立方米可燃冰可释放160~180立方米天然气，可以说是相当优秀的压缩燃料。

　　可燃冰主要由水分子和烃类气体分子（主要是甲烷）组成，所以也称它为甲烷水合物。海底可燃冰是天然气分子被包进水分子中，在海底高压低温条件下结晶形成的。形成可燃冰有三个基本条件：温度、压力和原材料。首先，可燃冰在 0 摄氏度以上生成，但超过 20 摄氏度便会分解，而海底温度一般保持在 2～4 摄氏度左右。其次，可燃冰在 0 摄氏度时，只需 30 个标准大气压即可生成，而以海洋的深度，30 个标准大气压很容易保证，并且气压越大，水合物就越不容易分解。最后，海底的有机物沉淀至少有成千上万年的历史，死去的鱼虾、藻类体内都含有碳，这些丰富的碳经过生物转化，可产生充足的甲烷气源。并且海底的地层是多孔介质，在温度、压力、气源三者都具备的条件下，可燃冰晶体就会在介质的空隙间中生成。

世界上绝大部分的可燃冰分布在海洋里。据估算，海洋里可燃冰的资源量是陆地上的 100 倍以上。据最保守的估计，全世界海底可燃冰中贮存的甲烷总量约为 1.8 万亿立方米，约合 1.1 万亿吨。迄今为止，在世界各地的海洋及大陆地层中，已探明的可燃冰储量已相当于全球传统化石能源（煤、石油、天然气、油页岩等）储量的两倍以上，其中海底可燃冰的储量就足够人类使用 1 000 年。如此数量巨大的能源是人类未来动力的希望，是 21 世纪具有良好前景的后续能源。

不过，可燃冰在给人类带来新的能源前景的同时，也对人类生存环境提出了严峻的挑战。可燃冰中的甲烷的温室效应为二氧化碳的 20 倍，而温室效应造成的异常气候和海面上升正威胁着人类的生存。全球海底可燃冰中的甲烷总量约为地球大气中甲烷总量的 3 000 倍，若有不慎，让海底可燃冰中的甲烷逃逸到大气中去，将产生无法想象的后果。而且一旦条件变化，固结在海底沉积物中的甲烷从气水合物中释出，还会改变沉积物的物理性质，极大地降低海底沉积物的工程力学特性，使海底软化，造成大规模的海底滑坡，毁坏海底输电或通信电缆和海洋石油钻井平台等海底工程设施。

此外，如何开采可燃冰也是一个亟待解决的技术难题。

天然可燃冰呈固态，不会像石油开采那样自喷流出，开采技术要求非常高。如果把它从海底一块块搬出，在从海底到海面的运送过程中，甲烷就会挥发殆尽，同时还会给大气造成巨大危害。为了获取这种清洁能源，世界许多国家都在研究天然可燃冰的开采方法。科学家们认为，一旦开采技术获得突破性进展，那么可燃冰会立刻成为 21 世纪的主要能源。

相反，如果开采不当，后果绝对是灾难性的。在导致全球气候变暖方面，甲烷所起的作用比二氧化碳要大 20 倍；而可燃冰气藏哪怕受到最小的破坏，都足以导致甲烷气体的大量泄漏，从而引起强烈的温室效应。另外，陆缘海边的可燃冰开采起来十分困难，一旦发生井喷事故，就会造成海啸、海底滑坡、海水毒化等灾害。因此，可燃冰的开发利用就像一柄"双刃剑"，需要小心对待。

1960 年，苏联在西伯利亚发现了第一个可燃冰气藏，并于 1969 年投入开发，采气 14 年，总采气量达 50.17 亿立方米。

1969 年，美国开始实施可燃冰调查，发表了《可燃冰市场调研与发展趋势研究报告》。1998 年，美国把可燃冰作为国家发展的战略能源列入国家级长远计划，计划到 2015 年进行商业性试开采。

日本开始关注可燃冰是在 1992 年，迄今为止，已基本完成周边海域的可燃冰调查与评价，钻探了 7 口探井，圈定了 12 块矿集区，并成功取得可燃冰样本，首次试开采成功获得气流。

但是，最先真正挖出天然可燃冰的却是德国。

2000 年开始，可燃冰的研究与勘探进入高峰期，世界上至少有 30 多个国家和地区参与其中。美国总统科学技术委员会建议研究开发可燃冰，参、众两院有许多人提出议案，支持可燃冰的开发研究。美国目前每年用于可燃冰研究的财政拨款达上千万美元。

为开发这种新能源，国际上成立了由 19 个国家参与的地层深处海洋地质取样研究联合机构，一个由 50 位科技人员组成的团队驾驶着一艘装备有先进实验设施的轮船从美国东海岸出发，进行海底可燃冰勘探。这艘可燃冰勘探专用轮船的 7 层船舱都装备着先进的实验设备，是当今世界上唯一一艘能从深海下岩石中取样的轮船，船上装备有能用于沉积层学、古人种学、岩石学、地球化学、地球物理学等研究的实验设备。这艘专用轮船由德克萨斯农工大学主管，英、德、法、日、澳、美科学基金会及欧洲联合科学基金会为其提供经济援助。

目前世界上有 79 个国家和地区都发现了天然气水合物气藏，美、德、日在可燃冰开采方面走在世界前列。

中国天然气水合物资源调查与评价工作起步较晚。

1999 年，国土资源部正式启动天然气水合物资源调查。

2013 年 12 月 17 日，国土资源部宣布，中国海洋地质科技人员在广东沿海珠江口盆地东部海域首次钻获高纯度天然气水合物样品，并通过钻探获得可观的控制储量。此次发现的天然气水合物样品具有埋藏浅、厚度大、类型多、纯度高的特点。通过实施 23 口钻探井，控制天然气水合物分布面积 55 平方千米，将天然气水合物折算成天然气，控制储量达 1 000～1 500 亿立方米，相当于特大型常规天然气田规模。

由此，中国成为继美国、日本、印度之后第四个通过国家级研发计划采到水合物实物样品的国家。

68. 氦-3

导言

可以说，我们使用的一切能源都是最先来源于太阳。由于地球大气层的阻断，大量的太阳能并没有到达地球，而是被大气层折射或吸收了。月亮，这个地球唯一的天然卫星，则长期处于太阳的光照之下，且没有大气层的阻隔，大量的太阳能就以某种形式储存在月球上。这种能量储存形式就叫氦-3。

科学家们发现的氦的同位素有八种，包括氦-3、氦-4、氦-5、氦-6、氦-8 等，但在自然界，只存在着氦-3、氦-4 两种稳定的同位素，其余均带放射性。

氦存在于整个宇宙中，按质量计占 23%，仅次于氢。但在自然界中主要存在于天然气体或放射性矿石中。在地球的大气层中，氦的含量十分低，只有 0.000 524%（体积比）。

科学家们进一步研究发现，氦-3 是一种十分理想的能源。氦-3 是氦的同位素，含有两个质子和一个中子。它有许多特殊的性质，最被人重视的特性还是它作为能源的潜力。氦-3 可以和氢的同位素发生核聚变反应，但是与一般的核聚变反应不同，氦-3 在聚变过程中不产生中子，所以放射性小，而且反应过程易于控制，是高效、清洁、安全、廉价的核聚变发电燃料。根据科学统计表明，10 吨氦-3 就能满足我国一年所有的能源需求，100 吨氦-3 便能提供全世界使用一年的能源总量。

但是，氦-3 在地球上的蕴藏量很少，目前人类已知的容易取用的氦-3，全球仅有 500 千克左右。可喜的是，人类登月勘测已得出的初步探测结果表明，月球地壳的浅层内含有大量氦-3。

氦-3 大部分集中在颗粒小于 50 微米的富含钛铁矿的月壤中。估计整个月球可提供 71.5 万吨氦-3。如此丰富的核燃料，足够地球人使用上万年。

　　这些氦-3 所能产生的电能，相当于 1985 年美国发电量的 4 万倍。考虑到月壤的开采、排气、同位素分离和运回地球的成本，氦-3 的能源偿还比估计可达 250。这个偿还比和铀-235 生产核燃料偿还比（约 20）及地球上煤矿开采偿还比（不到 16）相比，是相当有利的。

　　此外，从月壤中提取 1 吨氦-3，还可以得到约 6 300 吨氢、70 吨氮和 1 600 吨碳。这些副产品对维持月球永久基地来说，也是必要的。俄罗斯科学家加利莫夫认为，每年人类只需发射 2 至 3 艘载重 100 吨的宇宙飞船，从月球上运回的氦-3 即可供全人类作为替代能源使用 1 年，而它的运输费用只相当于如今核能发电的几十分之一。

　　据加利莫夫介绍，如果人类目前就开始着手实施从月球开采氦-3 的计划，大约 30 年至 40 年后，人类将实现月球氦-3 的实地开采并将其运回地面，该计划总的费用将在 2 500～3 000 亿美元之间。

　　我国探月工程的一项重要计划，就是对月球氦-3 的含量和分布进行由空间到实地的详细勘察，为人类未来利用月球核能奠定坚实的基础。我国的探月计划中，有一件事情是外国从未涉足的：我国计划测量月球的土壤层到底有多厚，这对我们计算月球氦-3 的含量意义重大，如果工程顺利，我们估算氦-3 的资源含量可能要比前人前进一步。最后，我们将研究地月空间环境，这对地球环境和人类社会的发展都是至关重要的。

　　所以，现在各国竞相进行的登月及探月计划，不仅仅是为了研发宇航能力，同时也是为将来利用氦-3 这种能源做准备。希望在不久的将来，人类就能用太空飞行器，从不远的月球运回能够满足全球需求的清洁能源——氦-3。

第十一章
现代海洋技术

启示录　向深海进军

　　海洋，神秘而深沉，富足而慷慨，其总面积约为 3.6 亿平方千米，约占地球表面积的 71%。海洋中含有约 13.5 亿立方千米的水，约占地球上总水量的 97%。

　　成千上万年以来，人类不停顿地向海洋进军，开辟了遍布五大洋的航道，使海洋成为人类的重要交通工具——各类船舶的载体，同时，海洋里的各种生物资源也被人类充分利用。

　　然而，人类的这些活动都是在海洋表面和浅海中进行的。海洋的平均深度约为 3 347 米，太平洋上的马里亚纳海沟查林杰深渊是海洋最深处，达到 11 034 米。那里才是真正意义上的深海。

　　深海指什么？一直未有统一的定义。对于不同行业的人来说，深海的含义不同。

　　石油系统把水深 300 米以上称为深海，水深 1 500 米以上为超深海。而海底隧道，水深几十米以下的隧道即可称为深海隧道，如港珠澳大桥深海隧道不过在 44 米海水以下，规划中的台湾海峡深海隧道的水深也不超过 100 米。

　　生物学界把水深 200～3 000 米称作半深海，把水深 3 000～6 000 米称作深海，而把水深 6 000 米以下的海沟称作超深海。水深超过 200 米的中下层鱼类，称为深海鱼。

　　深海占海洋面积的 75% 以上，终年黑暗，阳光完全不能透入，盐度高，压力大，水温低而恒定。

　　深海的生存环境十分恶劣，人们曾一度认为，深海无任何生物存在。现在，人们在深海发现了巨量的神秘生物。人们已普遍知道，深海鱼类是有极高经济价值的。深海中还有什么前所未见的生物物种可供人类利用？这是深海的第一个诱惑。

深海的海底埋藏着丰富的石油资源，堆积着无数的锰结核以及其他资源供人类利用，这在陆地上各种矿产资源日益枯竭的今天，意义重大，关系着人类的生存和发展。这是深海的第二个诱惑。

普通潜艇或核动力潜艇，要想在 600 米以下的深海中自由遨游，也必须对深海进行深入的研究。须知，潜艇潜入深海越深，越不易为对方发觉，这对于建立战略核威慑力量，保卫世界和平，有着巨大的意义。这是深海的第三个诱惑。

开展深海旅游，让普通百姓能领略深海的神奇，是深海的第四个诱惑。

深海有如此多的诱惑，引来"无数英雄竞折腰"，启迪了许许多多科学家的头脑风暴，人类开始了向深海进军的"深蓝之旅"。

神秘而富饶的深海在等待着我们，那里是一个广阔的天地，我们是可以大有作为的。让我们加入到向深海进军的行列中，造福于人类吧！

69. 深潜器

导言

人类对超过 1 000 米以下的深海知之甚少。

光线平均只能穿透 200 米海水，海洋学上将水层中光线能透过的这部分称为"真光层"。因为它能透过阳光，所以绝大部分海洋生物聚集在这一层，算是我们所熟悉的这个世界的延伸。从那里再往下，那个高压、低温、黑暗的极端环境，就可以说是"另一个宇宙"了。

1960 年 1 月 23 日早上 8 点 15 分，在太平洋马里亚纳海沟上方，杰昆斯·皮卡德博士和美国海军的当·沃尔什上尉与同伴一一告别，进入"的里雅斯特"号深潜器。起重机将工作舱吊出船外，放入漆黑一片的太平洋中。他们要去的地方是世界最深的海沟。这是一次前无古人的行动，没有人知道这次下潜是否会成功。

下午 1 点，经过 4 小时 45 分钟的漫长下落，"的里雅斯特"号终于触到了充满淤泥的沟底，完成了对马里亚纳海沟最深处查林杰深渊的挑战。此次下潜深度为 10 916 米，这个记录至今无人打破。

2012 年 3 月 26 日，加拿大导演詹姆斯·卡梅隆乘坐"深海挑战者”号深潜器抵达太平洋马里亚纳海沟最深处，下潜深度为 10 898 米，接近皮卡德博士创造的深潜器纪录，成为全球第二批到达该处的人类、第一位只身潜入万米深海底的挑战者。

“深海挑战者”号是一艘由澳大利亚工程师打造、仅能容纳 1 人的深潜器，高 7.3 米，重 12 吨，承压钢板有 6.4 厘米厚。该潜水器安装有多个摄像头，可以全程 3D 摄像，同时具备赛车和鱼雷的高级性能，还配有专业设备收集小型海底生物，以供地面的科研人员研究。深潜器的行进路线被设计成“直上直下”，它一头扎向海沟底部，然后直直地上升。“深海挑战者”号下潜的速度可以达到每分钟 150 米，在深海中这一速度是非常惊人的。

深海潜水器大体分为两种：一种是探险型深海潜水器，刚才提到的“的里雅斯特”号和“深海挑战者”号都属于这种类型。其特点是单纯追求下潜深度，没有自主动力。以“的里雅斯特”号为例，它重 150 吨，结构非常简单，仅能供两人在里面蹲坐。下潜的时候，船上用钢缆吊着它沉到海底。当时，探险家在海底待的时间不过 20 分钟。在这 20 分钟里，他们也只能透过 19 厘米厚的玻璃舷窗向外观看，因为一片漆黑，其实他们什么都没有看到。整个过程没有拍摄一张海底照片，没有采集一份海底矿物样本，没有制作一样海底生物标本。卡梅隆乘坐的“深海挑战者”号技术上比“的里雅斯特”号先进得多，但依然是探险型深海潜水器，缺乏较好的海底活动能力。当它下潜到海底时，一度陷进淤泥里，激起的泥浆烟云久久不能散去，导致卡梅隆此行的最大目的——亲自拍摄深海生物——都没能完成，只待了 3 个小时就匆匆忙忙地上来了。

综合来看，探险型深海潜水器的下潜能力强，可深入约 11 千米的海底，但活动范围有限，下潜时间较短，不能在水下进行操作和科学研究，而且下潜次数有限，仅能下潜几次，有的甚至只有一次。此种类型的深海潜水器仅能用于探险、摄影和打破深潜纪录等用途。

第二种是作业型深海潜水器。这种类型的深海潜水器最大的特点是具有自主动力，具备水下观察和作业能力，主要用来执行水下考察、海底勘探、海底开发和打捞、救生等任务，并可以作为潜水员活动的水下作业基地，其下潜可带来较大经济回报。作业型深海潜水器设计寿命长，经过维护，能够反复下潜数千次。

美国是较早开展自航式载人深潜的国家之一，1964 年建造的“阿尔文"号载人潜水器是他们的代表作。

20世纪80年代，世界上不少发达国家紧随美国之后，竞相研制载人深潜器。1985年，法国研制的"鹦鹉螺"号潜水器，最大下潜深度达到6 000米，累计下潜了1 500多次，完成过多金属结核区域、深海海底生态等调查，以及沉船、有害废料等搜索任务。

1987年，俄罗斯"和平"一号和"和平"二号潜水器建成，最大下潜深度为6 000米，带有十二套检测深海环境参数和海底地貌的设备，可以在水下待17～20小时。

1989年，日本建成了下潜深度为6 500米的深海潜水器，名字就叫"深海6500"号。水下连续作业时间8小时，曾下潜到6 527米深的海底，创造了当时自航式载人潜水器深潜的新纪录。它迄今为止已对6 500米深的海洋斜坡和大断层进行了调查，并对地震、海啸等进行了研究，已经累计下潜了1 000多次。

在中国的"蛟龙"号出现之前，全世界就这5艘深潜器能潜到6 000米的深度，足见潜入深海的难度之大。

为推动中国深海运载技术的发展，为中国大洋国际海底资源调查和科学研究提供重要高技术装备，同时为中国深海勘探、海底作业研发共性技术，中国科技部于2002年将研制深海载人潜水器列为国家高技术研究发展计划（863计划）重大专项，启动"蛟龙"号载人深潜器的自行设计、自主集成研制工作。

2010年7月15日，"蛟龙"号在南海海域下潜到了3 759米深的海底，这标志着我国成为美、法、俄、日之后第五个掌握3 500米以上深度载人深潜技术的国家。

2012年6月30日，"蛟龙"号完成7 000米级海试第六次下潜试验。在7 000米级海试的六次试潜中，有三次下潜深度均超过7 000米，重复验证了潜水器在7 000米级深度下的功能与性能。其中最大下潜深度达7 062.68米，超过日本的6 500米，创造了浮力舱载人潜水器下潜深度的世界纪录。

截至2012年底，全球只有11人到过7 000米的深海，而其中就有8名中国人，标志着我国深海载人技术不居人后，具备了在全球99.8%的海洋深处开展科学研究、资源勘探的能力。

中国载人深潜项目10年共投入4.7亿元人民币，但将得到的回报会是这个数字的千百倍。当年大航海时代，中国错过了，由此饮恨两百年，但这次，对于深海的大发现、大探索与大开发，我们不会再错过了。"蛟龙"号载人潜水器还为中国海军打造无敌的海底"蛟龙"奠定了坚实的基础。当我国"神舟"9 号与"天宫"1 号交会对接，而"蛟龙"号载人潜水器又在西太平洋进行 7 000 米深潜海试时，敏感的德国媒体——《世界报》就发表评论说："中国龙的爪子不仅伸向太空，也伸向深海。"

中国"蛟龙"号载人潜水器的深潜海试，将使中国的核潜艇脱胎换骨。无疑，已成功突破 7 000 米深海的"蛟龙"号载人潜水器，为打造中国的核潜艇乃至常规潜艇，提供了制造材料、抗压外形、设备、仪器等一系列技术参数。可以预料，在不久的将来，我国将会打造出能下潜1 000 米、2 000 米、4 000 米乃至 7 000 米的核潜艇和常规潜艇。那时候，我国的潜艇部队将极大地提高安全系数和威慑力，成为一支无坚不摧的海底"蛟龙"。

这才是真正的征服海洋。

70. 海上油气钻探开采

导言

海底石油是埋藏于海洋底层以下的沉积岩及基岩中的矿产资源。海底石油（包括天然气）的开采始于 20 世纪初，但在相当长时期内仅发现少量的海底油田，直到 20 世纪 60 年代后期，海上石油的勘探和开采才获得突飞猛进的发展。现在全世界已有 100 多个国家和地区在近海进行油气勘探，40 多个国家和地区在 150 多个海上油气田进行开采，海上原油产量逐日增加。

据估计，世界石油极限储量约为 1 万亿吨，可采储量 3 000 亿吨，其中海底石油 1 350 亿吨；世界天然气储量 255～280 亿立方米，海洋储量占 140 亿立方米。上世纪末，海洋石油年产量达 30 亿吨，占世界石油总产量的 50％。

海底的石油和天然气是有机物质在适当的环境下演变而成的。大陆架对石油的生成和聚集具有许多有利条件，加之水深较浅，便于开发，因此海底石油资源的勘探和开发目前主要集中在大陆架区。水深较深的大陆坡和大陆隆也拥有良好的油气远景。

近 20 年来，世界各地共发现了 1 600 多个海洋油气田，其中 70 多个是大型油气田。

中国有辽阔的海域和大陆架。渤海、黄海、东海和南海水深小于200米的大陆架面积为100多万平方千米。渤海、黄海和北部湾属于半封闭型的大陆架，东海和珠江口外属于开阔海型的大陆架。几条流域面积广阔的江河由陆地携带入海的泥沙量每年超过20亿吨。中国大陆架的生油和储油条件都很好。

中国于1960年开始在海南岛西南的莺歌海进行海上地球物理测量和钻井。1967年以来，先后在渤海（1967年）、北部湾（1977年）、莺歌海（1979年）和珠江口（1979年）获得工业油流。通过海底油田地质调查，先后发现了渤海、南黄海、东海、珠江口、北部湾、莺歌海以及台湾浅滩7个大型盆地，面积共达70万平方千米，探明我国在临近各海域油气储藏量约40～50亿吨。其中东海海底蕴藏量之丰富，堪与欧洲的北海油田相媲美。

东海平湖油气田是中国1982年在东海发现的第一个中型油气田，位于上海东南420千米处。它是以天然气为主的中型油气田，深2 000～3 000米。据有关专家估计，天然气储量为260亿立方米，凝析油474万吨，轻质原油874万吨。1996年下半年，平湖油气田开始海上工程建设。1999年，平湖油气田正式落成，日产天然气120万立方米，主要供应上海市场，主要用作市民燃气。2003年，该油气田进行了扩建，产能提升至每天180万立方米。2006年，该油气田进行了第三期扩建。

在海上钻井比在陆地上钻井要困难得多。首先是因为海面动荡不定，要保持钻井稳定，就要建造一个高于海面的工作台或者钻井平台，然后在平台上开展钻探活动。海上钻井平台一般有固定式钻井平台和活动式钻井平台。当然也有国家制造了钻井船，把钻井设备安装在船上进行钻井作业。

世界上海洋钻井数量最多的是美国。英国、印度尼西亚、马来西亚、印度、俄罗斯等国也为数不少。1965年，美国埃克森石油公司在南加利福尼亚近岸海域用"卡斯-1"号钻井装置在海洋里打下了世界上第一口深水井，水深为193米。后来，深水石油钻井的数量越来越多，技术装备也越来越先进。目前，世界上钻井水深大于1 000米的钻井船有18艘，其中，最大钻井水深为2 600米，最大钻井深度为1 000米。从未来发展趋势看，海上石油钻探将向深海发展。

71.　海滨砂矿和海底固体矿藏开采

导言

海滨砂矿是指在滨海水动力的分选作用下富集而成的有用砂矿。该类砂矿床具有规模大、品位高、埋藏浅、沉积疏松、易采易选的特点。

世界许多近岸海底已开采煤、铁等固体矿藏。日本海底煤矿开采量占其总产量的 30%；智利、英国、加拿大、土耳其也有开采。日本九州附近海底发现了世界上最大的铁矿之一。亚洲一些国家还发现了许多海底锡矿，已发现的海底固体矿产有 20 多种。我国大陆架浅海区广泛分布有铜、煤、硫、磷、石灰石等矿产。

海滨砂矿主要来源于陆上的岩矿碎屑，这些碎屑经过水的搬运和分选，最后在有利于富集的地段形成矿床。海滨砂矿中含有许多贵重矿物，如发射火箭用的固体燃料钛的金红石；火箭、飞机外壳用的铌和反应堆及微电路用的钽的独居石；核潜艇和核反应堆用的耐高温和耐腐蚀的锆铁矿、锆英石；某些海区还有黄金、铂和银等。

海滨砂矿的调查勘探工作从 20 世纪上半叶就开始了。虽然第二次世界大战期间，部分国家因急需某些金属而进行过砂矿的勘探和开发，但一般技术简单，开采量也较小。而用较先进的技术和方法进行调查，是 20 世纪 50 年代以后的事。

据统计，从事砂矿调查的沿海国家有 40 多个，已报道探明砂矿储量的国家有近 20 个。主要金属砂矿（不含锡石、铬铁矿、金砂和铁砂等）储量高达 205 733 万吨，其中钛铁最多，它是海滨砂矿的主体，储量达 103 530 万吨；其次为钛磁铁矿，储量为 82 400 万吨。以下依次则为磁铁矿，储量 16 000 万吨，锆石 2 263 万吨，金矿石 1 285 万吨，独居石 255 万吨。

海滨砂矿中的稀土矿产主要分布在热带、亚热带，在温带也有少量分布，以印度半岛、中国沿海、大洋洲、非洲西海岸和大西洋西岸最为集中。目前，世界上已开采的海底铁矿有两处，一个是芬兰湾贾亚萨罗·克鲁瓦铁矿，另一个是加拿大纽芬兰附近延伸到大西洋底的铁矿。纽芬兰的大西洋底铁矿的储量有几十亿吨，从贝尔岛的入口修建竖井和隧道进行开采。这个矿已经开采几十年了。此处铁矿系磁铁矿脉，是用地球物理磁力探矿法发现的。开采的时候，是通过失萨罗岛修建竖井和

2.5 千米长的隧道进行的，还有一处是从邻近岛上修建竖井和水平坑道进行的。

美国的阿拉斯加重晶石公司在阿拉斯加附近的卡斯尔海滨开发的海底重晶石矿，是目前世界上为数不多的海底重晶石矿之一。该矿场距海岸 1.6 千米，矿脉在海底表土下 15.2 米。由于覆盖层较薄，所以采取了水下裸露开采法，进行水下爆破，然后用采矿船采集炸碎的岩石。

海滨砂矿的品位一般都较高。在浅海矿产资源中，其价值仅次于石油、天然气。

中国目前已探查出的砂矿矿种有锆石、钛铁矿、独居石、磷钇矿、金红石、磁铁矿、砂锡矿、铬铁矿、铌钽铁矿、沙金、石英砂、金刚石和铂矿等，其中钛铁矿、锆石、独居石、石英砂规模最大，资源量最为丰富。

海底煤矿作为一种潜在的矿产资源已越来越被世界各国重视，对于那些陆上煤矿资源缺乏而工业技术又很先进的国家来说更是不可多得的资源。海底煤矿是人类最早发现并进行开发的海底矿产。从 16 世纪开始，英国人就在北海和北爱尔兰开采煤。目前，英国、土耳其、加拿大、智利、澳大利亚、新西兰、日本等国均有不同规模的开发，并获得了巨大的经济效益。据统计，世界海滨有海底煤矿井 100 多口。

英国海底煤矿大多数集中在苏格兰和英格兰交界地带的纽卡斯尔市周围以及达勒姆郡东北部和诺森伯兰郡东南部的浅海地区。加拿大的海底煤矿主要分布在新斯科舍布雷顿角岛东部地区，储量巨大，仅莫林地区煤储量就达 20 亿吨。智利的海底煤矿分布在康塞普西翁城以南约 40 千米处，有两个海底煤矿（洛塔和施瓦格尔），年产量为 84 万吨。日本的海底煤矿以九州西岸外和北海道东岸外最为丰富。70 年代探明的海底可采煤达 3 亿吨以上，1982 年又在长崎附近的池岛发现一个储量为 9 000 万吨的新煤矿。

中国也有海底煤田，除现已探明的山东省龙口海底煤田外，黄海、东海和南海北部以及台湾省浅海陆架区大约 300 平方千米的新生代地层中也蕴藏着丰富的煤炭资源。我国的陆架煤矿主要分布在浅海区，向东可延伸到冲绳海槽中部和北部。主要煤型为褐煤，次为长褐煤、泥煤、含沥青质煤等，属浅变质类型。

2005 年 6 月 18 日，位于胶东半岛北部的龙口市境内的北皂煤矿海域 2101 首采面成功试采，开创了我国海下采煤的先河。我国成为世界上第六个进行海下采煤的国家，也是第一个在海下采用综合机械化放顶煤开采技术的国家。

72. 深海多种金属混合矿开采

导言

深海中的锰结核、富钴结壳矿、磷钙土等多种金属混合矿，许多是重要的战略物资，引起了各国的高度重视，各国纷纷发展勘探及开采技术。

1873 年 2 月 18 日，英国"挑战者"号调查船在进行环球科学考察时，偶然发现了一种类似鹅卵石的硬块。这些黑色鹅卵石样品被送到大英博物馆收藏起来了。

1882 年，英国爵士约·雷默和地质学家雷纳教授对这些样品进行了分析研究。因为这种黑色硬块的主要成分是锰，它被正式定名为"锰结核"。20 世纪初，对锰结核的研究并没有引起人们的注意，甚至连一些海洋地质学家也轻率地认为，这不过是运载锰矿石的船只沉没在某个海区而发生的偶然现象而已。直到 1959 年，美国科学家约翰·梅罗才较为认真并系统地分析了锰结核的化学成分和储量，锰结核开始从深海走进人们的视野。

1961 年，苏联"勇士"号海洋考察船在印度洋的深海底，再一次发现了数量颇为丰富的锰结核，后来，又在夏威夷西南部水下 3 800 米的地方捞起一块重达 2 000 千克的锰结核，锰结核才日益受到国际社会的关注，因为它们是未来可利用的最大的金属矿资源。

调查表明，锰结核矿是一种富含铁、锰、铜、钴、镍和钼等 70 多种金属的大洋海底自生沉积物，呈结核状，主要分布在水深 3 000～6 000 米的平坦洋底，呈棕黑色，形态多种多样，有球状、椭圆状、马铃薯状、葡萄状、扁平状、炉渣状、姜块状等。锰结核的尺寸大小也比较悬殊，从几微米到几十厘米的都有，质量最大的有几十千克。

据计算，世界上各大洋锰结核的总储藏量约为 3 万亿吨，其中包括锰 4 000 亿吨，铜 88 亿吨，镍 164 亿吨，钴 48 亿吨，分别为陆地储藏量的几十倍乃至几千倍。以当今的消费水平估算，这些锰可供全世界用 33 000 年，镍用 253 000 年，钴用 21 500 年，铜用 980 年。

那么，锰结核是怎么形成的？

它的物质来源大致有四方面：一是来自陆地，大陆或岛屿的岩石风化后释放出铁、锰等元素，其中一部分被海流带到大洋沉淀；二是来自火山，岩浆喷发产生的大量气体与海水相互作用时，从熔岩搬走一定量的铁、锰，使海水中锰、铁越来越富集；三是来自生物，浮游生物体内富集微量金属，它们死亡后，尸体分解，金属元素也就进入海水；四是来自宇宙，有关资料表明，宇宙每年要向地球降落 2 000～5 000 吨宇宙尘埃，它们富含金属元素，分解后也进入海水。

所以，与陆地上的矿藏不同，锰结核是一种可再生矿物。它每年约以 1 000 万吨的速率不断地增长着，是一种取之不尽、用之不竭的矿产。

因为锰结核里包含多种战略物资，引起各国的争夺。

富钴结壳矿是生长在海底岩石或岩屑表面的一种结壳状自生沉积物，主要由铁锰氧化物组成，富含锰、铜、铅、锌、镍、钴、铂及稀土元素，平均含钴量达 0.8%～1%，是大洋锰结核中钴含量的 4 倍。金属壳厚 1～6 厘米，平均厚度为 3 厘米，最厚可达 15 厘米。富钴结壳矿主要分布在水深 300～3 000 米的海山、海台及海岭的顶部或上部斜坡上。

美、德、日、俄等发达国家在钴结壳资源的勘查、开采、冶炼加工等技术研究上投入了巨资，已取得较大进展。俄罗斯于 1998 年在国际海底管理局第四届会议期间正式向管理局提出了制定海底钴结壳开发有关规章的要求。中国、韩国等国家近十年来也积极开展了钴结壳开采技术等方面的研究工作。

美国地质调查所于 1983 年至 1984 年对太平洋、大西洋等海域进行了一系列的调查研究，发现在太平洋岛国专属经济区的赤道太平洋和美国专属经济区以及中太平洋国际海域 800～2 400 米水深的海山处，存在许多有开采价值的富钴结壳矿床，仅夏威夷—约翰斯顿环礁专属经济区内 5 万千米的目标区域，钴结壳的资源量就达 3 亿吨。按当时的估计，此资源开采出来可供美国消费数万年。

日本于 1986 年在米纳米托里西马群岛区域采集到了钴结壳样品，成立了钴结壳调查委员会。国营金属矿业株式会社于 1987 年 7—8 月在水深为 550～3 700 米的米纳米—威克群岛海域进行了调查，找到了一些平均厚度为 3 厘米的钴结壳矿层，其钴含量为陆地矿的 10 倍以上。1991 年又对西太平洋的第 5 号 Takuyou 海山进行了调查，发现在水深不到 1 500 米的地势平坦的 3 000 千米范围内存在大量富钴结壳，总储量约 0.96 亿吨。此外，在海底沉积物下还发现埋有大量的钴结壳，因而钴结壳的资源量远远超过以前的估计。

中国自 1997 年正式开始对中太平洋海山区进行有计划的前期调查。对 5 座海山勘查结果分析表明，钴结壳主要分布在水深 1 700～3 500 米之间的平顶海山顶面和山坡上，水深较浅站位结壳的钴品位在 0.7%～0.9% 之间，水深较大站位的钴品位在 0.5%～0.6% 之间，平均厚度为 3 厘米，最厚可达 13 厘米，而且顶面边缘厚度最大，钴品位也较高。其中 3 座海山面积为 15 396 万平方千米，钴金属量 241 万吨，镍当量 1 413 万吨。

磷钙土又称磷块岩、磷钙石，是海洋中磷的重要来源，主要由碳氟磷灰石、氯磷灰石、羟磷灰石和氟磷灰石等磷灰石类矿物组成。它是制造磷肥、生产纯磷和磷酸的重要原料。另外磷钙石常伴有高含量的铀、铈、镧等金属元素。据估计，海底磷钙石达数千吨，如能利用其中的 10%，则可供全世界几百年之用。

73. 海水提铀

导言

海中蕴藏丰富的铀，是核电站的重要来源。

铀的原子序数为 92，其元素符号是 U，是自然界中能够找到的最重元素。铀在裂变时能释放出巨大的能量，不足 1 千克的铀所含的能量约等于 2 500 吨优质煤。在核能迅速发展的今天，铀已经成为各大国争抢的战略储备物资。但陆地上铀的储量很少，地壳中铀的平均含量约为百万分之 2.5，即平均每吨地壳物质中约含 2.5 克铀。

由于铀的化学性质很活泼，所以自然界不存在游离态的金属铀，它总是以化合物的形式存在着。已知的铀矿物有 170 多种，但具有工业开采价值的铀矿只有二三十种，其中最重要的有沥青铀矿（主要成分为八氧化三铀）、品质铀矿（主要成分为二氧化铀）、铀石和铀黑等。

铀矿资源主要分布在美国、加拿大、南非、西非、澳大利亚等国家和地区。截至 2009 年 1 月 1 日，全球已探明的铀矿储量达 630.63 万吨。

海水中也有铀，但浓度相当低，每吨海水平均只含 3.3 毫克铀。由于海水总量极大，故海水中总含铀量可达 45 亿吨，且从水中提取有其方便之处，所以不少国家，特别是那些缺少铀矿资源的国家，都在积极探索海水提铀的方法。

从 20 世纪 60 年代开始，日本、美国、法国等国开始从事海水提铀的研究和试验。中国则在 20 世纪 70 年代初开始研究海水提铀。

日本是世界上第一个开发海水铀源的国家。日本是一个贫铀国，铀埋藏量仅有 8 000 吨，因此日本把目光瞄向海洋。从 1960 年起，日本加快研究从海水中提取铀的方法。1971 年，日本试验成功了一种新的吸附剂。除了氢氧化钛之外，这种吸附剂还包括有活性炭。这种新型吸附剂 1 克可以得到 1 毫克铀，因而用它从海水中提取铀的成本远比从一般矿石提取铀要低得多。为此，日本已于 1986 年 4 月在香川县建成了年产 10 千克铀的海水提铀工厂，同时已制订了进一步建造工业规模的年产铀达 1 000 吨的海水提铀工厂的计划。

截至 2012 年 8 月，科学家在海水提铀方面不断取得进步，正快速朝着将海洋变成铀库的道路前进，从海水中提取铀，距离具有经济可行性更近了一步。目前铀提取技术的进步能够将成本降低近一半，即提取 0.45 千克铀的成本从大约 560 美元降至 300 美元。

在地球资源日益缺乏的今天，陆地的资源更是越来越少，如何充分开发利用海洋中的资源是现在和未来的一个重要课题。为解决陆地铀资源日益减少而需求量相对增大的矛盾，从海水中提取铀不失为一条较好的解决途径。

第十二章
机器人技术

启示录　人类与机器人

　　由于受科幻小说和影视剧的影响，人们一说起机器人，要么就把它设想成外形和真人一样，而且具有超人的能力，只是躯体内、头脑里全是电子元件的"人"；要么就把它想象成像"变形金刚"那样有万般变化、所向无敌的钢铁巨人；或者像"铁臂阿童木"那样靴子底下和双臂下面可喷射气体，以20倍音速的超高速遨游太空，为人类幸福和世界和平而与邪恶势力做斗争的可爱的少年英雄。其实这只是对机器人的狭隘理解。机器人的完整意义应该是一种可以代替人进行某种工作或供人娱乐的自动化设备。它可以是各种样子，并不一定长得像人，也不见得以人类的动作方式活动。

　　捷克斯洛伐克作家卡雷尔·查培克把他的剧本《罗莎姆万能机器人公司》中的主人公——人制造的替人当奴仆的人造人，用捷克语 robota 来表示，原意为"劳役"。从此，世界各国都援引此词的读音——罗勃特，来表示人制造的类人的机器，如英、法、意文的写法都是 robot，德文为 Roboter，俄文为 робот，日文为ロボット，文种不同，写法稍有区别，但读音大致相同。我国则采用该词的意译"机器人"。

　　对于机器人的概念，长期以来，不同国家有着不同的理解。

　　欧美国家认为，机器人应该是由计算机控制的通过编排程序具有可以变更的多功能的自动机械，但是日本不同意这种说法。日本人认为，机器人就是任何高级的自动机械，这就把那种尚需一个人操纵的机械手包括进去了。因此，很多日本人概念中的机器人，并不是欧美人所定义的。我国科学家给机器人下的定义是：机器人是一种自动化的机器，所不同的是这种机器具备一些与人或生物相似的智能能力，如感知能力、规划能力、动作能力和协同能力，是一种具有高度灵活性的自动化机器。

现在，国际上对机器人的概念已经逐渐趋近一致，即机器人是靠自身动力和控制能力来实现各种功能的一种机器。联合国标准化组织采纳了美国机器人协会给机器人下的定义：一种可编程和多功能的，用来搬运材料、零件、工具的操作机；或是为了执行不同的任务而具有可改变和可编程动作的专门系统。

在国外，由于是音译，不牵涉到"人"这个词，所以把各种各样形状的自动机器——只要它能像人一样地进行工作，而不管它的样子如何千奇百怪，像不像"人"，都称为罗勃特。在我国，由于意译为"机器人"，所以人们通常以为那些像人一样的机器才叫机器人。因此，当人们在科幻小说和电影中看到的"罗勃特"的形象不是与人完全一样，或者是那些不像"人"的工业机器人、宇宙机器人等也被称作"机器人"时，不由十分惊讶："这也是机器人吗？"根据上述国际上对机器人的定义，我们可以肯定地回答："它们是机器人。"而且，随着科技的不断进步，以往只是帮助人干体力活的机器人将变得有思想有感情，和人类越来越接近，这就是电影里给我们展示的人工智能。它和现代与信息技术的交互和融合产生的"软件机器人""网络机器人"，以及那些游走于血管、战场、网络等场所的具有智能的、肉眼看不到的"纳米机器人"等不可思议的机器人的出现，将为我们的世界带来翻天覆地的变化。也许那时候，当你在网上聊天时，你们或许会这样开场："你是谁？"而对方的回答是"机器人""半机器人"或"人"！

对于机器人，人们对它是既喜又忧。喜它能帮助我们做许多事情，喜它能给我们带来许多欢乐，却又害怕它会伤害我们，给我们带来灭顶之灾。特别是智能机器人，我们希望它们很聪明、善解人意，从而更好地成为我们的合作伙伴，甚至成为我们的伴侣，但是又担忧它们有了情感和智能后会反过来控制人类。那么，机器人能和人友好相处吗？

从一百年来使用机器人的情况看，机器人在推动人类科技发展、社会进步方面功不可没。火星探测机器人和月球车能够在条件极其恶劣的星球上拍照、取样，使我们近距离地了解这两个星球；战场上机器人大展身手，代替人类冲锋陷阵，实现"零"伤亡。除了在航天和军事等领域大显身手外，机器人在工业和民用领域也功不可没。2009 年 5 月 31 日，美国伍兹霍尔海洋研究所研制的"海神"号机器人潜艇成功下潜

6.8 英里（约 11 000 米），探秘世界最深的马里亚纳海沟，成为有史以来抵达海洋最深处的第一个自动工具。而这是人永远无法达到的深度。2009 年，法航客机在大西洋上空失事，黑匣子沉入深海，打捞它的任务也只能交给法国派遣的潜水机器人"维克托 6000"去做。波士顿动力学工程公司设计的"机器狗"，行进速度可达到每小时 7 千米，能够攀越 35 度的斜坡，背负重量超过 150 公斤的物品。美国佛罗里达州的橙子园使用的"农业机器人"，能扫描每棵橙树的生长状态，甚至计算出橙子的数目。还有一种拖拉机机器人，能自动给果树喷洒农药和除草，并可在夜间昆虫活动频繁时"出击"。2009 年 3 月，世界首位机器人教师"佐屋"在日本"上岗"，实现机器人教学。在日本经济产业省出台的技术战略蓝图中，未来家庭生活中出现的最大变化就是机器人的普及：机器人将成为家庭"保姆"，照顾孩子学习玩乐，协助老人更衣洗澡，提醒病人按时吃药，洗衣、吸尘等家务更是不在话下。

可以说，我们的今天和未来都离不开机器人。

随着社会的发展，社会分工越来越细，有的人成天只管拧同一部位的一个螺母，有的人整天只分拣信件，工作单调、枯燥，人失去了发挥自己创造才能的机会，用某种机器人来代替人处理这些简单、枯燥的工作，人就可以腾出手来干些更有意义的事情。某些工作很危险，比如处理核废弃物、矿井下操作、火场救人、制服暴徒等，有机器人代替，就会让我们不再冒生命危险。而有些工作我们人类根本无法完成，比如太空探索、海底考察，没有机器人的帮助，我们现在在这些无法企及的领域可能只比古人获取的知识进步一点点。

对于我们的生活来说，机器人让我们的生活充满了乐趣，让我们更轻松。它可以帮我们做家务，帮助盲人行走，当宠物或伴侣陪伴我们……未来每家都有机器人时，我们会发现它们成了家庭中的一员，像电视、电脑一样成为我们生活的必需品。

因此，我们必须和机器人友好相处，而且能够友好相处。

在机器人发展之初，确实出现了机器人伤人的事件，这是偶然也是必然的。因为任何一个新生事物的出现总有其不完善的一面。随着机器人技术的不断发展与进步，这种意外伤人事件越来越少，近几年没有再听说过类似事件发生。正是由于机器人安全、可靠地完成了人类交给的各项任务，人们使用机器人的热情才越来越高。

2009 年 6 月，一种新的机器人已经被研制出来，它可以预知人类搭档的意图，从而和人类更好的合作。就像两个配合默契的运动员一样，根据一个眼神或动作就能明白下一步该做什么。如果这样的机器人研究成功，那么人类和机器间的交流就会变得更容易，它使机器人不像打工仔而更像人类的合作伙伴。

在几十年后，机器人可能会拥有高于人类的智能，而且在某些方面的确比人强，比如计算速度快、力量比人大等，但这并不意味着机器人一定会伤害人类，除非有人恶意给它输入了不利于人类的程序，比如军事攻击方面的机器人。因此人类应该防备这一点，就像克隆技术出现后，人类认识到了克隆人的危害，大多数国家就禁止克隆人的研究。我们也应该让世界上的人明白，军事攻击方面的智能机器人会对人类带来极大的威胁，应该禁止或限制这类机器人的研究。另外，有人担心机器人会出现变异，或程序上有小小的漏洞、失误会让机器人变得危险，但那也应该是极少数，人类应该能够控制的。当机器人有了自我学习能力之后，人类还应该提高自身素质，用高尚的道德情操去影响机器人，让它们成为"好"机器人，不要变坏，那么机器人肯定能和人友好相处的。

机器人是人类的孩子，成为什么样的人，家长和家庭环境起着极大的作用，所以，智慧机器人会朝什么样的方向发展，归根结底还是要靠人类自己决定。种什么树，结什么果。但愿人类种下的都是善果，结出甘甜的果实，而不要种下恶果去品尝苦味。

74. 现代机器人

导言

美国是机器人的诞生地，自 1959 年美国发明家英格伯格和德沃尔制造出世界上第一台工业机器人后，机器人的历史才算真正开始。

1927 年，美国西屋公司工程师温兹利制造了第一个机器人，取名为"电报箱"，在纽约举行的世界博览会上展出。它是一个电动机器人，装有无线电发报机，可以回答一些问题，但不能走动。

到了 20 世纪中期，计算机和自动化的发展，以及原子能的开发利用，促进了现代机器人的诞生。

现代社会里，工厂需要大批量的生产，只靠人力操作效率很低，由此推动了自动化技术的进展。自动化技术的结果之一便是 1952 年数控机床的诞生。数控机床诞生后，与数控机床相关的控制、机械零件的研究又为机器人的开发奠定了基础。

另一方面，原子能实验室的恶劣环境要求某些操作机械代替人处理放射性物质。因为在原子能的研究中，人们经常需要接触具有放射性的物质，这些放射性的物质会对人体健康造成很大的危害，引起癌变，居里夫人和她的女儿女婿就是死于放射性物质引起的贫血病（一说白血病）。如果有机器人代替人来进行这些危险的工作，就会降低人在放射性场所工作的危险性。

在这一需求背景下，美国原子能委员会的阿尔贡研究所于 1947 年开发了遥控机械手，使人得以在远离放射性物质的地方，用遥控操作手搬运放射性物质。第二年，阿尔贡实验室又开发了机械式的主从机械手。这种机械手由两只大小相似的操作手组成，人在另一个房间内，透过玻璃幕墙观察工作场地的情况，然后根据需要去操纵小型的主动操作手动作。当小的主动操作手发出动作时，放在工作场地内的大的从动操作手可准确模拟主动操作手的动作，放大力度和动作的范围。操作员通过玻璃幕墙观察并修正操作动作，以便准确无误地完成放射物的搬运工作。这个"人造手"不仅依靠人眼的视觉作反馈，而且在机械手上加上了力反馈，从而大大地改善了远距离操作性能。这样，人就不用直接接触放射性物质了。

1959 年，美国发明家英格伯格和德沃尔制造出世界上第一台工业机器人。这种工业机器人的外形和坦克炮塔有些相似，下面是一个大的基座，基座上有一个大的机械臂，可以绕轴在基座上转动。大臂上还伸出一个小机械臂，它相对于大臂可以伸出或缩回。小臂顶上有"手腕"，可以绕着小臂转动，进行俯仰或侧摇。"手腕"上方是手，就是操作器。可谓"臂上有臂，臂上有腕，腕上有手"，小臂是真正地站在"巨肩"上。这个机器人的功能和人的手臂功能很相似，是世界上第一台真正的具有实用功能的工业机器人。

此后，英格伯格和德沃尔成立了尤尼梅逊公司，办起了世界上第一家机器人制造工厂，开始实践卡雷尔·查培克的科幻小说《罗莎姆万能机器人公司》里的梦想。他们的第一批工业机器人被称为"尤尼梅特"，意思是"万能自动"，这两人也因此被称为机器人之父。"尤尼梅特"的特点是可以预先编制程序，让它记住并模仿、重复进行某种动作。这样的机器人适合于汽车制造行业，因为汽车的制造过程比较固定。于是，这台世界上第一个真正意义上的机器人，就应用在了汽车制造生产中，投入到美国通用汽车公司使用。1962 年，美国机械与铸造公司也制造出工业机器人，称为"沃尔萨特兰"，意思是"万能搬动"。"沃尔萨特兰"机器人除腰部可转动外，还能依靠中央立柱手臂升降和伸缩。这两种工业机器人都是用液压驱动的，主要用于工厂、车间内原材料、重物的搬运。"尤尼梅特"和"沃尔萨特兰"是世界上最早的、至今仍在使用的工业机器人。

西方各国从事体力劳动的工人身穿蓝色工作服，因此这些工人被称作"蓝领"。工业机器人进入工厂后，可以把工人从繁重的体力劳动中解放出来，还可以代替人到有害的环境比如高温、高湿、含粉尘、有毒气体环境或危险作业中进行操作。在工作中不讲条件，不用休息，可以夜以继日的劳动，既不要工钱，更不要加班费，因此受到工人尤其是工厂老板的欢迎和重视，被国际劳工组织戏称为"钢领工人"。"钢领工人"很快在生产线上站稳了脚跟，不断发展壮大，深入到各个领域，并很快"变异"，产生出各种不同类型的机器人来。

总的说来，近百年来发展起来的机器人大致经历了三个阶段，或者说三个时代。

第一代是简单个体机器人，第二代是群体劳动机器人，第三代为类似人类的智能机器人。

第一代机器人属于示教再现型，比如"尤尼梅特"和"沃尔萨特兰"，需要人手把着机械手，把要完成的任务做一遍或者用"示教控制盒"发出指令，让机器人的机械手臂运动，一步步完成它应当完成的各个动作。

第二代机器人具备了感觉能力，从 20 世纪 70 年代开始有了较大发展。感觉机器人具有一定的感觉装置，能获取外界作业环境及操作对象的简单信息，经过计算机大脑的处理、分析，可对周围环境做出正确判断，并根据这种判断来改变自身的行动。因为它具有一定的自适应能力，因此人们也叫它"自适应机器人"。当然，它的自适应能力比起人来，那就差得太远了。90 年代以来，随着生产产量的增加，在生产企业中应用这种机器人的台数也逐年增加。比如有触觉的机械手可轻松自如地抓取鸡蛋，具有嗅觉的机器人能分辨出不同饮料和酒类。

第三代机器人是智能机器人。它不仅具有感觉能力，而且具有独立判断和行动的能力，还具有记忆、推理和决策的能力，因而能够完成更加复杂的动作。它有一台中央电脑，能控制手臂去完成工作任务，控制脚完成移动，还能够用自然语言与人对话。发生故障时，通过自我诊断装置能自我诊断出故障部位，并进行自我修复。

75. 类人机器人

导言

随着现代科技的迅速发展，机器人正在经历着一个从初级到高级的飞跃，它正沿着达尔文的"进化论"逐渐发展自己，壮大自己，完善自己。未来的机器人外形上将越来越像人类，在智慧上将和人类相媲美甚至超过人类。

研制具有人类外观特征、可以模拟人类行走与基本操作功能的类人型机器人，一直是人类机器人研究的梦想之一。早期的机器人主要由方脑袋、四方身体以及不成比例的粗大四肢构成，行进时要靠轮子或只作上下、前后左右的机械运动，近年来这些都已得到很大改观。2006 年，日本大阪大学工程学教授石黑浩制造出了一个与自己一模一样的机器人替身，几乎可以假乱真；2009 年 3 月，美国推出"爱因斯坦"机器人，头发和面部都和爱因斯坦极为相似。

机器人的手是它身上最精彩的部分。现代机器人的手正由简单发展到复杂，由笨拙发展到灵巧，可以和人的手媲美甚至在某些方面超过了人类。它能捏住一枝花，握住一枚鸡蛋，和人握手，还能做外科手术……

机器人的行走一直是科学家致力攻克的难题，让机器人能像人一样用两条腿走路并非易事。好在现在已有科学家攻克了这道技术难题，日本的加藤一郎教授最早研制成功用双腿走路的机器人，因此被称为双腿走路机器人之父。现在用双腿走路的机器人已经能够像人一样一步接一步地两腿轮流行走，并且能够翻跟头。据英国《每日邮报》报道，2009 年 3 月，日本科学家制成了一名机械黑发美女，从外貌看和人极为相似，她不仅能说话，可行走，具有丰富的表情，最重要的是，她还能在舞台上走猫步。

现在世界上具有独立研究类人型机器人能力的国家比较多，代表性的国家有日本、美国和韩国。尤其是日本，在机器人研究制造领域处于领跑地位。我国的机器人研究起步较晚，但也处于国际先进行列。比如我国研制的第一台类人型机器人"先行者"就具有人类的外部特征，可以模拟人类行走与基本操作功能，还具备有一定的语言功能。

类人型机器人具有广泛的应用领域，不仅可以在有辐射、有粉尘、有毒等环境中代替人们作业，而且可以在康复医学上形成一种动力型假肢，帮助截瘫病人或截肢的残疾人实现行走的梦想。

除了制造出模仿人类外观的机器人外，人们还希望制造出和人类智慧相匹敌甚至超过人类智慧的机器人。随着现代各门科学技术的发展，利用机器人来代替人的脑力劳动这一远大理想，正在逐渐变成现实。1968 年，美国斯坦福研究所研制出了世界上第一台智能型机器人。这个机器人可以解决简单的问题。科学家在房间中央放置了一个高台，台上放一只箱子，同时在房间的一个角落里放了一个斜面体。科学家命令机器人爬上高台并把箱子拿下来，开始时机器人不知道怎么办，后来它发现了墙角的斜面体，就把斜面体推过来搭到高台上取下了箱子。这个测试表明，机器人已经具备了一定的发现、综合判断、决策等智能。1997 年 5 月，IBM 公司研制的"更深的蓝"计算机战胜了国际象棋大师卡斯帕洛夫，这是否意味着电脑具有比人类更高的智慧呢？仁者见仁，智者见智，人们争论不休。但无可否认的是，计算机或称电脑，这个模仿人体大脑功能而产生的机器，原本只是帮助人进行属于人类的工作，在今后智慧机器人的发展过程中，将成为研究人工智能必不可缺的重要工具。智慧机器人或者说人工智能的任务，就是研究和完善等同或超过人的思维能力的人造思维系统。

2009 年 3 月，日本科学家推出了世界上第一个机器人教师，目前已经在东京一所小学开始其"试用期"。这个机器人的名字叫佐屋，是一名"女性"。她可以说多种语言，可以完成点名、给学生布置家庭作业等各种最基本的教学任务，还能做出喜怒哀乐等多种面部表情。

未来的机器人从相貌上来看将和人没有什么区别。它们和人一样用双腿行走，爬坡下坎和上下楼梯的平衡能力也和人没有差异，有视觉、嗅觉、触觉、思维，还能与人对话。将来有一天，如果不仔细辨别，很可能我们不知道面前和自己说话的陌生人是真人还是机器人。

目前，机器人正在进入"类人机器人"的高级发展阶段，即无论从相貌到功能还是从思维能力和创造能力方面，都向人类"进化"，甚至在某些方面大大超过人类，比如它的计算能力和特异功能等。

也许有一天，我们真的能造出像电影《人工智能》里大卫一样的有情感、有智慧或者具有变形金刚那样超能力的智慧机器人呢。

76. 工业机器人

导言

在资本主义迅猛发展的年代，资本家为了获取最大的利润，残酷地剥削工人的劳动。他们加大工人的劳动强度，延长劳动时间，最大限度地榨取剩余价值，引得工人怨声载道，不时罢工，弄得资本家也很头痛。

工业机器人的出现缓解了紧张的劳资关系。

工业机器人刚诞生时，尽管它们显露出不凡的身手，但由于造价过于昂贵，在20世纪60年代，只有一些财大气粗的大企业才用得起。到了20世纪70年代，机器人在微型计算机的促进下有了长足的发展，性能提高，功能增多，而造价则大大降低，使得大、中企业都有条件购置使用。工业机器人得以很快地进入汽车、电子、机械制造、钢铁和化工等行业，在锻造、冲压、焊接、冶炼、喷漆、注塑、搬运、装配、热处理等许多方面大显身手。机器人任劳任怨，忠实地按照人们给它事先编制好的程序，一丝不苟地工作。它不怕疲劳，干起工作来不会像人那样因疲乏而出差错，能做到优质保量地生产。资本家因其不会要求增加工资、奖金而喜欢它。工人们则因减轻了他们的劳动强度，替代了他们繁重而简单的重复劳动也不讨厌它。因此，工业机器人广泛应用于各个生产领域，队伍不断壮大起来。

采矿业是一种劳动条件相当恶劣的生产行业，其主要表现为震动、粉尘、煤尘、瓦斯、冒顶等不安全因素。这些不安全因素极大地威胁井下工人的安全。人们发明了采矿机器人。采矿机器人可以从不同用途取代人类从事各种有毒、有害及危险环境下的工作。此外，采掘工艺一般比较复杂，这种复杂工作很难用一般的自动化机械完成，采用带有一定智能并且具有相当灵活度的机器人是目前最理想的方法。

根据井下作业的特殊条件和特点，采矿机器人的应用主要有以下几个方面：特殊煤层采掘机器人。这种机器人的肩部装有强光源和视觉传感器，这样能及时将采区前方的情况传送给操作人员。凿岩机器人。这种机器人可以利用传感器来确定巷道的上缘，这样就可以自动瞄准巷道缝，根据岩石硬度随时调整钻头的转速和力的大小以及钻孔的形状，这样可以大大提高生产效率，人只要在安全的地方监视整个过程的作业过程就行了。井下喷浆机器人。井下喷浆作业是一项很繁重并且危害人体健康的作业，采用喷浆机器人不仅可以提高喷涂质量，也可以将人从恶劣的作业环境和繁重的作业过程中解放出来。瓦斯、地压检测机器人。采用带有专用新型传感器的移动式机器人，连续监视采矿状态，可以及早发现事故突发的先兆，采取相应的预防措施。

随着机器人研究的不断深入和发展，采矿机器人的应用领域会越来越宽，经济效益和社会效益也会越来越显著。

自核工业诞生之日起，世界各国对核工业机器人的研究从未停止过。随着核工业和机器人技术的发展，不少国家研制成功了真正的远距离控制的核工业机器人，例如美国的 SAMSIN 型、德国的 EMSM 系列、法国的 MA23-SD 系列等。目前大多数核工业机器人采用的是车轮或履带，或车轮和履带相结合的行走方式，只有少数的机器人采用两足或多足行走方式。核工业机器人是一种十分灵活、能做各种姿态运动以及可以操作各种工具的设备，对危险环境有着极好的应变能力。

一般的核工业机器人需要有这样几个特点：高适应性和高可靠性。要保证核工业机器人有很强的环境适应能力和很高的可靠性，使它在工作时不会发生故障。适用性强。核工业机器人能顺利通过各种障碍物和狭隘的通道，并且最好能根据需要操作不同的设备。

现在世界上的核工业机器人已经有几百台了，然而这些机器人大多缺乏感知功能（如视觉、听觉、触觉等），手的灵巧性也不够。目前，核工业机器人对付核工业的恶劣环境影响的能力还有待提高，这些都是发展新型核工业机器人所要克服的困难。

人们还发明了食品加工机器人、弧焊机器人、喷涂机器人、装配机器人等工业机器人。

在现代化的工厂中常可见到移动式搬运机器人。它们大多采用电池供电并由橡胶轮胎驱动，可以通过电磁引导或光引导等路径引导的方法，在无人驾驶的状态下，装载着工件或其他物品，自动移动在工厂或仓库的各工位之间。移动式搬运机器人是一种针对路径多叉、搬运对象多变、中批量生产规模的自动运输手段，在无人车间、自动仓库中广泛使用。

77. 太空机器人

导言

宇宙空间是一个广阔而神秘的未知世界，其工作环境要比地球上严酷得多。科学技术的发展为人类探测宇宙提供了前所未有的机遇。随着人类用火箭、航天飞机、宇宙飞船走向通往宇宙之路，人类飞天的梦想已成为现实。人类已经登上了月球，机器人探测器已在火星上行走，上天揽月已不是梦想。

也许你对航天飞机上宇航员操纵机械手，成功地回收人造地球卫星的画面还记忆犹新。空间机器人在失重状态下，成功地完成航天空间站的舱外作业、人造卫星的维修和回收工作，是宇宙探测中不可缺少的得力干将。

1967年，美国的"阿波罗"3号在月球表面软着陆后，对月球表土进行取样和化验。1969年，苏联发射的探测器在火星软着陆成功。1976年，美国研制的"海盗"1号和2号登陆舱相继登上火星，并由遥控操纵的机械手完成了火星表面土壤的取样任务。美国1982年研制的航天飞机上装有一只有48个运动自由度的遥控机械手，用来完成装载货物和抓取宇宙空间的物体的工作。

美国的"探路者"号飞船于1997年7月4日成功在火星上着陆，全世界的观众通过电视目睹了人类征服宇宙的这一壮举。飞船携带的"索杰纳"火星车是这次探险的杰作之一。"索杰纳"是第一台在另一颗行星上真正从事科研工作的机器人车辆，其自主能力强，能在地球遥测技术提供的航向信息指引下在火星表面自主行驶，也可接受地面上对它的遥控。小车长630毫米，宽480毫米，车轮直径130毫米，质量不超过11.5千克。该车有6个车轮，上面还装有不锈钢防滑链条。每个车轮都独立悬挂，传动比2 000：1。车的前后都有独立的转向机构，能在各种复杂的地形如软沙地中行驶，最大速度为0.4米/秒。"索杰纳"由太阳能电池供电，还备有备用的锂电池；其灵敏的电子部件装在一个保暖盒中，因而能承受火星上的低温。它携带的主要仪器是能对空气、土壤、岩石的成分和矿物学特性进行分析的X射线分光计。"索杰纳"火星车在火星上的工作寿命远远大于原定的设计要求。可以预期，今后将有能行驶更远距离、工作更长时间、性能更强的火星探测车问世，在火星或其他星球探测时一显身手。

在未来的空间活动中，将有大量的空间加工、空间生产、空间装配、空间科学实验和空间维修等工作要做，这样大量的工作是不可能仅仅只靠宇航员去完成的。一方面，宇宙空间环境和地面环境差别很大，缺乏人赖以生存的氧气。乘火箭离开地球后，空气就变得稀薄了，达到近百千米高空时，几乎接近真空状态。人如果不待在宇宙飞船里或穿起笨重的宇航服，就会因缺少氧气而死去。在月球表面亦是如此，它没有空气，没有水分，重力只有地球的六分之一，宇航员穿着厚厚的宇航服，行动受到很大的限制。并且从太阳及宇宙间射来的大量高强度的放射线对人体极端有害，即使穿了宇航服也不能在月球表面长期停留。另外，穿上笨重的太空服工作，人的灵活性和工作效率会大大降低。

另一方面，宇宙探险尤其是空间载人飞行，耗资十分惊人，包括航天飞机制造、飞行运转费用、宇航员培训费用等，动辄就是几十乃至上百亿美元。让机器人代替人去当宇航员在太空工作，不但可以省去巨额开支，而且可以把一部分人从对宇航员培训的"苦刑"中解放出来，并可避免人在航行中或航行后产生疾病或死亡的危险。在"哥伦比亚"号航天飞机失事后不久，NASA当时的局长奥基夫宁愿让价值连城的"哈勃"太空望远镜报废，也不愿安排航天飞机进行在轨维修，因为安全营救没有保障。在太空这种高风险的环境中，一次灾难就足够重挫航天事业，人的活动只能谨小慎微。再说，人不见得是在轨组装、太空维修等任务的最佳工作者，虽然现在已有宇航员可在太空居留达一年之久，但对月球和火星的探测还存在着大量未知的风险。要是载人探测器像"猎兔犬"Ⅱ号那样"黄鹤一去不复返"，那就糟了。因此，对于载人航天，各国一直都非常谨慎。如果用机器人代替人类作"开路先锋"，危险性就会大大降低。而且宇航机器人在太空工作比人还更有优势，它可以长时间地在太空中工作，收集有连续性的信息，不像人一样需要吃饭、睡觉、休息，还要随时提供生命保障系统。

有科学家预测，到2018年，月球表面将有成百的机器人活动。

78. 军事机器人

导言

现代军事装备的发展在很多方面与机器人技术的发展息息相关。20

世纪的核心武器是坦克，21世纪则很可能是无人系统。各种军事机器人将在未来战争中占有一定的主导地位。

早在1918年10月出版的《电气工程师科学发明》杂志上，就刊登了工程师金斯贝克关于"自动化士兵"的科学设想：用钨钢制造一种打仗用的"人造人"。它身材低矮，体格健壮，可防御各种步枪、机枪等轻武器；体内装有一台电动机和一套无线电接收机；手中握一杆冲锋枪。打仗时，先由一架侦察机在空中侦察敌情，当需要攻击时，就向地面发出无线电信号。"自动化士兵"接收信号后，启动动力装置，自动向敌人发起攻击。这可认为是最早用"人造人"进行的空地一体战的设想。

第二次世界大战后，各国人民在战争的废墟上用勤劳的双手重建了和平家园。然而，事物的发展却是不以人们善良的愿望为转移的，战后几十年里，世界各地发生了许多大大小小的战争。为了冷战和热战的需要，超级大国们一直在秘密地研究国防高新技术。

随着战争中侦察系统的日益精湛，武器精度不断提高，弹药的杀伤力显著增加，部队的生存受到更大威胁，迫切需要兵力投入少、自动化程度与效率高的新式军用装备，这些装备最好不用士兵在阵地上操作。正是在这种背景下，各种性能优异的现代军事机器人应运而生。人们积极研制能按照人的意志到艰苦的、危及生命安全或人无法通过的地方去侦察敌情、站岗放哨、搜索目标、排除地雷、搬运炮弹、驾驶飞机坦克的军事机器人。

20世纪70年代，英国军队中就有名为"轮桶"的用来检查及拆除炸弹、地雷的排障军事机器人。1983年，美国推出的"伏击手"军事机器人，既可远距离遥控，又能自动控制，并能在不平地形或斜坡上行驶，依靠三台摄像机跨越障碍，侦察敌情，测出敌方火力点位置。它还能根据各种传感器反馈的信息，由计算机迅速决策，命令操作手发射反坦克导弹。美国最新研制的"大狗"（Big Dog）机器人，与真狗一般大小，它能够在战场上发挥重要作用：为士兵运送弹药、食物和其他物品。

地面军用机器人主要分为智能机器人和遥控机器人。按其功能可分为排雷机器人、侦察机器人、保安机器人、作战机器人、支援机器人，甚至还研制有地面微型军用机器人。

美国研制了一种成本仅为2 000美元的遥控螺旋管式全地形扫雷机

器人。这种机器人能以每分钟 6 米的速度前后运动，并能快速横向运动；可以越过复杂地形，还可以在泥浆及水中运动；能爬楼梯，几乎可以到达步兵战士可以到达的任何地方。美国还研制了一种名叫"水下自主行走装置"的机器蟹，能够对付岸边的水雷。这种机器蟹可以隐藏在海浪下面，在水中行走，迅速通过岸边的浪区。当风浪太大时，它可以将脚埋入泥沙中，通过振动，甚至可将整个身子都隐藏在泥沙中。

空中机器人又叫无人机。近年来在军用机器人家族中，无人机是科研活动最活跃、技术进步最大、研究及采购经费投入最多、实战经验最丰富的领域。纵观无人机发展的历史，可以说现代战争是推动无人机发展的动力，而无人机对现代战争的影响也越来越大。一战和二战期间，尽管出现并使用了无人机，但由于技术水平低下，无人机并未发挥重大作用。朝鲜战争中美国使用了无人侦察机和攻击机，不过数量有限。在随后的越南战争、中东战争中无人机已成为必不可少的武器系统。而在海湾战争、波黑战争及科索沃战争中无人机更成了主要的侦察机种。

80 多年来，世界无人机的发展基本上是以美国为主线向前推进的，无论从技术水平还是无人机的种类和数量来看，美国均居世界之首。越南战争期间，美国空军损失惨重，被击落飞机 2 500 架，飞行员死亡5 000 多名，引起国民震惊，为此美国空军较多地使用了无人机。"水牛猎手"无人机在北约上空执行任务 2 500 多次，超低空拍摄照片，损伤率仅为 4%。1991 年，海湾战争爆发，美军首先面对的一个问题就是要在茫茫的沙海中找到伊拉克隐藏的"飞毛腿"导弹发射器。如果用有人侦察机，就必须在大漠上空往返飞行，这样就会长时间暴露在伊拉克军队的高射火力之下，危险之至。为此，无人机成了美军空中侦察的主力，为美军立下了汗马功劳。

在科索沃战争中，美国、德国、法国及英国总共出动了 6 种不同类型的无人机 200 多架，它们有美国空军的"捕食者"、陆军的"猎人"及海军的"先锋"；德国的 CL-289；法国的"红隼"、"猎人"，以及英国的"不死鸟"等。

现代战争不仅大大提高了无人机在战争中的地位，而且引起了各国政府对无人机的重视。美国参议院武装部队委员会要求，10 年内军方应准备足够数量的无人系统，使低空攻击机中有三分之一是无人机；15年内，地面战车中应有三分之一是无人系统。这并不是要用无人系统代替飞行员及有人飞机，而是用它们补充有人飞机的能力，以便在高风险的任务中尽量少用飞行员。无人机的发展必将推动现代战争理论和无人战争体系的发展。

79. 农业机器人

导言

"面朝黄土背朝天，一年四季不得闲"。由于自动化、机械化比较落后，两千多年来，我国农民一直过着这样的生活。近些年，由于机械化的发展，我国农村一些地区已在逐渐改变这种传统的耕作方式。随着农业机器人的进入，农民有可能从体力劳动中解放出来。

农业机器人以农作物为作业对象。由于农作物的形状及尺寸差异很大，易受损伤，作业时还受到环境如气候、阳光、风、地形等条件的影响，因而目前农业机器人的应用不如工业机器人普及。不过，为了改善劳动条件和弥补劳动力的不足，在欧美及日本，近年来农业机器人的应用已逐步发展起来。在农业机器人的研究方面，目前日本居于世界各国之首。但是由于技术和经济方面的特殊性，农业机器人还没有普及。

农业机器人有如下的特点：农业机器人一般要求边作业边移动；农业领域的行走不是连接出发点和终点的最短距离，而是具有狭窄的范围、较长的距离及遍及整个田间表面的特点；使用条件变化较大，如气候影响、道路的不平坦和在倾斜的地面上作业，还须考虑左右摇摆的问题；价格问题，工业机器人所需的大量投资由工厂或工业集团支付，而农业机器人以个体经营为主，如果不是低价格，就很难普及；农业机器人的使用者是农民，不是具有机械电子知识的工程师，因此要求农业机器人必须具有高可靠性和操作简单的特点。

目前活跃在田间的农业机器人有施肥机器人、嫁接机器人、育苗机器人、除草机器人、喷农药机器人，以及各种摘果机器人等。农业机器人的发展空间还是相当宽广的。

施肥机器人的出生地在美国明尼苏达州的一家农业机械公司。它很聪明，能根据不同土壤的实际情况，准确计算施肥量，降低了农业成本。而且由于施肥科学，地下水质也得到了改善。

将摄像机与识别野草、蔬菜和土壤图像的计算机组合装置，就构成了大田的除草机器人。它可以利用摄像机扫描和计算机图像分析，层层推进除草作业；可以全天候连续作业，除草时对土壤没有侵蚀破坏。

林木球果采集机器人由机械手、行走机构、液压驱动系统和单片机控制系统组成。其中机械手由回转盘、立柱、大臂、小臂和采集爪组成，整个机械手共有 5 个自由度。这种球果采集机器人每台能采集落叶松果 500 千克，是人工上树采摘的 30～35 倍。另外，这种机器人采摘林木球果时，对母树破坏较小，采净率高，对森林生态环境的保护及林业的可持续发展有益。

　　在农业生产中，将各种果实分拣归类是一项必不可少的农活，往往需要投入大量的劳动力。英国西尔索农机研究所开发出一种果实分拣机器人，能够区分不同的果实，然后分拣装运。它还能将不同大小的果实分类，并且不会擦伤果皮。

　　移栽虽然很简单，但是需要大量的手工作业，而且很费时。人工移栽的平均速度是每小时 800～1 000 棵，但连续工作会使人疲劳，很难长久保持高效率。现在研制出来的移栽机器人有两条传送带，一条用于传送插盘，另一条用于传送盆状容器。其他的主要部件是插入式拔苗器、杯状容器传送带、漏插分选器和插入式栽培器。这种自动化移栽机器人可以使移栽速度提高 4～5 倍。

　　能在土质松软的水田中行走，进行深层作业的水稻施肥机器人，其行走部分是适宜于在狭窄稻秧间行走的窄型橡胶车轮，四个轮子都能横向转动 90 度。糊状肥料通过插入土中 15 厘米的喷嘴进行点注深层施肥。水稻施肥机器人工作时无人操纵，其行走及控制施肥量和施肥深度，以及施肥到地头后换一垄反向进行作业，都是自动进行的。

　　嫁接机器人利用传感器和计算机图像处理技术，实现了嫁接苗子叶方向的自动识别、判断。嫁接机器人能完成砧木、穗木的取苗、切苗、接合、固定、排苗等嫁接过程的自动化作业。操作者只需把砧木和穗木放到相应的供苗台上，其余嫁接作业均由机器自动完成，从而大大提高了作业效率和质量，减轻了劳动强度。嫁接机器人可以进行黄瓜、西瓜、甜瓜苗的自动嫁接，为蔬菜、瓜果自动嫁接技术的产业化提供了可靠条件。发展自动化嫁接技术，有利于高新技术迅速转化为生产力，推动我国农业现代化的跨越式发展。

　　喷农药机器人的外形很像一部小汽车，机器人上装有感应传感器、自动喷药控制装置以及压力传感器等。机器人在作业时，不需要手动控制，能够完全自动对树木进行喷药。机器人控制系统还能够根据方向传感器和速度传感器的输出，判断是直行还是转弯，而在转弯时，在没有树木的一侧，机器人能自动停止喷药。如果转弯时两边有树木，也可以根据需要解除自动停止喷药功能。在喷药作业时，当药罐中的药液用完时，机器人能自动停止喷药和行走。使用喷农药机器人，不仅使工作人员避免了农药的伤害，还可以由一人同时管理多台机器人，这样也就提高了生产效率，所以这种机器人将会有更大的发展。

爬树机器人在人工林场能代替人爬到树上，砍去主干两边的小树枝。

80. 医学机器人

导言

做手术和护理病人都是一项劳动强度较大的活儿，随着机器人在各个领域的渗入，医学机器人也逐渐进入了医学界，担当起做手术、护理等工作。

2008年5月，加拿大卡尔加里大学研制的机器人"神经臂"在医生遥控指挥下，成功地为一名叫佩奇·尼卡森的女子切除其脑部肿瘤。这是世界上首例使用机器人完成的脑瘤切除手术。之所以用"神经臂"来为尼卡森做手术，是因为她脑内的肿瘤非常复杂，它被各种神经和组织团团包裹。在这种情况下，医生很难把它切除，但机器人却做到了。

迄今为止，人类在医用机器人的研制上已有所建树，其中较著名的当属美国研发的"达·芬奇系统"。这种手术机器人得到了美国食品和药物管理局认证。它拥有4只机械触手。在医生操纵下，"达·芬奇系统"可以精确完成心脏瓣膜修复手术和癌变组织切除手术。借助该机器人接受过手术的病人病情能够很快恢复，而且留下的伤口疤痕也较小。

机器人在医疗方面的应用越来越多，比如用机器人置换髋骨、用机器人做胸部手术等。这主要是因为用机器人做手术精度高、创伤小，大大减轻了病人的痛苦。从世界机器人的发展趋势看，用机器人辅助外科手术将成为一种必然趋势。

目前，机器人的灵巧度还比不上人类，还需要人类医生的协助，但是随着技术进步，未来机器人可以取代医生自主为病人做手术。

恩格尔伯格创建的TRC公司第一个服务机器人产品是医院用的"护士助手"机器人，它于1985年开始研制，1990年开始出售，目前已在世界各国几十家医院投入使用。"护士助手"是自主式机器人，它不需要有线制导，也不需要事先做计划，一旦编好程序，它随时可以完成以下各项任务：运送医疗器材和设备，为病人送饭，送病历、报表及信件，运送药品，运送试验样品及试验结果，在医院内部送邮件及包裹。

日本东京大学早在70年代末就成功地开发了护理高位截瘫病人的护理机器人。它用声音控制，能定时帮助病人服药、倒饮料、喂饭，还能做拉窗帘及开关电视机、空调器等多种工作。

日本岩手大学开发了一种"如厕护理"机器人，这种机器人能大大提高老人的生活自理能力，既减轻了护理者的负担，又提高了老年人的生活质量。

美国德州大学博士生大卫·汉森发明了一款名叫K-bot的机器人，这个机器人有着柔软的皮肤，还有着一张女性的脸型，能够表达28种面部表情，包括微笑、嘲笑、皱眉甚至是扬眉。此外，它的嘴唇、脸颊和鼻子都能移动。它的眼睛里装有两部照相机，以便对眼前的人进行观察并对其表情做出辨别，随后模仿出悲伤、高兴或惊讶等不同的面部动作。最令人吃惊的是，K-bot机器人的面部还会随着年龄的增长而出现皱纹。将来，这种机器人可能会在治疗孤独症患者和中风病人方面发挥作用，成为临床医学家与患者进行非口头交流的工具。

2009年1月，日本发明了一款最新型的医护机器人，手部灵活的程度几乎和人类一模一样，不管是拿起桌上的水杯，还是从地上捡起吸管，甚至是挤番茄酱，这些动作都难不倒它。而且，它的手很柔软，和人体接触，也不用担心会伤到人。这款机器人预计2015年就会正式走入家庭，担负起照顾老人和病人的责任。

战场上难免有人员受伤，根据经验，如果士兵能在受伤一小时内获得救治，将大大提高他的幸存概率。可是在战场上，救护兵所携带的医疗器材相当有限，也不可能有大量的救护兵待在战场上组成一所野战医院。如果有医护机器人和作战的士兵待在一起，当士兵受伤后，那么后方的医生就可以通过卫星远程遥控机器人为伤兵动手术，并把他们撤离战场，以减少官兵在战场上的伤亡人数。

美国五角大楼已和一家高科技公司合作开发名为"疗伤者"的机器人医生，希望将来它们能够充当战地临时医生的角色。这种机器人有三条手臂，一条用来控制内窥镜，让人类医生可以看到伤者身体内部情况，另外两条手臂则拿着外科手术工具。此外，他们还会研究一种叫

"擦洗护士"的机器人，专门负责为机器人医生传递各种工具。更奇妙的是，为了使机器人医生更具人情味，研究者还打算让这些机器人能够与病人交谈，安慰他们，以及问他们一些问题。

除了可以用在战场之外，这种医护机器人还能用于地震或者其他自然灾害的救援。

另据报道，英国正加紧研发一种护理机器人，希望借此分担繁重琐碎的护理工作，并缓解目前英国护理人员人手紧张的状况。这种护理机器人将帮助医护人员确认病人的身份，并准确无误地分发所需药品。专家预测，在不远的将来，机器人护士还可以检查病人体温、清理病房，甚至通过视频传输帮助医生及时了解病人病情。

第十三章
现代交通技术

启示录
机械制造技术与现代交通

　　人类生活的一大需求——"行"，正在发生天翻地覆的变化，时速800 千米以上的喷气式客机，可使你在全世界打"飞的"，上万千米的旅程，可朝发夕至。居住上千万人口城市的地下铁路交通网，与地面上的轻轨、立体交叉公路一起，使你不再哀叹"上班难"。密如蛛网的高速公路网，正在打造的高速铁路网，使天涯若比邻。跨海隧道、跨海大桥，使座座岛屿与陆地相连，来往于海岛与大陆的人们不再畏惧台风和恶浪。

　　现代交通的发达，除了许多因素以外，有一个重要的因素是挖掘机的发明。机械挖掘机的出现，是在电动机、内燃机发明以后。1899 年，第一台电动挖掘机出现了。第一次世界大战后，柴油发动机也应用在挖掘机上，这种柴油发动机或电动机驱动的机械式挖掘机是第一代挖掘机。随着液压技术的广泛使用，挖掘机有了更加科学适用的传动装置，液压传动代替机械传动是挖掘机技术上的一次大飞跃。1950 年，德国的第一台液压挖掘机诞生了。机械传动液压化是第二代挖掘机。电子技术尤其是计算机技术的广泛应用，使挖掘机有了自动化的控制系统，也使挖掘机向高性能、自动化和智能化方向发展。机电一体化的萌芽约发生在 1965 年前后，而在批量生产的液压挖掘机上采用机电一体化技术则在 1985 年左右，当时主要目的是为了节能。挖掘机电子化是第三代挖掘机的标志。从 20 世纪后期开始，国际上挖掘机的生产向大型化、微型化、多功能化、专用化和自动化的方向发展。

　　挖掘机进了山洞，便成了隧道掘进机。

　　21 世纪是地下空间的世纪，随着国民经济的快速发展，我国城市化进程不断加快，今后相当长的时期内，国内的城市地铁隧道、水工隧道、越江隧道、铁路隧道、公路隧道、市政管道等隧道工程将需要大量的隧道掘进机。

隧道掘进机是一种高智能化，集机、电、液、光、计算机技术为一体的隧道施工重大技术装备。隧道掘进机有两大类，用于软土地层的隧道掘进机称为盾构隧道掘进机，用于岩石地层的隧道掘进机称为 TBM。在发达国家，使用隧道掘进机施工已占隧道总量的 90％以上。由于隧道掘进机的制造工艺复杂，技术附加值高，目前国际上只有德国、美国、日本、法国、加拿大等少数几个国家的企业有能力生产，且造价高昂。

隧道掘进机在国内尚处于起步阶段，主要依赖进口。在国内的隧道建设中，德国和日本在中国的隧道掘进机市场占有率高达 95％以上，处于绝对垄断地位。若不及早改变这一现状，就会在相当长的一段时间内，在地下工程建设中，面临高额施工成本和技术上受制于外企的尴尬境地。

因此，要发展现代交通，必须发展与之紧密相关的先进掘进机、凿岩机等机械制造技术。

81. 喷气式客机

导言

1949 年，第一架喷气式民航客机——英国的"彗星"号首次飞行。从此，人类航空史进入了喷气机时代。现今世界上绝大部分民航客机都已实现了喷气化。大型喷气式客机的时速约为 900 千米/时。

1952 年，波音公司开始了一项历史性的重大战略转移，试图从研制生产军用飞机转向，用民用客机打天下，并启动研制一种全新的喷气式客机，就是后来著名的波音 707。

707 这个代号来自于飞机的机翼设计。最初设计的机翼后掠翼为 45 度（后来设计的机翼后掠翼改为 35 度），这个角度的正弦和余弦值都为 0.707，而在美国，7 是幸运数字，波音公司便决定以 707 作为第一架喷气式飞机的代号。

这是波音公司第一次铤而走险的"赌博"，因为这个项目大约需要资金 1600 万美元，几乎占了波音全部资产的四分之一，所以如果波音 707 研制出来以后没有市场，波音公司就不得不宣布破产。

为了使计划不会刺激对手提前采取相应的对策，波音公司的总裁威廉·阿伦采用了一种借"机"下蛋的办法，将707的原型机取了一个367-80的军用代号（对内部职工称作"冲击-80"），给外界造成一种为空军研制新型军用运输机的假象，实际上是双管齐下，军民两种型号同时进行。

1954年5月15日，对于波音公司来说是个大喜的日子，首架367-80（即707原型机）披着彩装缓缓地滑出了总装车间的大门，全公司的工人蜂拥在它的身旁。

波音707在1958年10月26日第一次交付，很快成了公司的一个赚钱机器，还被选为美国总统的座机。截至1991年停产，各型波音707（包括军用改型）一共生产了1 010架，在美国国内外共有64个用户。

A300是由法国、德国、英国和荷兰研制生产的民用喷气式飞机。

第一架A300原型机于1972年9月28日在空中客车公司正式出厂，这一天也成为欧洲民用航空工业合作的一个里程碑。

但在此之后，空中客车公司却进入了一个极为糟糕的时期。16个月过去了，却无一个新订单。到1978年之前，空中客车公司共生产了54架A300，其中34架交付使用，另外16架停放在工厂跑道上无人问津。但是到1978年春天，空中客车的机会突然来了。由于燃油价格猛涨，市场上急需一种容量大、省油的客机，而当时只有双发的A300B可以满足这一要求，于是A300B的订单猛增。先是美国东方航空公司主席兼总裁弗兰克·博尔曼在他们机队现代化计划中把A300列入了竞争之列，接着泰国航空公司也正式订购了2架A300，并意向订购2架。

1979年，一系列的销售合同接踵而至，订购数量上升到133架，意向订购88架。到1979年底，已有32家客户订购了256架A300，81架已由14个用户投入营运。至今各型A300共交付500架以上。

"协和"号飞机是由英、法两国共同研制和生产的巡航速度达2马赫的超音速客机，两国经过13年的努力，于1976年1月21日，终于使"协和"号飞机正式投入航线运营。

"协和"号的亮相确实引起了世界的轰动。它那优雅而细长的机身，可以活动的尖尖的像鸟嘴似的机头，圆滑曲线的三角机翼被当时舆论认为是"力量和美学"的完美结合。它的设计至今仍被航空界称之为飞机设计史上的伟大杰作，对超音速航空飞行器的设计和以后航空事业的发展产生了巨大的影响。特别是它的大后掠、S形前缘、三角无尾的"涡升力"机翼被称为飞机气动力学的一次革命性的进展，成为以后超音速飞机的设计典范。它的可活动的机头大大改善了飞行员在起降飞机时的视野，一直为人们津津乐道。

遗憾的是，由于第一代超音速客机存在经济性和环境保护问题，使它无法迅速普及。服役25年来，"协和"号在英、法两国总共只有13架在飞。

2000年7月25日，法航一架"协和"飞机从巴黎戴高乐机场起飞不到2分钟就失事坠毁，造成机上和地面上114人遇难。现在尽管事故原因（跑道上外物击中飞机油箱）已经查清，飞机经过改进重新取得适航证，可再次投入运营，但第一代超音速客机的命运终究还是蒙上了一层抹不去的阴影。2003年4月，英法航空公司宣布"协和"号在2003年10月退出航线飞行。

20世纪50年代出现的喷气式客机采用涡轮喷气发动机、后掠翼，与活塞式客机相比，大大提高了巡航速度和客运量，运营效率大为提高。但此类型飞机耗油率高，噪声大。

20世纪60年代开始使用的中短程客机采用了耗油率更低的涡轮风扇发动机，降低了耗油率，提高了经济性。代表机型有波音727、图-154、DC-9和三叉戟客机。

20世纪70年代，针对世界客运量飞速增长的局面而问世的宽机身客机大大提高了载客能力，如波音747、DC-10、伊尔-86、空中客车A300等。机身直径与以前所谓的"窄体"客机相比有大幅度增加，采用高涵道比涡轮风扇发动机，耗油率又有降低。

20世纪80年代以来，出现了一批设备更先进的客机，如使用电传操纵系统的空中客车A320、A330和波音777等。

中国首架自主研制的新型150座级单通道窄体喷气式大客机C919将于2015年底首飞，将在未来"比肩"波音737、空客320，并在经济性、环保性、安全性、舒适性方面更为领先。

82. 高速公路

导言

高速公路指有4车道以上、两向分隔行驶、完全控制出入口、全部采用立体交叉的公路。20世纪30年代西方一些国家开始修建，60年代以来世界各国高速公路发展迅速。高速公路是经济发展的必然产物。

全世界第一条高速公路是德国的艾伏斯公路，于1931年建成，位于科隆与波恩之间，长约30千米，由德国科隆市市长康拉德·阿登纳发明并建造，于1932年8月6日宣布开通。纳粹党领袖希特勒在德国执政后，宣布在全国大举修建高速公路。

以后，许多国家开始修建高速公路，最长的一条高速公路——环欧高速公路，在20世纪末建成，全长达1万千米。这条高速公路始于波兰的拉格夫，越过捷克、斯洛伐克、奥地利、匈牙利、塞尔维亚和黑山、罗马尼亚、意大利、希腊等国家，终点在土耳其和伊朗交界处的戈尔布拉克。

中国后来居上，至2013年末，建成高速公路10.44万千米，居世界首位。第二位是美国，2011年达到75 440千米。

中国最早兴建高速公路的是台湾。1970年，北起基隆、南至高雄的南北高速公路开始兴建，于1978年10月竣工，历时9年，全长373千米。

中国内地高速公路起步于1984年，最早开工的是沈大高速公路，最早完工的是广佛高速公路。

中国内地于2004年经国务院审议通过并开始实施《国家高速公路网规划》，《国家高速公路网规划》采用放射线与纵横网格相结合的布局方案，形成由中心城市向外放射以及横贯东西、纵贯南北的大通道，由7条首都放射线、9条南北纵向线和18条东西横向线组成，简称为"7918网"，总规模约8.5万千米，其中主线6.8万千米，地区环线、联络线等其他路线约1.7万千米。此外，规划方案还包括辽中环线、成渝环线、海南环线、珠三角环线、杭州湾环线共5条地区性环线，2段并行线和30余段联络线。

这是中国历史上第一个"终极"的高速公路骨架布局，同时也是中国公路网中最高层次的公路通道。

到2010年，国家高速公路网基本贯通"7918网"当中的"五射两纵七横"14条路。五射：北京—上海、北京—福州、北京—港澳、北京—昆明、北京—哈尔滨；两纵：沈阳—海口、包头—茂名；七横：青岛—银川、南京—洛阳、上海—西安、上海—重庆、上海—昆明、福州—银川、广州—昆明。至此，国家高速公路网总体上实现"东网、中联、西通"的目标，即东部地区基本形成高速公路网，长江三角洲、珠江三角洲、环渤海地区形成较完善的城际高速公路网络；中部地区实现承东启西、连南接北，东北与华北、东北地区内部的连接更加便捷；西部地区实现内引外联、通江达海，建成西部开发八条省际公路通道。

2013年6月，我国交通部出台了最新《国家公路网规划（2013年－2030年)》，其中将高速公路网规划由"7918网"变更为"71118网"，由7条首都放射线、11条南北纵线和18条东西横线组成，计划到2030年，建成里程达到11.8万千米国家高速公路主干网，另规划远期展望线约1.8万千米。这是世界上规模最大的高速公路系统。

83. 高铁

导言

高铁是高速铁路的简称，是指通过改造原有线路，使其直线化、轨距标准化，使营运速度达到每小时200千米以上，或者专门修建新的"高速新线"，使营运速度达到每小时250千米以上的铁路系统。广义的高速铁路包含使用磁悬浮技术的高速轨道运输系统。

中国目前已经拥有全世界最大规模以及最高运营速度的高速铁路网。截至2013年9月26日，中国高铁总里程达到10 463千米，"四纵"干线基本成型。中国高速铁路运营里程约占世界高铁运营里程的46%，稳居世界高铁里程榜首。

1959年4月5日，世界上第一条真正意义上的高速铁路东海道新干线在日本破土动工，经过5年建设，于1964年3月全线完成铺轨，同年7月竣工，1964年10月1日正式通车。

东海道新干线从东京起始，途经名古屋、京都等地，终至大阪，全长515.4千米，运营速度高达210千米/时，它的建成通车标志着世界高速铁路新纪元的到来。

虽然东海道新干线的速度优势不久之后就被法国的高速铁路超过，但是日本新干线拥有目前最为成熟的高速铁路商业运行经验，这条高铁建成以来没有出过任何事故。而新干线修建之后对于日本经济的拉动也是引起世界高速铁路建设狂潮的原因之一。

1990年至90年代中期，法国、德国、意大利、西班牙、比利时、荷兰、瑞典、英国等欧洲大部分国家，大规模修建该国或跨国界高速铁路，逐步形成了欧洲高速铁路网络。这次高速铁路的建设高潮，不仅仅是提高铁路内部企业效益的需要，更多的是国家能源、环境、交通政策的需要。

从 90 年代中期至今，在亚洲（韩国、中国台湾、中国）、北美洲（美国）、大洋洲（澳大利亚）范围内掀起了建设高速铁路的热潮。

高铁有三种运行模式：高速轮轨、磁悬浮和摆式列车。

高速轮轨和磁悬浮虽然在设计方法上有天壤之别，却还有一点是共通的，那就是通过改变列车和轨道的接触状况以提高速度。到目前为止，磁悬浮能够达到的设计运行最高时速为 450 千米（德国），试验最高时速为 552 千米（日本）。与目前最高时速的高速轮轨 TGV 相比，磁悬浮的纯速度领先还并不明显，但它有明显的速度潜力和能耗低、噪音小等优势。

与此大相径庭的是近年兴起的关注于改进机车牵引系统的摆式列车，它很有可能是此后地面交通工具提高速度的另一个有益尝试。

摆式列车，又叫倾斜式列车、摆锤式列车、摇摆式列车、振子列车，是一种车体转弯时可以侧向摆动的列车。摆式列车能够在普通路轨上的弯曲路段高速驶过而无须减速。

1969 年，首列摆式列车在加拿大国家铁路投入服务。德国、意大利和瑞典也是最早进行摆式列车试验的国家。

1985 年，意大利国铁制造了 15 组 9 车一组的自动摆式电联车，并于 1988 年开始行驶于米兰和罗马之间，后来延伸到其他铁路网中，大大缩短了行车时间。该组车自 1988 年以来已行驶了 2 600 万千米，载客量从 1988 年的每年 22 万人次增加到每年 220 万人次。

1997 年以来，摆式列车因为价格便宜和制造工艺相对简单，尤其是能够充分利用现有线路，不必铺设全新的铁路网络的优势，而逐渐能够在高速列车的竞争上与高速轮轨和磁悬浮分庭抗礼。

从国际趋势来看，摆式列车很有可能是一种在大规模成熟铁路网基础上完成提速，而且性价比较高的高速铁路技术。

中国是世界上高速铁路发展最快、系统技术最全、集成能力最强、运营里程最长、运营速度最高、在建规模最大的国家。在运行速度上，已于 2011 年 6 月 30 日正式开通运营的京沪高速铁路客运专线最高时速达到 380 千米。在运输能力上，一个长编组的列车可以运送 1 000 多人，每隔 5 分钟就可以开出一趟列车，运力强大；在适应自然环境上，高速列车可以全天候运行，基本不受雨雪雾的影响；在列车开行上，采取"公交化"的模式，旅客可以随到随走；在节能环保上，高速铁路是绿色交通工具，非常适应节能减排的要求。

截至 2013 年 9 月 26 日，中国高铁总里程达到 10 463 千米，"四纵"干线基本成型。中国高速铁路运营里程约占世界高铁运营里程的 46％，稳居世界高铁里程榜首。国家计划从 2010 年起至 2040 年，用 30 年的时间，将全国主要省市区连接起来，形成国家网络大框架，规划简称为"五纵六横八连线"。

84. 海底隧道

导言

海峡像一道天堑将大陆与大陆、大陆与海岛、海岛与海岛之间隔开，这给人们的生活、旅行带来许多不便。于是，人们设计建造接通海峡两岸的海底隧道。

海底隧道工程是人类最伟大的成就之一，它是人类利用科技，在人体力量有限的情况下贯穿海陆，深入海底，完成彼此的连接。

开凿海底隧道，每前进一尺一寸都得之不易，必须利用计算机控制和激光导向，使用大功率的巨型凿岩机从两端同时掘进。每掘进数十厘米，就要立即加工隧道内壁。在海底地质复杂无法掘进的情况下，就要采用预制钢筋水泥隧道，将其沉埋固定在海底的方法。在修建海底隧道时，科学家必须运用先进的科学方法解决通风、加固、渗水、通信、电力和消防等诸种问题。

随着科技的发展，世界上建造海底隧道的国家开始增多。

海底隧道的优势是显而易见的，它不但大大缩短了交通距离，行车不必受自然条件的影响，而且不占地、不妨碍航行、不影响生态环境，是一种非常安全的全天候的海峡通道。

目前，全世界已建成和计划建设的海底隧道有 20 多条，主要分布在日本、美国、西欧、中国香港等国家和地区。

从工程规模和现代化程度上看，当今世界最有代表性的跨海隧道工程，莫过于欧洲隧道、青函隧道和日本对马海峡隧道。

1986 年 2 月 12 日，法、英两国签订关于隧道连接的《坎特布利条约》，1.1 万名工程技术人员用了 8 年之久的辛勤劳动，耗资约 100 亿英镑(约 150 亿美元)，到 1994 年正式通车，终于把自拿破仑·波拿巴以来将近二百年的梦想变成了现实：滔滔沧海变通途，一条海底隧道把孤悬在大西洋中的英伦三岛与欧洲大陆紧密地连接起来，为欧洲交通史写下了重要的一笔。

欧洲隧道由三条长 51 千米的平行隧洞组成，总长度 153 千米，其中海底段的隧洞长度为 3×38 千米，是目前世界上最长的海底隧道。

1994 年 5 月 6 日，连接英国和法国的欧洲隧道举行隆重的通车典礼，英国女王伊丽莎白二世和法国总统密特朗为之剪彩。两国元首在剪彩典礼上发表了讲话。

密特朗说，两个多世纪的梦想实现了，他本人和法国人民都为这一工程的实现而感到高兴。这一工程将促进欧洲统一建设，英、法两国之间所做的事不会使欧洲其他地方感到无动于衷。

伊丽莎白二世女王说，这是第一次英、法两国元首不是乘船，也不是乘飞机来会面的。她希望海底隧道能增加两国人民间的相互吸引力，希望两国继续进行共同的事业。

隧道的开通填补了欧洲铁路网中短缺的一环，大大方便了欧洲各大城市之间的来往。隧道中驰骋的英、法、比利时三国铁路部门联营的"欧洲之星"列车，车速达每小时 300 千米；平均旅行时间，在伦敦与巴黎之间为 3 小时，在伦敦和布鲁塞尔之间为 3 小时 10 分。如果把从市区到机场的时间算在内，乘飞机还不如乘"欧洲之星"快。

欧洲隧道还专门设计了一种运送公路车辆的区间列车，各种大小汽车都可以全天候地通过英吉利海峡，从而使欧洲公路网也连成了一体。

这条海底隧道现由欧洲隧道公司负责经营管理。它承担起英、法两国跨海峡客运量的一半和货运量的百分之三十左右。高峰时，两条铁路可同时运送两万名乘客，每隔几分钟就有一趟高速列车通过，穿越海峡的时间仅需 35 分钟，旅客列车分设一、二等车厢，一等车厢备有电话和桌子，并免费供餐一顿。列车服务员可用两种以上语言为乘客服务。

为使隧道成为世界上最安全的通道，欧洲隧道公司除在列车行驶速度和服务方面作出努力外，还在安全方面采取了措施。该公司在隧道内安装了大量先进的安全装置，仅用于隧道运营管理的控制和信息交流系统就有 3 套。此外，还备有自动灭火装置、防震系统，修建了防弹墙、安全通道，甚至设置了动物捕捉器，以对付因迷路而闯入隧道的动物。隧道每隔 1.75 千米就安置一个监测器，随时测定温度、烟尘及一氧化碳的含量。

中国香港陆续建成了三条海底隧道，这三条海底隧道使回归祖国后日益繁荣的香港特别行政区的交通畅通无阻。

中国第一条海底隧道是厦门翔安隧道，2010 年 4 月 26 日建成通车，全长 8.695 千米，海底部分长 5.9 千米，跨海域宽约 4.2 千米，最深处位于海平面下约 70 米，两个主洞分别宽 17.2 米。

两天后，2010 年 4 月 28 日，国内长度第一的青岛胶州湾隧道全线贯通，全长 7.8 千米，其中海底部分长约 6.05 千米。

胶州湾隧道南接黄岛区薛家岛，北连青岛主城区，从地下穿越胶州湾湾口海域，双向六车道，使用年限为 100 年，项目总投资 36.59 亿元人民币。

该隧道通车后，结束胶州湾两岸人员往来依靠轮渡的时代，与同日开通的世界最长跨海大桥——青岛胶州湾大桥一道，串起山东半岛滨海大道的"黄金链"，贯通中国高速公路 G20、G22、G15 等交通大动脉，推动山东半岛与东三省、京津冀及环渤海、长三角等经济圈的合作融合，形成东西岸半小时圈。

中国正在建设的海底隧道有海沧海底隧道、厦漳海底隧道。渤海湾海底隧道、台湾海峡海底隧道、中日韩海底隧道的修建，也进入了人们的视野。

第十四章
虚拟现实技术

启示录　虚拟照进现实

人类越来越了不起了。人类不满足于身边的现实世界，于是就活生生地创造出了一个虚拟世界。

或许人类是最爱做梦的一种动物。不知道其他动植物会不会做梦，反正就我们人类来说，喜欢做梦的大有人在。"人生如梦""曾经年少爱追梦""我的未来不是梦""一场游戏一场梦"等，很多关于梦的句子充斥在我们的生活中。人们不但爱做梦，还想方设法让梦变成现实。最早的时候，人类是通过文字、绘画、音乐来营造虚拟世界，比如文学作品、连环漫画、乐曲、戏剧等，让观者产生一种虚拟的幻觉，仿佛置身于一个梦幻般的世界当中。后来，人们通过光影技术，比如电影、电视、三维立体成像等，更加真实地在观者面前呈现一个令人惊叹的虚拟世界。现在，人类有了网络，一个让人分不清是幻是真的网络虚拟世界，俨然已成了很多年轻人生活的一部分。

人类的创造力如此惊人，或许连上帝都开始自叹不如了："我只不过是创造出了一个大家可以摸得着、看得到的现实世界，人类却能创造出一个摸得着、看得到，但根本就不存在的梦幻世界！"

在上帝的生命进化订单里，原本是没有这样一个世界的。

人类却不管这么多，只顾陶醉在自己创造的世界里。

20 世纪 80 年代初期，美国科幻作家威廉·吉布森在他的一系列短篇故事和小说中，描绘了一个涉及全球虚拟现实的网络世界。这些科幻小说的发表激发了许多年轻的计算机爱好者丰富的想象，他们当中的一些人后来积极地投身于虚拟现实的开发工作。科学家们认为，虚拟现实是一种具有很强的吸引力和很高的研究价值的新媒体，必将成为人类向全新的通信台阶跃进的跳板。

虚拟现实是从英文 Virtual Reality 一词翻译过来的。Virtual 就是虚假的意思，Reality 就是真实的意思，合并起来就是虚拟现实。国内也有人译为"灵境"或"幻真"。虚拟现实是一项融合了计算机图形学、人机接口技术、传感技术、心理学、人类工程学及人工智能的综合技术。

虚假与真实本是互不相容的，聪明的人类却在其间架起了一座桥梁，这就是虚拟现实（VR）技术。

85. VR 技术

导言

VR 是由计算机硬件、软件以及各种传感器构成的三维虚拟环境。创立 VR 有很强的功利目的。它首先被设计人员应用到建筑、汽车、火车、飞机和轮船的设计上。开着虚拟的样车、样船、样机，进入虚拟的样房，便能检验设计的优劣。不用做实物模型，不用制造样车、样船、样机，使得开发新产品成本低、效益高，事半功倍，被称为科学技术之眼，难怪设计人员如此喜欢 VR。

虚拟现实技术是在 20 世纪 80 年代初到 80 年代中期发展兴起的。1990 年在美国达拉斯召开的国际会议明确了虚拟现实的主要技术构成，即实时三维图形生成技术、多传感交互技术及高分辨率显示技术。虚拟现实技术系统主要包括三个部分：输入输出设备，如头盔式显示器、立体耳机、头部跟踪系统以及数据手套；虚拟环境及其软件，用以描述具体的虚拟环境等动态特性、结构以及交互规则等；计算机系统以及图形、声音合成设备等外部设备。

进入 20 世纪 90 年代，迅速发展的计算机软件、硬件系统使得基于大型数据集合的声音和图像的实时动画制作成为可能，越来越多的新颖、实用的输入输出设备相继进入市场，而人机交互系统的设计也在不断创新，这些都为虚拟现实系统的发展打下了良好的基础。其中，美国研究机构利用虚拟现实技术设计波音 777 获得成功，是一件引起科技界瞩目的伟大成果。设计师戴上头盔显示器后，可以穿行于设计中的虚拟"飞机"中，去审视"飞机"的各项设计，这样，便可以减少建造实物模型的经费，同时也可以缩短研制周期，并最终实现机翼与机身一次性接合成功。

从某种意义上讲，我国才是 VR 的发源地，早在战国时期，《墨子·鲁问》篇中就记载着"公输般竹木为鹊，成而飞之，三日不下"，其原材料是极薄的木片或竹片。后来人们在风筝上系上竹哨，利用风吹竹哨，声如筝鸣，故称"风筝"。模拟飞行动物发明的有声风筝，是有关中国古人试验飞行器模型的最早记载。后来该技术传到西方，利用风筝的原理才发明了飞机。

但我国对 VR 技术的正式研究起步却很晚，大概在 20 世纪 90 年代初，发展到现在已取得了初步成果，但与发达国家相比还有很大的差距。

国内最早开展此项技术试验的是西安虚拟现实工程技术研究中心，北京航空航天大学计算机系也是国内最早研究 VR 的单位之一。北京大学设计了基于 PC 机的 VR 系统；清华大学国家光盘工程研究中心所制作的"布达拉宫"，采用了 QuickTime 技术，实现大全景 VR 制；浙江大学 CAD&CG 国家重点实验室开发了一套桌面型虚拟建筑环境实时漫游系统；哈尔滨工业大学计算机系已经成功地合成了人的高级行为中的特定人脸图像，解决了表情的合成和唇动合成技术问题，并正在研究人说话时手势和头部的动作、语音和语调的同步。西安交大信息工程研究所、中国科技开发院威海分院、北方工业大学 CAD 中心、上海大学 CIMS 中心、上海交通大学图像处理模式识别研究所、长沙国防科技大学计算机研究所、华东船舶工业学院计算机系、安徽大学电子工程与信息科学系等单位也进行了一些研究工作和尝试。

在城市规划中，我国南京城市规划馆使用 VR 技术，设计了范围 100 平方千米的未来城市规划，并制成约 25 平方千米精细建模，建筑及周围环境，包括飞鸟、云雾，栩栩如生，规模、场景、动作按方案切换。

虚拟现实的最大特点是：用户可以用自然方式与虚拟环境进行交互操作，改变了过去人类除了亲身经历就只能间接了解环境的模式，从而有效地扩展了自己的认知手段和领域。另外，虚拟现实不仅是一个演示媒体，而且还是一个设计工具，它以视觉形式产生一个适人化的多维信息空间，为我们创建和体验虚拟世界提供了有力的支持。

虚拟现实技术可以广泛应用于各个领域。这些领域包括仿真建模、计算机辅助设计与制造、可视化计算、遥控机器人、计算机艺术、先期技术与概念演示、教育与培训、数据和模型可视化、娱乐和艺术、设计与规划及远程操作等。虚拟现实技术是 21 世纪发展的重要技术之一，作为一门科学和艺术，将会不断走向成熟。21 世纪将是虚拟现实技术的时代，相信在不久的将来，人们会轻松地邀游于多维化的信息世界中，领略人类高科技的魅力。

86. VR 技术与医学

导言

VR 技术和现代医学的飞速发展以及两者之间的融合，使得 VR 技术已开始对生物医学领域产生重大影响。目前，虚拟现实技术在医学方面正处于应用虚拟现实的初级阶段，其应用范围包括从建立合成药物的分子结构模型到各种医学模拟，以及进行解剖和外科手术教育等。

VR 技术在医学方面的应用具有十分重要的现实意义。在虚拟环境中，可以建立虚拟的人体模型，借助于跟踪球、头盔显示器（HMD）、感觉手套，学生可以很容易了解人体内部各器官结构，这比现有的采用教科书的方式要有效得多。

使用 VR 技术可以进行人体解剖仿真，医学院的学生们可以不必局限于书本和尸体，为了了解人体解剖学的复杂性，可以使用一个虚拟的病人。用虚拟人供学生做人体解剖，教授们再也不会因尸体不够而发愁。

科学家们建立了一个虚拟外科手术训练器，用于腿部及腹部外科手术模拟。这个虚拟的环境包括虚拟的手术台与手术灯，虚拟的外科工具如手术刀、注射器、手术钳等，虚拟的人体模型与器官等。借助于 HMD 及感觉手套，使用者可以对虚拟的人体模型进行手术。

外科手术仿真器使得外科医生在做一次比较复杂的外科手术之前可以先进行练习，然后将练习的成果应用于实际手术之中。这种事先的演练为医生给病人进行成功的手术创造了可能。对病人实施外科手术之前，外科医生可以先用虚拟现实系统进行练习。如果将该病人的真实形象利用计算机轴向层析 X 射线摄影、磁共振成像或其他成像技术，送入仿真系统，外科医生就可以对实际的外科手术做出相应的规划，因而使得他可以预料到原本难以预料到的某些复杂性。利用 VR 技术进行虚拟外科手术还可以为那些刚走上工作岗位的医生或医学院的学生提供更多的机会去演练以前从未做过的手术。

在虚拟外科手术中，外科医生戴着可以显示计算机生成立体图像的头盔显示器，头盔上装有空间跟踪定位器，显示的图像始终跟踪着外科医生的视线，当外科医生转动头部时，空间跟踪定位器就发信号给虚拟现实系统去调整仿真中的视图。当外科医生用头盔显示器看着虚拟手术台上用计算机制作的三维仿真人体模型时，头盔显示器同时可以显示出该虚拟病人的血压、心率或其他生理信息。

另外，在虚拟外科手术中，外科医生戴着数据手套，拿着虚拟手术刀，数据手套上也配备位置跟踪定位装置，这样虚拟现实系统便可以精确地跟踪人体的运动轨迹和位置，以及医生和虚拟病人之间的手术动作。

完成一次虚拟手术后外科医生还可以按一下复位按钮重复进行。如果虚拟病人死了还可以让他马上起死回生，以便从头开始，重复练习，积累经验，从而增加实际手术的成功率。

针灸是中国一门传统医术。其原理是以细小的金属针刺进人体的不同穴位，以达到治疗的效果。

在传统的针灸教学中，学生只能在木制或铜制模型上练习针灸。通过虚拟针灸系统，学生可以利用虚拟的立体人体影像学习和练习。事实上，虚拟针灸系统最突出的地方正是其超高解像度的人体数码资料库。结合庞大的人体数据及中医学知识，虚拟针灸系统能以尖端的影像技术做到虚拟人体可视化。虚拟针灸系统更支持互动的模拟施针界面，借着系统模拟出来的力度，学生可感受到针刺入人体的效果。

中国内地和香港一直致力于把新科技带进针灸疗法及其他中医学，以推动其数码化和现代化。香港中文大学的虚拟针灸系统，其主要的研究焦点在于虚拟技术的医学应用及医学数据库的建构。香港中文大学屡获殊荣的虚拟针灸系统于 2000 年开始研究，凭借香港政府及大学的支援，研究中心能够聘用各种专才及中医药专家共同研究。凭借雄厚的科研实力，虚拟针灸系统于 2005 年获得亚太资讯及通信科技研究大奖及开发项目大奖。

康复医疗旨在通过物理疗法、体育疗法、作业疗法、生活训练、技能训练、语言训练和心理咨询等多种手段，使伤残者、慢性病患者、低能畸形儿童、老年人和手术后患者得到最大限度的恢复，使身体的部分或全部功能得到最充分的发挥，以达到最大可能的生活自理、劳动和工作等能力的恢复。

在进行运动疗法的同时，可利用 VR 技术用音乐、画面和语言提示等手段进行心理治疗。用 VR 技术研究一种用于康复训练，集功能测试、运动疗法（或作业疗法）和心理治疗为一体的康复器械是康复事业的需要，这类产品在国内外都是一个空白，它的问世，会给我国的康复事业做出巨大的贡献，对广大患者来说，也是一个福音。同时，目前专业康复人员的数量较少，这一类器械的问世将缓解矛盾，使更多的患者受益。而 VR 技术正好能解决康复工程中存在的上述问题。

一些组织正在利用 VR 技术做试验以帮助伤残人。美国的奥瑞研究所已制订了一个教残障儿童使用轮椅的方案。Dayton 大学正在用 VR 技术训练弱智学生驾驶公交车。还有许多针对伤残人的 VR 技术的应用项目正处在研究阶段，人们试图帮助他们体验由于身体条件的限制而不能体验的世界。伤残人在实地参观一个新地方之前，可以先虚拟参观这些地方。他们还可以在虚拟世界里体验滑雪、滑翔以及其他体育运动。

87. VR 技术与军事

导言

虚拟现实技术在军事领域开辟了一个富有发展潜力的新领域，它将会随着时间的推移日臻完善，在军事领域的应用将会越来越广泛，发挥的作用也将会越来越大。

模拟虚拟战场一直是军事领域的一个重要课题。

虚拟战场环境像一束强光穿透战场的迷雾，使战场变得透明，它主要是通过模拟实车、实兵或实战环境，来培养单兵或小范围作战编组的作战技能，如目前使用较多的驾驶模拟仿真系统、多用途复合激光作战仿真系统等。这些仿真系统的准确性和逼真性得到了很大的提高，图像的仿真程度也已经与实物、实景相差无几。

训练仿真系统具有在危险小、消耗低的条件下训练出较强作战技能的部队的特点，因此受到世界各国军队的极大重视。美军于 20 世纪 70 年代末开始将模拟训练器材应用于部队训练，20 世纪 80 年代以来，美军更加重视适合于实战要求的作战模拟系统的研制。目前，美军已能够模拟 35 种武器装备的操作使用和相应的战术演练。

在针对海湾战争的训练中，美军大量采用了模拟坦克、装甲车辆等器材，通过模拟仿真训练，既避免了由于采用实兵、实车、实弹等进行训练带来的武器、弹药的损耗，又保证了人身安全，节省了大量经费。现在，美军从营级到师级的实兵、实车等实装训练正逐渐减少，主要进行模拟训练。

未来的士兵将在电子头盔、数据手套和武器平台仿真器集成的模拟舱内，身经"百战"，在虚拟的战斗中体验生与死的角逐，磨炼娴熟的战术技能和坚韧的战斗意志。与常规的训练方式相比较，虚拟现实训练具有环境逼真、沉浸感强、场景多变，训练针对性强和安全经济、可控制性强等特点。

在这样的环境中，指挥员可以获得充足的战场信息，拥有决策优势，贯彻各种战术思想，体会运筹帷幄的惊心动魄；士兵可以熟悉战场环境，适应战场氛围，训练战斗技能和坚忍的意志。

在阿富汗战争打响之前，美国陆军装备司令部出资 10 亿美元构建了逼真的阿富汗虚拟战场，模拟了从沙漠到丛林以及拥挤的街道等各种地形，并通过人工智能的方法设计塔利班"士兵"供参战人员模拟作战使用。

同样，美军早在对伊拉克开战半年前就构建了巴格达城区虚拟战场，将所有的建筑物、街道、公共设施、树木等全部模拟出来，演练的士兵如身临其境，可以判定进攻方向、威胁强度、掩蔽位置，可以制订作战预案，进行战斗演练。它将参训人员带到像实战一样弥漫着危险气氛的环境，让他们相信自己可以应付眼前的一切。当这些人员真正上战场时，他们已经成了熟悉战场环境的老兵。

虚拟现实技术在心理战中也可发挥巨大的威力。美陆军的心理战部队在索马里维和时已经做过虚拟战场的试验。1993 年 2 月 1 日，在摩加迪沙以西 15 千米处，突然刮起一阵沙暴，随即便在沙尘飞扬的昏暗的空中，出现了一幅高 150～200 米的耶稣基督的全息圣像，见此情景，许多美军维和士兵都纷纷跪下祈祷。在将来可能与伊朗交战时，美军也打算在空中显示伊斯兰教真主的全息圣像，让活灵活现的真主劝伊军士兵投降。

随着虚拟现实技术的发展，一种新的作战样式——虚拟战登上了战争舞台。虚拟战是以综合实力为依托，运用虚拟现实技术和信息化装备，利用信息欺骗的手段，来遏止对手的战争意图，达成国家战略目标的作战样式。

虚拟战在未来战场上可能有两种样式：虚拟威慑。在与敌方交战时，首先运用虚拟现实技术，模拟敌方的可能行动、己方的对抗措施和敌方惨败的后果，并公开展示，使敌方感到自己所有可能的行动都在对手的掌握之中，并认识到一旦进行交战必然会导致对手所展示的那种严重后果，进而失去对抗的信心，最终达到威慑目的。虚拟破敌。在战场上与敌交战的过程中，运用虚拟现实技术制造某种可以削弱或瓦解敌人战斗意志的场景，陷敌于混乱，最终达到为战胜敌人而创造有利条件的目的。

虚拟战场环境在武器研制试验中的作用更充分体现了信息技术的优势。高新武器的研制试验总伴随着高昂的经费，而在虚拟战场环境中测试武器装备的准确射程、打击范围、损毁程度等指标，不仅精确度高，也大大节省了经费。

虚拟现实技术在武器设计、研究分析、生产规划、制造使用等环节都有重要的应用价值。

设计者采用虚拟现实技术方便自如地介入系统建模和仿真试验全过程，既能加快武器系统的研制周期，又能合理评估其作战效能，使之更接近实战的要求。

今后，战争的任何侧面都将在实战之前进行模拟演练，模拟演练将变得十分真实，完全可以达到乱真的地步。也许我们可以用模拟战争代替实战。这种类型的虚拟现实典型的实例是战机飞行员的平视显示器，它可以将仪表读数和武器瞄准数据投射到安装在飞行员面前的穿透式屏幕上，使飞行员不必低头读座舱中仪表的数据，从而可集中精力盯着敌人的飞机，这样可避免导航偏差。

88. VR 技术与生活

导言

VR 技术的应用范围不断扩大，渗透到人类生活的方方面面。

由于娱乐方面对 VR 的真实感要求不是太高，故近些年来 VR 在该方面发展最为迅猛。丰富的感觉能力与 3D 显示环境使得 VR 成为理想的视频游戏工具。如在美国芝加哥开放了世界上第一台可供多人使用的大型 VR 娱乐系统，其主题是一场关于 3025 年的未来战争。

VR 已经在娱乐领域得到了应用。在全球一些大城市的娱乐中心，

VR娱乐节目已经随处可见。不久的将来，几乎所有的录像厅都将会变成VR中心，所有的游戏都将是三维的，能人机对话并令人陶醉。今后，随着这类娱乐中心的不断发展，VR游戏将会扩大到家庭。由于受计算机的限制及VR设备高额价格的制约，目前的VR系统尚处于初级阶段。但过不了多久，先进的VR娱乐节目将进入家庭。在独立的娱乐系统面世的同时，最为重要的家庭VR系统也许会进入Internet，这样人类远程操纵VR的潜能将得以开发。

作为传输显示信息的媒体，VR在未来艺术领域方面所具有的潜在应用能力也不可低估。VR所具有的临场参与感与交互能力可以将静态的艺术（如油画、雕刻等）转化为动态的，可以使观赏者更好地欣赏作者的思想艺术。

今后，代理商可以在建筑设计图纸最后完成之前，或工程开工之前，通过VR感受他的建筑。他不仅可以看见房屋的结构，而且还能听到其中的声响，感觉它的质地，闻到它的芳香，这些当然是今天的技术尚未达到的。建筑商和房地产开发商对通过VR技术出售他们的设计方案尤其感到兴奋。城市规划者们将利用VR技术规划街区，考虑社区的各种变化。

在园林造景中运用虚拟现实技术可以取得意料之外的效果。园林造景对于环境变化的前瞻性和周围景物的关联性要求很高，因此在动工之前就必须对完工之后的环境有一个明确的、清晰的概念。通常情况下，设计者会通过沙盘、三维效果图、漫游动画等方式来展示设计效果，供决策者、设计者、工程人员以及公众来理解和感受。以上的传统展示方式都各有其不同的优缺点，但有一个缺点是共同的，即不能以人的视点深入其中，得到全方位的观察设计效果，而运用VR技术则可以很好地做到这一点。使用VR技术后，决策者、设计者、工程人员以及公众可从任意角度，实时互动真实地看到设计效果，身临其境地掌握周围环境和理解设计师的设计意图。这是传统手段所不能达到的。

VR技术在教育和培训领域的应用才刚刚开始。学生可以通过VR技术学习解剖或探索星系，尤其是那些与健康和安全有关的培训项目。纽约一家公司利用虚拟现实技术要求受训者步行穿过虚拟工厂，并了解工厂状况。这种设身处地的体验远比读一本手册或听一堂课强得多。

今后，学生们可以通过虚拟世界学习到他们想学的知识。化学专业的学生不必冒着爆炸的危险却可以做试验；天文学专业的学生可以在虚拟星系中遨游，以掌握相关的知识；历史专业的学生可以观看不同的历史事件，甚至可以参与历史人物的行动；英语专业的学生可以如同在剧院中一样观看莎士比亚戏剧，他们还可以进入书中与书中人物进行交流。

VR 还可以用于成人教育。受训者无论在什么环境下都可以在实地操作之前通过 VR 学习使用不同的新设备，以便他们今后在危险环境下完成工作或处理紧急情况。然而，要使 VR 完全进入教室或用于培训还有许多工作要做。

VR 在解释一些复杂、系统、抽象的概念如量子物理等方面是非常有力的工具。美国休斯顿大学和 NASA 约翰逊空间中心的研究人员建造了一种称之为"虚拟物理实验室"的系统，利用该系统可以直观地研究重力、惯性这类物理现象。使用该系统的学生可以做包括万有引力定律在内的各种实验，可以控制、观察由于改变重力的大小、方向所产生的种种现象以及对加速度的影响。这样，学生就可以获得第一手的感性材料（直接经验），从而达到对物理概念和物理定律的较深刻理解。

智能机器人可作为虚拟教师出现在学习环境中，它可以担当"导航"和"解惑"的重任，指导和帮助学生获取所需要的学习资源，防止出现"信息过滤"和"资源迷向"的现象，并根据网络教学资源回答学生有关的问题。虚拟教师的出现有利于增加教学的趣味性和人性化色彩，从而改善教学效果。

用 VR 制作虚拟明星，使那些身价百万、千万，甚至亿万的明星的身价降下来；虚拟人体，供科学家做人体实验研究等。总之，VR 在生活中的用途越来越多。

第十五章
仿生技术

启示录　生命的奇迹

看一看我们的周围吧，生物世界在唱着何等动人心魄的生命之歌啊！

牛吃了草，草在牛的身体内经过魔术般的变化以后，变成了营养丰富的牛肉和牛奶。妈妈吃了牛肉、牛奶及其他食物，这些食物竟在妈妈的肚子里变成了我们的眼睛、鼻子、心脏、肺及四肢等。你说奇怪不奇怪？

春天，燕子、大雁、掠鸟等候鸟一群群地从南方长途迁到北方出生地。迁飞时，野鸭每小时能飞 80～90 千米，燕子能飞 100 多千米，雨燕能飞 160 千米。在迁飞途中，它们常常有短时间的休息。但是，在过大洋或者大沙漠时，它们却能够连续不断的飞行，一刻也不停顿。它们飞行时能保持如此高的速度，具有如此惊人的耐力，有什么秘诀？

再看一看我们的植物世界吧。别以为植物不能说话不能动，可以任人宰割。人们发现，有的植物同动物一样，有着奇特的自卫本领。喜马拉雅山上长着一种眼镜草，长得活像一条昂头竖身、伺机而动的眼镜蛇。它的样子非常可怕，能使动物误认为是毒蛇而不敢接近。拉丁美洲原始森林里，有一种叫大型马勃菌的植物，有 5 公斤重。要是动物碰它一下，就像踩着地雷一样，它会"砰"的一声爆裂开来，冒出一股黑烟。烟味刺鼻，吓得动物再也不敢靠近。墨西哥有一种叫"运动健将"的树，长得像个大萝卜，颜色有黄有白，十分美丽。它能做有节奏的弯腰动作，时而弯下腰，把"头"伸到地上；时而又抬起头，直挺挺地。它就是靠这种动作，防御敌人的侵犯。

如果我们去了解一下自己的器官，你一定会为自己各种器官的奇妙功能惊叹不已。人的眼睛非常敏锐，在晴朗无月的黑夜，可以看到1 200米外点燃的香烟的烟头亮光。人的心脏有节奏地跳动着，生命不息，跳动不止。如果你活到 72 岁，那么你的心脏便已一秒不停顿地跳动了约 37 亿次。你的肺一刻不停地吸入大量新鲜空气，将废气排出体外，一分钟内就要呼吸 5 升的空气。我们每一个人，一年大约要吃喝一吨左右的食物和饮料。我们的消化器官将这些食物和饮料去粗取精，变成我们的身体细胞，为我们提供进行生命活动必需的能量，让我们得以去参加劳动，攀登高山，在水中遨游，驾驶飞机在蓝天中飞翔。

在我们的生活中，还可以看到一种奇妙的现象：当我们的身体受伤以后，机体可以自行修复。一般的伤口，只要几天就会长好。假如你的手指被削掉了一块皮，新长出来的皮肤连指纹都与原来的一模一样。而且，伤口长到一定程度就会自动停止生长，不会无限制地长得越来越大。人的骨头碎了能长还原，肝脏切去一部分能再生。2 岁以下的儿童，手指头在第一关节以上部位万一不幸被切断，不用动断指再植术，只要严格消毒后包上纱布，手指头就会再生出来，并与原来的几乎一模一样。这种自我修复功能在某些动物身上表现得更为突出。有人试验，将蝾螈的前肢切断以后，它能够在六个星期内长出几乎与原来完全相同的前肢。

如果你进一步观察研究，你会发现许许多多生命创造出的许多奇迹。

看，狗创造的奇迹！

狗的百米纪录是 5.925 秒；狗的跳高纪录是 5 米；狗能辨别 10 万种以上的气味；狗能分辨高频率的声音，睡觉时也能听到半径 1 千米以内的声音，其听觉是人的 16 倍；狗的耐力也很惊人，经过训练的传令犬曾用 50 分钟跑完 21.7 千米。

看，蚂蚁创造的奇迹！

我们常会看到几只小小的蚂蚁拖着一只比它们身体长好多倍的虫子往巢穴里走，而那只虫子居然还在不停地扭动。这得费多大的劲啊！别为蚂蚁担心，虽然它是动物界的小动物，可是它有很大的力气。据力学家测定，如果把蚂蚁的体重和它所搬动物体的重量做一个比较的话，它所举起的重量能够超过自身体重的四五十倍。对人类来说，还从来没有一个人能够举起超过他本身体重 3 倍的重量。如按体重比例计算，蚂蚁的力气可比人的力气大多了。

看，蜘蛛创造的奇迹！

蜘蛛的肚子里有分泌丝线的腺体，这种<u>丝线</u>是一种由蛋白质形成的黏液，遇到空气就会凝结成<u>丝</u>。蛛丝有很高的强度，与同样直径的钢<u>丝</u>相比，抗拉能力要高出 10 倍左右。而且蛛丝的弹性、黏性都很高，蜘蛛网可以延伸到原长的 10 倍，而尼龙一旦延展到原长的 20％ 就会发生断裂。利用它的黏性特征，农村的小孩子们常常在一根竹棒上插上一根弯成椭圆形的细条，网上蜘蛛网，去捉蜻蜓、蝉。

这样的例子在动物界、植物界、微生物界、人体中不胜枚举。

聪明的科学家们通过对生命奇迹的研究，发展了仿生技术，创造出许多技术发明的奇迹！

向植物学习！向动物学习！向微生物学习！向人自身学习！学习是创造发明的基本功之一，学习学习再学习！

89. 植物仿生

导言

科学家在研究了多种植物的特异功能后，学习植物，发明了许多新材料、新工艺、新产品。

用手去摸摸荷叶吧。荷叶不但不光滑，还很粗糙，从物理学上说，荷叶表面的光洁度根本达不到机械学意义上的光洁度（粗糙度）。

是什么原因让荷叶总是很干净呢？原来荷叶叶面上存在着非常复杂的多重纳米和微米级的超微结构。在超高分辨率显微镜下，可以清晰地看到荷叶表面上布满了许多微小的乳突，大小约为 10 微米，每个乳突间距约为 12 微米，而每个乳突由许多直径为 200 纳米左右的突起组成（1 毫米＝1 000 微米，1 微米＝1 000 纳米）。这就像在荷叶表面长出一个个隆起的"小山包"，上面长满绒毛，"小山包"顶上又长出一个馒头状的"碉<u>堡</u>"凸顶。因此，在"山包"间的凹陷部分充满着空气，这样就紧贴叶面形成了一层极薄，只有纳米级厚的空气层。这使得在尺寸上远大于这种结构的灰尘、雨水等降落在叶面上后，隔着一层极薄的空气，只能同叶面上"山包"的凸顶形成几个点接触。雨点在自身的表面张力作用下形成球状，水球在滚动中吸附灰尘，并滚出叶面，这就是荷叶能自洁叶面的奥妙所在。不只是荷叶，荷花也是如此。

大自然中，这种具有自洁效应的表面超微纳米结构形貌不仅存在于荷叶中，也普遍存在于其他植物中。植物的这种复杂结构，不只用于自洁，而且有利于防止大量漂浮在大气中的各种有害细菌和真菌对它们的侵害。更重要的是，还可以提高叶面吸收阳光的效率，进而提高叶面叶绿体的光合作用。

受到莲等植物的自洁效应的启发，科学家们把透明疏油、疏水的纳米材料制成涂料后涂在建筑物的表面，建筑物就不会被空气中的油污、灰尘弄脏。如果玻璃上镀上这样一层物质，那我们再也用不着去擦玻璃了。如果把这种物质加入纺织物中，就可以做成防油防尘的衣物，减轻洗衣服的负担。我国中科院纳米研究所已经研制成了这种纳米面料。

在亚马孙河的小河湾和支流里，生长着有"莲花之王"盛誉的王莲。王莲的叶子很大，直径有2米多，四周向上反卷，像一个大平底锅。莲叶向阳的一面呈淡绿色，非常光滑；背阴的一面呈土红色，密布粗壮的叶脉和很长的刺毛。虽然只是一片叶子，但这叶子的承重力可极不一般。每一片王莲叶都可以承受几十公斤的重量。在一片王莲叶子上，站上一名重35公斤的少年，它仍然会像小船一样稳稳地浮在水面上。有人做过试验，在王莲叶子上均匀地平铺一层75厘米厚的细沙，这个"大平底锅"依然纹丝不动，绝不会沉入水中。人们通过研究发现，莲叶背面有许许多多粗大的呈放射状的叶脉，之间还有镰刀形的横筋紧密联结，构成了一种非常稳定的网状骨架。莲叶较强的承重能力由此而来。

自从1801年欧洲人发现王莲以来，王莲的结构和功能便一直成为建筑学家研究的课题，并试图将其用于建筑设计。如今，我们在很多的大跨度宏伟楼房建筑工程的房顶结构上，都能或多或少地看出王莲叶片结构的轮廓。意大利的工程学家设计建造了一座跨度达95米的展览大厅，既轻巧坚固，又造型大方，也是仿照王莲结构的建筑杰作。

钢筋混凝土结构的灵感也来自植物。

1805年，法国的一名园艺工约瑟夫·莫尼埃摔坏了花盆，却发现花的根部完好，泥土被根紧紧地箍着，还保持着花盆的模样，只要把它们重新装盆就行了。他从中得到启发："泥土那么松软，可是由于有了植物根系的固定，就变得坚固了，要是我在水泥里面掺上类似于根系的东西，水泥是不是会更坚固了呢？"

于是约瑟夫找到一大卷旧铁丝，仿照植物的根系，把它们弯成了交叉结构，再用水泥和细石子浇筑在一起，砌成花坛、水池。这样砌成的花坛和水池再也没有被撞坏过，而钢筋混凝土结构也由此诞生并被大量运用。

后来，人们对钢筋混凝土不断改进，在水泥里掺上沙子，混入打碎的石头，再掺上钢筋制成混凝土预制板，修楼房时，往上面一搁，就大功告成。但这种房顶容易漏水，于是人们又发明了一种方法：把钢筋搭好架子，再在架子外砌好盒子，然后把混凝土往里一灌，形成一整块的钢筋混凝土，就不容易漏水了，而且比预制板建造的楼房坚固多了。这种建筑方法现在称为现浇，也就是现场浇筑混凝土建成建筑物。

90. 节肢动物仿生

导言

节肢动物是科学家们研究得最多最透彻的动物之一，仿生学家向它们学到了许多好东西，用于造福人类。

跳蚤的身长只有 0.5～3 毫米，体重仅 200 毫克左右，可往上跳的高度却可达 350 毫米。按它的个儿和跳的高度作比例计算，它跳的高度达到它身长的 100 多倍。跳蚤的弹跳能力如此强，这给体育科研人员提供了灵感，悟出该如何去训练跳跃运动员，使他们跳得更高。

跳蚤不仅跳得高，而且跳得快。观察发现跳蚤每 4 秒跳一次，可连续跳 78 小时，且垂直起跳所作用的力是地球引力的 140 倍，也就是说，是跳蚤自身重量的 140 倍。跳蚤的垂直起跳方式引起了科学家的注意，英国一飞机制造公司从其垂直起跳的方式受到启发，成功制造出了一种几乎能垂直起落的鹞式飞机。

蛛丝的奇异功能也引起了仿生学家的注意。

蛛丝有很高的强度，与同样直径的钢丝相比，抗拉能力要高出 10 倍左右。而且蛛丝的弹性、黏性都很高，蜘蛛网可以延伸到原长的 10 倍，而尼龙一旦延展到原长的 20％就会发生断裂。

美国的科学家们经过对蛛丝的深入研究，发现了蛛丝更多的奥秘。他们认为蛛丝完全可以用来制作防弹衣。首先，蛛丝的延伸力很好，可以延伸到 14％，而现在世界上流行的防弹衣使用的材料延伸力不超过 4％，并且一旦超过这个极限就会断裂。蛛丝这种极强的弹性，对于来自子弹的冲击能起到很好的缓冲作用，因此它是一种最理想的防弹服材料。蛛丝的另一大特点是它不易变脆。实验证明，蛛丝在零下 50～60 摄氏度的低温下才开始变脆，而现行的大多数聚合物到零下十几摄氏度时就会变脆。如果我们用蛛丝来制作降落伞、防弹衣和其他装备，那么即使在冰点以下的环境里这些设备仍然具有良好的弹性。

由蜘蛛丝织成的衣物弹性好、柔软，而且穿着舒适，也许在将来的某一天，它会成为全球时装展示会上最时尚的面料。

大多数动物都是顺着走，偏偏螃蟹喜欢横着走。模仿螃蟹横着走的功能，仿生学家们有很多发明。

螃蟹横着走路会更稳定，仿生学家们便研制了一种像螃蟹那样走路的机器人。哈尔滨工程大学的研究人员经过多次实验，研制了一种仿生螃蟹机器人，模样和螃蟹差不多，长 60 厘米，宽 35 厘米，厚 25 厘米，质量 12 千克，时速可以达到每小时 540 米。这个螃蟹机器人能够潜入四米深的水下进行搜救、探测、录像等任务，到达人不易到达的角落，非常灵活。

仿生学家们利用同一原理，发明了"羚羊"2 型扫雷机器人，它们可以轻松地越过障碍物和裂缝。

美国还制造了一种仿螃蟹的月球车，它每一侧有六个轮子，可以前行，也可以像螃蟹一样横着走，使车子在崎岖的月球表面也能行走。

苍蝇也有许多长处，特别是苍蝇的眼睛。

如果人的头部不动，眼睛能看到的范围不会超过 180 度，身体背后的东西就看不到。而苍蝇即使不转动头部，眼睛也能看到 350 度的范围，差不多可以看一圈，只有后脑勺很窄的一小片区域看不到。人眼只能看到可见光，而蝇眼却能看到人眼不能看到的紫外光。要看快速移动的物体，人眼就更比不上蝇眼了。人眼要看清楚物体的轮廓，需要 0.05 秒，而蝇眼只要 0.01 秒就行了。苍蝇在飞行时，能够随时靠蝇眼测出自己的飞行速度，因此它能够在快速的飞行中追踪目标。

模仿蝇眼的结构功能，人们研制出了一种测量飞机相对于地面速度的电子仪器，叫作"飞机地速指示器"。有了这种仪器，飞行员就能在仪表中看到飞机相对于地面的飞行速度了。这种仪器也可用来测量导弹攻击目标时的相对速度。

苍蝇的眼睛由许多小眼组成。这样由许多小眼构成的眼睛，叫作复眼。每只小眼都能单独看东西，都能独立成像。科学家把蝇眼的角膜剥离下来作照相镜头，放在显微镜下照相，一下子就可以照出几百个相同的像。人们模仿苍蝇的复眼制成了"蝇眼透镜"，用它作镜头可以制成"蝇眼照相机"。这种相机可以用来进行邮票印刷的制版工作，还可以用来复制电路板。美国人根据苍蝇复眼的原理发明的"蝇眼"航空照相机一次能拍摄 1 000 多张高清晰的照片。天文学也有一种叫作"蝇眼"的光学仪器,是一种在无月光的夜晚也能探测到空气簇射粒子的仪器。这种仪器的多镜面光学系统也是根据苍蝇复眼的结构设计的。

在军事上,工程师通过对夜蛾截听、干扰和吸收蝙蝠超声波能力的研究,制造了雷达监测器和干扰系统。把它们安装在飞机或舰艇上,就可以随时发现敌方雷达发出的电波及准确的频率,然后放出巨大能量的干扰电波,使对方雷达系统产生混乱,无法发现己方的准确位置。现代化的战斗机上都有一层吸附雷达电波的超细涂层,仿佛是夜蛾的"隐身衣",让雷达探测器成为"瞎子",看不到自己,就能更好地隐蔽自己。

在农业上,把模拟蝙蝠发出的声音在农田中播放,能够驱赶夜蛾类的农业害虫,比起使用农药消灭夜蛾要好得多,而且又环保。

91. 水生动物仿生

导言

大自然很奇妙,为我们创造了许多有特异功能的水生动物,模仿它们,人类受益匪浅。

美丽轻柔的水母总能在风暴来临之前迅速让自己沉入海底,躲避风暴的袭击。水母是怎样预测到风暴将要来临的呢?原来,水母长有"顺风耳"。水母的"耳朵"可真是特别,不像我们人和其他高等动物一样长在头上,而是长在触手里。

水母的触手中间的细柄上有一个小球,里面有一粒小小的听石,这是水母的"耳朵"。这粒小小的听石刺激球壁的神经感受器,就构成了水母的听觉。这种奇特的听觉,能听到人耳听不到的 8~13 赫兹的次声波。当风暴出现时,空气和波浪摩擦就产生次声波。次声波在空气、水等介质中传播时,能量衰减缓慢,因而会传播得较远。次声波在水中的传递速度比在空气中要快得多,水母利用这个特点,通过它的共同腔接收到水中的次声波,可以提前十几个小时预知海上风暴的到来。于是,当预知风暴即将来临时,它们就好像是接到了命令似的,从海面一下子全部消失,逃到大海深处躲风避雨去了。

仿生学研究人员在反复研究水母的"耳朵"的结构和功能之后,模仿其结构和功能,设计了水母耳风暴预测仪。水母耳风暴预测仪是一种能精确地模拟水母感受次声波的器官而制成的一种次声波电子仪。它的结构很简单，即由喇叭、接收次声波的球形共振器、压电变换器和指示器等构成。把这种仪器安装在舰船的前甲板上，当接收到风暴的次声波时，旋转360°的喇叭会自行停止旋转，它所指的方向，就是风暴前进的方向。指示器上的读数可以告诉人们风暴的强度。这种预测仪能提前15小时对风暴做出预报，对要出海航行者和捕鱼者来说，无疑是最大的福音，可以使他们避免遭受风暴的危害。

飞鱼没有翅膀，却能在水上飞。仿生学家用高速摄影机揭开了飞鱼飞行的秘密。其实，飞鱼并不是真正地在飞，它只是在海面上滑翔而已。当它准备离开水面时，先在水中进行高速游泳，快速接近海面时，将胸鳍和腹鳍紧紧地贴在身体的两侧，像潜艇一样稳稳地上升。然后用强有力的尾鳍左右急剧地摆动，划出一道锯齿形的曲折水痕，使其产生一股强大的冲力，推动整个身体飞射而出。飞出水面后，飞鱼立刻张开又长又宽的胸鳍，迎着海风滑翔。当风力适当的时候，飞鱼能在离水面4～5米的空中飞行200～400米，是世界上飞得最远的鱼。不过，飞鱼的胸鳍和腹鳍并不能像鸟儿的翅膀一样扇动，所以当它滑翔一段距离后，就会落入水里。如果它想继续飞，必须在全身还没有入水之时，再用尾部来拍打海浪，增加滑翔的力量，重新跃出水面。所以说，尾鳍才是它"飞行"的"发动器"。要是将它的尾鳍剪去，再把它放回海里，那飞鱼就再也没办法进行"飞翔"。

模仿飞鱼在水面飞行的特性，法国制造了一种空对舰导弹，因为它能像飞鱼一样贴着海面超低空飞行，被称为"飞鱼导弹"。这种导弹主要装备在直升机、海上巡逻机和攻击机上，用来攻击各类舰船。它可以从陆上、舰上和水下等不同的地点发射，发射后，能够超低空掠海面飞行，对方的雷达很难发现。当它击中目标后，能够穿透12毫米厚的钢板在舰内爆炸，简直就是"水上杀手"。

除了模仿飞鱼制作导弹外，人们还模仿它制作了地效飞行器。

飞行物体在贴近海面飞行时，海面会产生一种向上的升力，飞行物体便可获得大于空中飞行时的升力，飞鱼会飞就是这个道理。被称为"里海怪物"的地效飞行器就是根据这个原理制造出来的。

最初，地效飞行器主要用于军事，后来逐渐建造出民用的地效飞行器。这种飞行器的运载能力可以达到几十吨乃至几百吨，并且可以高速飞行，在2 000千米内是非常经济的运输工具。和其他运输工具相比，它耗油低，经济性好；脱离水面不高，一旦出现故障，可以落到水面低速航行，比飞机更安全；制造费用比飞机低得多，不用建机场；飞行起来既不受气流的影响，也没有波浪的颠簸，非常平稳舒适。

普林斯顿大学模仿鲍鱼壳的微观结构，将铝分子充满碳化硼分子之间，研制出了既坚硬又柔韧的陶瓷材料。仿生陶瓷建材是材料家族的新成员。仿生复合陶瓷材料可用来制造喷气发动机和燃气涡轮机的零件，如涡轮片等，不仅可以提高发动机的工作温度，还可以减少喷气发动机和燃气涡轮机对空气的污染。当然，它的用途还很广阔，比如有人就设想用它来制造坦克、汽车的外壳，那样就再也不怕碰撞了。

92. 鸟类仿生

导言

人类模仿鸟类的飞行本领，最终发明了飞机。人类向鸟类学习，创造了许多新事物。

猫头鹰长相怪异，在黑夜中的叫声让人感到阴森凄凉，飞行时像幽灵一样飘忽无声，容易使人们产生种种可怕的联想。那么，猫头鹰飞行时为何无声无息呢？这得归功于猫头鹰的羽毛。猫头鹰一旦判断出猎物的方位，便迅速出击。猫头鹰的羽毛呈锯齿状排列，能够让气流顺畅地从羽毛中通过，不易因羽毛切削气流而产生噪音。特别是它翅膀上的羽毛有天鹅绒般密生的羽绒，是一种天然的吸音材料，可吸收噪音。因而猫头鹰飞行时产生的声波频率小于 1 千赫，而一般哺乳动物的耳朵是感觉不到那么低的频率的。独特的羽毛设计使夜行猫头鹰成为世界上最安静的飞行鸟，对于它们的猎物来说有时甚至是无声的。这样无声的出击使猫头鹰的进攻更有"闪电战"的效果。

笔记本的"鹰翼"CPU 风扇就是吸取了猫头鹰的静音灵感。由于猫头鹰羽毛密集，不容易被气流扰动而发出噪音，所以设计师也将CPU 风扇的扇叶尽量做密，使得扇叶的压力也相对减小。而且用塑料圆环将扇叶牢牢固定住，可以使风扇在转动时，风叶末端的强度大大增加，不容易因气流的冲击和扰动而产生扇叶变形、颤抖，从而引发噪声现象。这种"仿生"猫头鹰的设计使笔记本噪声大大减小。

猫头鹰是最厉害的猛禽之一，除了拥有极其灵敏的听力外，它巨大的眼睛还拥有敏锐的视力。在漆黑的夜晚，鹰眼的能见度比人眼高出数倍，能看见百米开外的小田鼠，被称为"夜行猎手"。在黑暗的情况下，它的瞳孔能放大到 12 毫米，比人类的瞳孔要大得多，可以保证足够的光通过。除此之外，猫头鹰的眼睛还不反射光，这点和人类包括其他的昼行动物是有明显的不同的。

　　根据鹰眼的构造原理，科学家们模拟制造出了电子鹰眼。电子鹰眼装配在高空飞行的侦察机上，能使飞行员的视野扩大，视敏度提高。借助荧光屏，在万米以上的高空，飞行员都能看清楚地面上宽阔视野里的所有物体。一旦发现了可疑目标，还可以进一步放大，供飞行员分析或通知地面的导航系统。除此之外，电子鹰眼还能够提高地质勘探、海洋救生、遥感探测等方面的工作效率，用来控制远程激光制导武器的发射。如果能研制出具有"鹰眼系统"的导弹，它就能像鹰一样自动寻找和识别目标，并自动跟踪目标直至攻击成功。

　　说到鹰的视觉敏锐，我们大家都能认同，但鸽子也拥有厉害的眼睛，却鲜为人知了。

　　鸽子就拥有这样一双"神眼"。它能在人眼视力所不及的距离上发现飞翔的鹰，能从几百只同类中迅速找到自己的配偶，从许多的巢穴中辨认出自己的巢穴。它的眼睛视网膜上有六种类型的神经细胞检测器，有的管调节亮度，有的管物像的普通边缘，有的管凸边，有的管方向运动边，有的管垂直边，也有的管水平边。面面俱到，分工明确，而且从不互相干扰。

　　科学家根据鸽眼的构造原理，制造出了电子鸽眼。电子鸽眼可以用来改进图像识别系统的性能。利用鸽眼发现定向运动物体的性质而改进的雷达系统，可以设置在机场边缘和国境线上。这种改进的雷达系统由于模仿了鸽眼视运动方向的特点，可以有选择地发现目标，只监视飞进来的飞机和导弹，而对飞出去的却理都不理。电子鸽眼还可以用在计算机系统中，去自动消除那些与解题无关的数据。

93. 哺乳动物仿生

导言

　　哺乳动物是一类高等生物，它们的特异功能也为仿生学者提供了众多的发明创造灵感。

　　猫的眼睛在夜里会发光，是因为它的眼睛里有一种由透明细胞组成的薄薄的反射层，可以把周围微弱分散的光线收拢，聚合成束，集中地反射出来。于是，猫就能够凭借微小的光亮辨别物体，而从外界看来，仿佛是它们的眼睛在发光。不只是猫，狗、狼、老虎、豹子等夜间出来活动的动物的眼睛都能放光，这在野生动物中是一种很普遍的生理现象。

猫眼最奇特的地方不只是它会夜里反射光线，而是它的瞳孔能随着光线的强弱缩小或放大。在白天光线很强的时候，猫的瞳孔几乎完全闭合成一条细线，以尽量减少光线的射入，而在黑暗的环境中，它的瞳孔又能放大呈圆形，以便保证在黑暗中也能看清楚各种物体。

人的眼睛构造尽管也很精巧，但是对黑暗却无能为力。为了战胜敌人，就迫切需要人们在黑夜里也如白天一样视觉清晰。最初人们使用照明弹和探照灯，虽然它们能驱除黑暗，可是在照亮对方的同时也暴露了自己，怎么办呢？猫眼的奥妙给了军事科学家们启示，他们研制出了微光夜视仪。

微光夜视仪能捕捉夜间目标反射的低亮度星、月光，然后增强放大到几十万倍，从而达到人肉眼能够观察的程度。它的技术关键是图像增强器，它能把输入图像的亮度增强并加以显示。微光通过图像增强器后，可视距离能达 2 000 米，但在性能、结构和重量等方面，仍然远远不如猫眼。利用微光夜视仪，可以在夜间侦察敌方地形、火力配系及监视敌人的活动。如果把它安装在各种车辆上，可使驾驶人员进行夜间操纵和隐蔽行驶；如果安装在枪炮上，则能监视敌舰艇的活动和进行攻击。边防哨所等使用这种微光夜视仪，就能在夜里监视边境线上敌人的活动情况，防止匪特偷袭扰乱。除了军事上的作用，微光夜视仪还能用于工程抢险、战地救护和夜间识图、用图等。

微光夜视仪好像给人在黑夜里安上了一双猫眼，但它的作用距离和观察效果受天气的影响很大，下雨、起雾就不能正常工作。而且，微光夜视仪需要借助外界光线，要是没有一点光线的话它也就成了瞎子，这时候就得请红外线夜视仪出来帮忙。

在暗夜环境中，除了有微光存在，还有大量的红外光。世界上一切温度高于绝对零度，也就是温度高于－273 ℃的物体每时每刻都在向外发射红外线，响尾蛇和蚊子等动物就是靠感受红外线来捕食。不论白天和黑夜，空间都充满了红外线。只不过红外线不论强弱，人眼都看不见。有了红外线夜视仪，就能弥补微光夜视仪受光线和天气影响的不足。

成年长颈鹿雄性身高可达 5.5 米，雌性身高 5 米左右，它可是陆地上身躯最高的动物。长颈鹿的脖子长长的，它们的头部距离心脏有 3 米远。如果没有足够的血压，血的供应就"接不上气"，大脑就不可能得到充足的血液。科学家经过测定，发现长颈鹿果然是高血压。当它的心脏收缩时，血压高到 350 毫米汞柱，比成年人的正常血压高 2 倍。其他动物如果血压达到这样的高度，会立即因为脑溢血而死去，可长颈鹿却不会得脑溢血。

长颈鹿不会脑溢血的主要原因还在于它独特的血管结构。长颈鹿的脑动脉结构非常特殊，其内壁有许多囊状隔膜，在低头饮水或取食时，可以防止血液快速向下流动，冲击大脑，所以长颈鹿不会脑溢血。另外，为了确保远离心脏的脑部供血，所以长颈鹿的心脏比一般哺乳类动物的心脏大许多。

长颈鹿的紧绷的皮肤也可以防止脑溢血，科学家们受长颈鹿皮肤结构的启发，发明了一种仿造长颈鹿皮肤的飞行服——"抗荷服"。它是一种向飞行员腹部和下肢加压以提高抗正过载能力的个体防护装备，又称抗荷裤。飞行员穿上这种衣服，就能起到控制血管的作用了。抗荷服上还有一套充气装置，随着飞机速度的增大，抗荷服中也相应地充入一定数量的压缩空气，它会对血管产生一定的压力，从而使人体的血压保持正常。

养过狗的人都知道，狗鼻子十分灵敏。

狗鼻子为什么这样灵敏呢？是因为狗的嗅觉细胞的数量和质量都比其他动物胜过一筹，所以辨别各种气味的本领也就比其他动物高强多了。有一种牧羊犬的鼻黏膜上竟有 2.2 亿个嗅觉细胞，而人的嗅觉细胞只有 500 万个。狗鼻子能分辨大约 200 万种不同的气味，根据气味，狗几乎可以找到任何要找的东西。而且它还具有高度的"分析能力"，能从许多混杂在一起的气味中，嗅出它所要寻找的气体，进行跟踪追击，经过训练的警犬更加厉害。

模拟狗的嗅觉，人们制造了一种电子仪器——"电子警犬"，已经在化工厂用作检测氯乙烯毒气，测定浓度达到千万分之一。英国研制出了一种电子装置，可定量分析空气清新器的效率，检测食品包装的密封性能和检测香料香味，还可以检测染料、漆、树脂、酸、氨、苯、瓦斯以及新鲜的苹果和香蕉的气味，其灵敏度已经达到狗鼻子的水平。另一种在某些方面比狗鼻子灵敏 1 000 倍的"电子警犬"，也已用于侦缉工作。只要犯罪分子留下的气味不超过两天，电子警犬就能辨别和跟踪。还有一种空中"电子警犬"更厉害，它的样子有点像吸尘器，有一根长长的软管挂在直升机上。飞行中的电子警犬能够根据地面上的各种气味，侦察出隐蔽的敌人和制毒的犯罪团伙。

94. 人体仿生

导言

"万物之灵"的人类，给仿生学者提供的启示就更多了。

一般来说，对于内耳有问题的患者，要想获得听力，一般是使用助听器。但佩戴助听器比较麻烦，还得找医师调配。于是，人们就希望能研制出仿真人内耳的"仿生耳"。

2000 年 3 月，《环球时报》报道了一则消息：意大利维罗纳大学儿童耳鼻喉科教授维托里奥·科莱蒂领导的一个医疗小组，为一名 4 岁的孩子安德雷阿做了世界上首例幼儿仿生耳手术。小安德雷阿从一出生时就没有听觉神经，并且内耳严重畸形。他曾接受过四次传统的听觉神经修复手术，但都没有成功。科莱蒂教授给安德雷阿植入的仿生耳主要由耳内和耳外两组装置构成。耳内部分有一个直接安装在脑干上的 8 厘米大的电极板，电极板上有 21 条电极线，它们被连接在一个直径约 2.4 厘米的换能器上，换能器埋在患者耳后皮肤下。这个换能器有什么作用呢？它可以把声信号转换成电信号。仿生耳的耳外部分则是安放在患者耳朵后面的小传声器和天线。小传声器把接收到的声音通过天线传导到埋在皮肤下的换能器，换能器把声信号转变成电脉冲，电脉冲再通过 21 条电极线到达人的大脑，于是患者就可以听到声音了。

值得高兴的是，科莱蒂教授的这个仿生耳植入手术很成功。小安德雷阿 4 年来第一次听到了妈妈的声音！

还有一例关于仿生耳的事件。英国谢菲尔德市 2 岁男童约苏亚·亚历山大在婴儿时期患上了脑膜炎，导致他彻底失去了听觉，从此生活在寂静的世界里。医生曾试图为约苏亚安装助听器，可助听器对他毫无作用。2007 年，医生为他植入了一对由前 NASA 工程师发明的仿生耳。

在正常的耳朵里，有成千上万根毛细胞来传递声音，可约苏亚耳朵中的这些毛细胞已经失去功能。怎么办呢？医生在约苏亚耳内的一块骨骼上植入了 22 根耳蜗电极，来代替他耳朵中失去功能的耳蜗毛细胞。手术成功后，约苏亚又重新听到了这个世界的声音。

从上面的两个例子中我们可以看出，这种仿生耳是通过手术植入人耳内。植入内耳的电极绕过受损区域，产生刺激脑内听觉皮层的神经冲动。外部声音的收集器则负责接收声音信号并转换成电子信号传入到植入的接收器中。

除了仿生耳，工程师们还依据人眼的结构，发明了仿生眼，让盲人重见光明。

世界上有多个国家都在研制仿生眼。美国哈佛大学研究员约翰·佩扎瑞斯博士研制了一种仿生眼，名叫"阿耳弋斯" 2 号。英国曼彻斯特市一名 51 岁的男子彼得·莱恩因患有一种退化性遗传疾病，导致他 20 多岁时就双目失明。在长达 20 多年的时间里，他就一直生活在黑暗中。曼彻斯特皇家眼科医院的专家们为他安装了"阿耳弋斯" 2 号仿生眼，失明 20 多年的他竟然奇迹般地再见光明，这让彼得激动不已。

彼得现在已经能看见各种物体的轮廓，比如门框、家具和汽车，甚至还能看清大屏幕上的英文字母。医生还准备在彼得的家里安装一个特殊的大屏幕放映机，这台放映机能够将报纸或信件上的字母放大，让彼得能够通过大屏幕亲自阅读自己的邮件。

除了彼得外，曼彻斯特皇家眼科医院的专家们还给另外两名英国盲人安装了这种仿生眼。一名失明长达 40 年的盲人装上仿生眼后，第一次看到了焰火。另一名盲人和彼得一样，能够看到大屏幕上的字母了。

仿生眼正应用到更多的盲人身上，它们的效果都很显著。一名年轻的患者第一次看到了自己的女友，看到了她的笑容。另一名患者坐在花园里突然看到了一株向日葵的轮廓。其他患者则看到了虫子在玻璃上爬动，看到天空中飞机留下的白线。仿生眼让他们的生活重新充满活力和快乐。

工程师们还发明了仿生机械手臂。要使仿生机械手臂完成一系列复杂的动作，这确实是一个大难题。科学家的研究曾一度止步不前，他们想了好多种办法也未能如愿以偿，包括设计更加柔韧和敏感的皮肤和手臂，在义肢中植入无线电设备等。科学家还曾将传感器植入两只猴子的大脑，使它能够控制一个机械手臂，还使一个残疾人能够借助意念在计算机屏幕上移动光标……其中一些方法由于没有获得管理部门的支持，最后只有不了了之，真是让人遗憾。

终于，他们发明了一种叫"靶向肌肉重新支配神经"的新技术，事情才得以较为圆满地解决，这项技术并不需要相关管理部门的支持就可以进行运用。科学家将截肢者在手术后保存下来的神经，同身体内的另一组完好的肌肉（通常是胸部肌肉）连接在一起，然后在这组完好的肌肉里放置电极，当患者想移动手臂时，大脑发送信号，这些信号先使胸部肌肉收缩，然后发送电子信号给仿生手臂，指导手臂移动。这个过程同健康人一样，只需要有自主意识就可以。

　　美国一名叫海利的大学生，因为骨癌，失去了自己的小腿，她参加了美国军方进行的临床试验，尝试装上这种义肢。义肢装上后，海利开始训练自己的肌肉指挥电脑，她用连接在大腿9块不同肌肉上的电极作为天线，通过神经与肌肉发送电极信号。在这整个过程中，海利不需要接受手术就能轻松搞定这只机械腿。

　　英国一名叫克洛伊的少女，小时候感染了水痘，又染上了败血症，为了避免感染更多器官，克洛伊的手指被切掉了。等她康复后，家人花费了3.8万英镑，为她装上了机械手。这只机械手比普通人的手指更细长，但十分灵活，从此克洛伊又可以参加运动，可以自己用手抓握起东西，可以自己刷牙……

　　也是在英国，一个叫马修的男孩子，天生就缺少左手，可他是F1赛车迷。他给F1奔驰车队写信，希望他们能提供3.5万英镑为自己安装一个义肢。作为回报，马修将允许奔驰在他义肢上做广告，就像F1赛车上的广告一样。奔驰车队被他这封"聪明和感人"的信件所打动，最终为马修捐助1万英镑，定制了世界上最先进的仿生手。这只仿生手可负重89千克，是通过接收残肢发出的肌肉信息来运作的，装上后，马修从此可以画画写字、系鞋带甚至打球。

第十六章
节能减排技术

启示录　环保科学与节能减排

人类的生存环境问题已成为世界关注的重大问题之一。

面对不断污染的人类生存环境，面对千疮百孔的地球，地球上的人类开始警醒起来，越来越认识到了环境保护的重要性。

自从环境污染问题被人类认识，人类就开始了对环境污染的治理，开始了对环境的保护，生活在地球各个地方的人们团结协作，开展了轰轰烈烈的拯救地球的大行动。

纵观人类与环境污染做斗争的历程，共经历了限制、治理、预防、规划四个重要的阶段。限制，就是限制污染源。19 世纪中叶，近代工业迅速发展，环境污染也随之产生。当时，人们往往是在污染发生后对污染源以及污染物的排放量进行限制。这样做其实是非常被动的。治理，指的是治理污染。20 世纪 60 年代，不少国家不断发生公害，治理污染成为迫切任务。工业发达国家先后建立了环保机构，颁布了一系列政策、法令，并采取政治、经济手段，取得了一定的效果。预防，是指预防环境污染和生态破坏，这实际上是防治结合、以防为主的综合防治。规划，就是对环境进行整体规划和协调。

环境污染造成的后果是没有国界的，人类在与环境污染的斗争中逐渐认识到，环境保护一定要采取全球性的联合行动。从 20 世纪 70 年代开始，全球多次举行各种类型的世界性环境保护会议，并签署了一系列国际环境保护的宣言、公约和协定，杜绝污染，保护环境。

1972 年 6 月，瑞典斯德哥尔摩召开的联合国人类环境会议通过了《联合国人类环境会议宣言》，也叫《斯德哥尔摩宣言》。它是保护环境的一个划时代的历史文献，是世界上第一个维护和改善环境的纲领性文件。宣言中郑重宣布了联合国人类环境会议提出和总结的七个共同观点和 26 项共同原则。七个共同的观点是：一、人是环境的产物，也是环境的塑造者。由于当代科学技术突飞猛进的发展，人类已具有空前规模地改变环境的能力。二、保护和改善人类环境，关系到各国人民的福利和经济发展，是人民的迫切愿望，是各国政府的责任。三、人类改变环境的能力，如妥善地加以运用，可为人民带来福利；如运用不当，会造成不可估量的损害。地球上已出现许多日益加剧危害环境的迹象，在人为环境，特别是生活、工作环境中，已出现了有害人体健康的重大缺陷。四、在发展中国家，首先要致力于发展，同时也必须保护和改善环境。在工业发达国家，环境问题是工业和技术发展产生的。五、人口的自然增长不断引起环境问题，要采取适当的方针和措施进行解决。六、当今历史阶段要求人们在计划行动时，更加谨慎地顾及将给环境带来的后果。为了在自然界获得自由，人类必须运用知识同自然取得协调，以便建设更良好的环境。七、为达到这个环境目标，要求每个公民、团体、机关、企业都负起责任，共同创造未来的世界环境。各国政府对大规模的环境政策和行动负有特别重大的责任。

1980 年，包括中国在内的世界大多数国家签署了《世界自然资源保护大纲》。大纲约定，全球进行国际合作，保护和利用人类共有的自然资源和财富。

从 20 世纪 80 年代起，许多国家开始重点进行"第三代环境建设"，制定了将经济增长、合理利用自然资源和环境效益相结合的长远政策，以期达到人类与环境协调发展的目的。

1992 年 6 月 3 日，联合国在巴西的里约中心组织召开了联合国环境与发展大会，180 多个国家和地区的代表、60 多个国际组织的代表、100 多位国家元首或政府首脑在大会上发了言。会议通过了关于环境与发展的《里约热内卢宣言》（又称《地球宪章》）和《21 世纪行动议程》，154 个国家签署了《气候变化框架条约》，148 个国家签署了《保护生物多样性公约》。大会还通过了有关森林保护的非法律性文件《关于森林问题的政府声明》。《里约热内卢宣言》指出：和平、发展和保护环境是互相依存、不可分割的，世界各国应在环境与发展领域加强国际合作，为建立一种新的、公平的全球伙伴关系而努力。

我国经济快速增长，各项建设取得巨大成就，但也付出了巨大的资源和环境被破坏的代价，这两者之间的矛盾日趋尖锐，群众对环境污染问题反应强烈。这种状况与经济结构增长方式的不合理直接相关。不加快调整经济结构、转变增长方式，资源支撑不住，环境容纳不下，社会承受不起，经济发展难以为继。只有坚持节约发展、清洁发展、安全发展，才能实现经济又好又快发展。同时，温室气体排放引起全球气候变暖也备受国际社会广泛关注。进一步加强节能减排工作，也是应对全球气候变化的迫切需要。

《中华人民共和国节约能源法》指出："节约资源是我国的基本国策。国家实施节约与开发并举、把节约放在首位的能源发展战略"。它包括以下内容：一是以城镇污水处理设施及配套管网建设、现有设施升级改造、污泥处理处置设施建设为重点，提升脱氮除磷能力。二是以制浆造纸、印染、食品加工、农副产品加工等行业为重点，继续加大水污染深度治理和工艺技术改造。三是推进脱硫脱硝工程建设。四是开展农业源污染防治。五是控制机动车污染物排放。

面对这些节能减排的任务，科学家们行动起来，发明了种种节能减排技术，并催生出一个庞大的环保产业。

95. 电动汽车

导言

发展电动汽车是减排的重要手段。

电动汽车是指以车载电源为动力，用电机驱动车轮行驶，符合道路交通、安全法规各项要求的车辆。它的优点是：它本身不排放污染大气的有害气体，即使按所耗电量换算为发电厂的排放量，除硫和部分微粒外，其他污染物的排放量也显著减少。由于电力可以从多种一次能源如煤、核能、水力、风力等获得，解除了人们对石油资源日渐枯竭的担心。电动汽车还可以充分利用晚间用电低谷时富余的电力充电，使发电设备日夜都能充分利用，大大提高其经济效益。

电动汽车其实早就有了，那就是已经有百年历史的电车。我们这里讲述的电动汽车，与以前的电车有一定的共同之处，都是靠电力驱动电动机前进的。而不同之处则在于，我们所说的电动汽车是指不需要有线供电，能依靠自身的蓄电池达到动力供给的电动车。所以说，电动汽车肯定是个节能、清洁、环保、实用的汽车工业"热点"。

目前，发展电动汽车最大的困难是蓄电池，蓄电池因为单位重量储存的能量太少而价格昂贵，且还没有形成经济规模，所以导致电动车的购买成本远远高于普通汽车。

电池是电动汽车发展的首要关键，汽车动力电池难在"低成本要求""高容量要求"及"高安全要求"三个要求上。要想在较大范围内应用电动汽车，要依靠先进的蓄电池。

经过 10 多年的筛选，现在普遍看好镍氢电池、铁电池、锂离子和锂聚合物电池。镍氢电池单位重量储存能量比铅酸电池多一倍，其他性能也都优于铅酸电池，但目前价格为铅酸电池的 4～5 倍，人们正在大力攻关让它的价格降下来。铁电池采用的是资源丰富、价格低廉的铁元素材料，成本得到大幅度降低，已有厂家采用。锂是质量轻且化学特性十分活泼的金属，锂离子电池单位重量储能为铅酸电池的 3 倍，锂聚合物电池为 4 倍，而且锂资源较丰富，价格也不太贵，是很有发展潜力的电池。美国最新发明的锂聚合物电池快充技术把锂电池的充电速度提升了几百倍，也就是说，原来需要数小时的充电时间现在只需要几分钟即可。

这个技术为电动汽车的实用带来了希望，只要在公路上建设足够多的超快充电站，电动汽车就可以像普通汽车一样畅行无阻了。

毋庸置疑，电动汽车的脚步越来越近。2008 年年末的底特律车展上，宝马、戴姆勒—奔驰、克莱斯勒等国际大牌，还有我国的自主品牌比亚迪都不约而同展出了各自的电动汽车，仿佛在预示一个即将到来的"纯电动车时代"。

事实上，电动汽车已经悄然走进了我们的生活，而且我们可以骄傲地说，我国的电动汽车在世界范围内技术都是领先的。

我国汽车生产商比亚迪公司推出的 F3DM 就是这样的代表。据比亚迪生产厂家称，这款车一次充电后可以在几乎不消耗汽油的情况下跑 100 千米，最高时速达 150 千米/时。而当它发挥油电混合动力的时候，功率能在汽油发动机和电动机之间互相补充，以 1.0 排量的发动机加上电动机，达到普通 3.0 排量发动机的功率，其经济性可见一斑。至于充电，利用普通家用插头充满一次需要 7 个小时；在专用快速电池充电站充一半电最多只要 10 分钟。

不过，大众对于电动汽车的疑惑普遍存在。很多车友都会问："如果我去郊游，半路上汽车没电了怎么办？找不到充电站，没有家用电源，岂不是只能叫人来拖车了？"

其实人们不用担心这个问题。在电动汽车领域一直走在前列的比亚迪公司正在加紧与国家电网的合作，准备加快公共场所快速充电桩（占地不到一平方的快速充电装置）的建设。如果快冲站遍及城乡，使用电动汽车也能像用汽油一样方便，那时候，电动汽车就将遍及全世界。

燃料电池车的发明，氢燃料电池技术的发展，为电动汽车的普及带来希望，但汽油汽车的终结者，则是超导汽车。

相比上述各种汽车及石油燃料替代品，超导汽车具有高度环保、无噪音、无发热、能量转换率很高、寿命长、充电量大（因而行驶距离长）、功率大（比普通的汽车内燃机要大好几倍，因而加速性能好）、充电时间短、体积小、重量轻、维护保养简单等多方面的突出优势，未来必将成为主流汽车。

2008年6月19日，日本住友电气工业株式会社全球首次试制出了用超导马达驱动的电动汽车，在日本北海道札幌市举行的"北海道洞爷湖高峰会议纪念环境综合展2008"上向公众公开展示。该公司已证实高温超导技术能够应用于电动汽车马达。

目前美国已经生产出超导汽车的样车，各项技术指标均优于其他电动汽车，甚至优于传统汽车。

一旦超导汽车技术成熟并推向市场，只烧电不烧油而且性能优异的超导汽车，将使全球的石油消耗量减少2/3左右，届时包括中国在内的许多工业国家均能实现石油的自给自足，再也不用为了石油而大打出手，"石油时代"也将宣告终结。

96. 污水治理技术

导言

我们常说，要解决排污问题，其中很大部分就是指的污水，包含生活污水和生产污水。污水如果不能得到很好的处理，就会严重污染周边环境，导致生态恶化。

一直以来，世界各国在污水处理的问题上都大为头痛，花了很多人力物力来研发各种污水处理技术，修建大量污水处理厂来解决污水处理的问题。现在，人们已经开始把目光转向污水的利用上面了，不仅要解决污水的环境污染问题，同时还要变废为宝，让污水也产生价值，这就是污水再利用。

在普遍的认识中，污水再利用就是经过一些物理的、化学的方法使其净化，达到非饮用水的标准，再循环使用，如景观水、中水、河流补偿水等。

污水治理技术包括物理处理、化学处理、物化处理和生物处理，以及污泥的处理技术等，这些技术已得到广泛应用。

据了解，城市的低品位废热约有 40% 存在于污水中，所以，如果能利用污水中潜藏的能量来做一些本来需要消耗电力才能做到的事情，例如利用污水供暖制冷，其利用价值是非常可观的，而且对环境还是零污染，这一点相信很多人都是闻所未闻，认为几乎是不敢想象的一件事情！这个想法是有些不可思议，但运用污水供暖制冷确实是行之有效的！

一般来说，城市污水的水温比较稳定，变化幅度小，夏季水温比当地气温低 10 摄氏度，冬季则因地域不同而差别较大，东北地区差别 30 摄氏度左右，西南地区也在 10 摄氏度之上，具有典型的冬暖夏凉特征。

污水源热泵技术就是利用污水这一冬暖夏凉的特性，以污水为冷热源，冬季采集来自污水的低品位热能，借助热泵系统，通过消耗部分电能，将所取得的能量供给室内取暖；在夏季把室内的热量排出，释放到水中，以达到夏季空调制冷的目的。

将污水源热泵技术与城市污水结合起来回收污水中的热能，不仅是城市污水资源化的新方法，更是改善我国供暖以煤为主的能源消费结构现状的有效途径，同时也为可再生能源的应用和发展拓展了新的空间。不仅扩大了城市污水利用范围，而且提高了城市污水治理效益。

投入 1 千瓦时的电能可得到 4 千瓦时以上的制冷或供热的能量。我国每年排放城市生活污水 400 亿吨左右，按温度升高或降低 5 摄氏度计算，其全部开发所贡献出的能量足够 16 亿平方米的建筑供热和制冷。

实践证明，原生污水源热泵空调系统供热时，省去了燃煤、燃气、燃油等锅炉房，无排烟、排渣、排水等废物，以北方地区来说，采用原生污水源热泵空调系统相对于常规的燃煤锅炉供暖，每个供暖季都可减少二氧化碳、二氧化硫等气体排放。供冷时，还省去了冷却塔，避免了冷却塔的噪声及霉菌污染，环境效益显著。

不过，由于污水的成分复杂，防堵、防腐、防垢问题是污水源热泵系统设计、安装和运行中的关键性问题。实现无堵塞连续换热是污水作为热泵冷热源的技术关键。北京一科技公司自主研发的原生污水源热泵空调系统成套技术就成功地解决了恶劣水质对换热设备及管路的堵塞与污染这个世界性技术难题，从而使大规模应用原生污水作为热泵冷热源成为现实。该技术被国家鉴定委员会鉴定为"技术水平属国际领先水平"。

相信不久的将来，我们的很多城市建筑都将使用这种污水空调系统，广大老百姓都将住上几乎不花电费的空调屋。

97. 垃圾发电

导言

人类产生的垃圾越来越多，如何将之变废为宝，是一个重大的环保课题。

据英国天空电视台报道，一份英国政府官方调查报告披露，1997年布莱尔首相刚上台时，英国每年大约有 1.2 万吨垃圾运往中国。而在短短 8 年之后的 2005 年，英国运往中国的垃圾数量狂涨了 158 倍，达到了惊人的 190 万吨。

这些垃圾中，废纸大约为 150 万吨，其余则是塑料制品和包括铜、镍、锌、铅和钨在内的重金属。这些垃圾都会对水质造成严重污染。真不敢想象，那些以这些垃圾为生的同胞们是如何在如此恶劣的环境之中生存的。

这个事件曾经在我国媒体闹得沸沸扬扬，既谴责英国人的假绅士行为，也痛恨那些不顾子孙后代幸福的无良奸商。

目前，世界上有超过 60 亿的人口，这些人每天的生产生活将产生多少垃圾？垃圾的处理一直是困扰着人们的一个重要问题。终有一天，人们会发现再也没有存放垃圾的地方，我们的身边将环绕着无尽的垃圾。现在，这个困扰正随着一项技术的发明和应用而得到非常好的处理，那就是把垃圾拿来发电。因为绝大部分垃圾可以燃烧，燃烧就能产生热能，有热能自然就可以发电了。一旦垃圾发电技术能够得到普及应用，垃圾就将变废为宝，成为我们能源供应的重要材料。同时，垃圾处理问题也就不再是问题了，那时候的垃圾将成为另类的石油和煤炭。也许有一天，世界各国不再是想方设法把垃圾偷偷地扔到别的国家去，而是要花大价钱抢着从别国买回来了。

垃圾发电就是把各种垃圾收集后，先进行分类处理，然后对燃烧值较高的有机物进行高温焚烧，将在高温焚烧中产生的热能转化为高温蒸汽，推动涡轮机转动，使发电机产生电能。而对其中不能燃烧的有机物则进行发酵、厌氧处理，最后干燥脱硫，产生一种甲烷气体（也叫沼气）。再将这种气体燃烧产生热能，把热能转化为蒸汽，推动涡轮机转动，使发电机产生电能。

从 20 世纪 70 年代起，一些发达国家便着手运用焚烧垃圾产生的热量进行发电。欧美一些国家建起了垃圾发电站，美国某垃圾发电站的发电能力高达 10 万千瓦，每天处理垃圾 60 万吨。现在，德国的垃圾发电厂已经开始每年花费巨资从国外进口垃圾。据统计，目前全球已有各种类型的垃圾处理工厂近千家，预计 3 年内，各种垃圾综合利用工厂将增至 3 000 家以上。科学家测算，垃圾中的二次能源如有机可燃物等，所含的热值高，焚烧 2 吨垃圾产生的热量大约相当于燃烧 1 吨煤产生的热量。如果我国能将垃圾充分有效地用于发电，每年将节省煤炭 5 000～6 000 万吨，其"资源效益"极为可观。

垃圾发电之所以发展较慢，主要是受一些技术或工艺问题的制约，比如发电时燃烧产生的剧毒废气长期得不到有效解决。日本 2008 年推广一种超级垃圾发电技术，该技术采用新型气熔炉，将炉温升到 500 摄氏度，发电效率也由过去的 10% 提高为 25% 左右，而有毒废气排放量降为 0.5% 以内，低于国际规定标准。当然，现在垃圾发电的成本仍然比传统的火力发电高。专家认为，随着垃圾回收、处理、运输、综合利用等各环节的技术不断发展，工艺日益科学先进，垃圾发电方式很有可能会成为最经济的发电技术之一。从长远效益和综合指标看，将优于传统的电力生产。

我国有丰富的垃圾资源，其中存在极大的潜在效益。现在，全国城市每年因垃圾造成的损失约近 300 亿元（运输费、处理费等），而若将其综合利用却能创造约 2 500 亿元的效益。

我国城市垃圾焚烧发电最早投入运行始于 1987 年。之后，随着一大批环保产业化和环保高技术产业化项目的相继启动，垃圾焚烧发电技术得到了快速发展，实现了大型垃圾焚烧发电技术的本土化，垃圾焚烧处理能力在近 5 年间增长了 5 倍。

98. 余热发电

导言

常听退休的老人说，要发挥他们的余热。其实，在现实生产中，真的就有很多的余热，比如锅炉、砖瓦窑、炼钢厂等都有大量的余热。只要有热就能转换成电，所以，利用余热来发电也将是未来的一项新能源技术。

余热是在一定经济技术条件下，在能源利用设备中没有被利用的能源，也就是多余、废弃的能源。它包括高温废气余热、冷却介质余热、废气废水余热、高温产品和炉渣余热、化学反应余热、可燃废气废液和废料余热以及高压流体余热七种。根据调查，各行业的余热总资源约占其燃料消耗总量的 $17\%\sim67\%$，可回收利用的余热资源约为余热总资源的 60%。

余热的回收利用途径很多。一般说来，综合利用余热最好，其次是直接利用，第三是间接利用。

余热发电就是利用生产过程中多余的热能转换为电能的技术。余热发电不仅节能，还有利于环境保护。余热发电的重要设备是余热锅炉。它利用废气、废液等工质中的热或可燃质作热源，生产蒸汽用于发电。但是，由于余热的工质温度不高，故锅炉体积大，耗用金属多。

目前我国大中型钢铁企业具有各种不同规格的大小焦炉 50 多座，除了上海宝钢的工业化水平达到了国际水平，其余厂家能耗水平都很高，大有潜力可挖。炼钢厂中的转炉烟气就有可以大力挖掘的余热发电潜力。目前全国有 25 吨以上的转炉达 240 座，按 3 座配备一套发电系统的标准，可配置发电量为 3 000 千瓦的电站 80 座。炼钢厂中的电熔炉，目前全国有 20 多座，其中 65 吨级可发电量在每座 5 000 千瓦以上。

我国大量的水泥工厂也给余热发电提供了发挥余热的环境。目前，从事水泥工业技术工作的人员致力于如何降低熟料热耗及水泥电耗的研究工作，而从事余热发电技术工作的人员致力于如何提高余热利用率，提高余热发电量的研究工作。目前还没有哪一个部门研究如何将水泥工艺技术与余热发电技术有机地结合起来，以寻求最低的水泥综合能耗及最佳的经济效益问题。

水泥工艺技术与余热发电技术最佳结合的方式应当为：缩减水泥窑预热器级数或者改变预热器废气及物料流程，使预热器的废气温度能够达到 550～650 摄氏度，这样余热发电系统可以取消补燃锅炉，采用余热发电窑的二级余热发电。这种结合方式，水泥熟料热耗虽然有所增加，但发电系统可以取消补燃锅炉而不存在补燃锅炉容量小、效率低的问题，同时能够保持余热锅炉生产高压高温蒸汽，使发电系统仍然具有较高的运行效率。若每吨熟料余热发电量可以提高 90 千瓦时以上，水泥综合能耗将低于目前的预分解窑水平，经济效益则显著提高。从中国的国情考虑，这种方式的水泥窑及发电系统，以其更低的投资、更低的综合能耗、更高的经济效益应当成为今后水泥工业发展的主要方向，这是水泥工业需要认真研究与探讨的重大课题。

99. 沼气应用技术

导言

沼气是可再生的清洁能源，既可替代秸秆、薪柴等传统生物质能源，也可替代煤炭等商品能源，而且能源效率明显高于秸秆、薪柴、煤炭等。

中国农业资源和环境的承载力十分有限，发展农业和农村经济，不能以消耗农业资源、牺牲农业环境为代价。农村沼气把能源建设、生态建设、环境建设、农民增收链接起来，促进了生产发展和生活文明。发展农村沼气，优化广大农村地区能源消费结构，是中国能源战略的重要组成部分，对增加优质能源供应、缓解国家能源压力具有重大的现实意义。

对于以农业为主的中国，沼气技术在农业领域正发挥着很大的作用。目前，国家制定的法律法规中有许多发展农村沼气的有关政策规定，同时，政府在全国各地大力推动大中型沼气工程建设，并且进一步提高设计、工艺和自动控制技术水平。预计到 2015 年，处理工业有机废水的大中型沼气工程达 2 500 座，年生产沼气能力 40 亿立方米，相当于 343 万吨标准煤，年处理工业有机废水 37 500 万立方米。农业废弃物沼气工程到 2015 年累计建成近 4 100 个，年生产沼气能力 4.5 亿立方米，相当于 58 万吨标准煤，年处理粪便量 1.23 亿吨，从而解决全国集约化养殖场的污染治理问题，使粪便得到资源化利用。

除了农村应用沼气外，还可以用沼气燃烧发电。这是随着大型沼气池建设和沼气综合利用的不断发展而出现的一项沼气利用技术。它将厌氧发酵处理产生的沼气用于发动机上，并通过综合发电装置产生电能和热能。沼气发电具有创效、节能、安全和环保等特点，是一种分布广泛且价廉的分布式能源。

沼气发电在发达国家已受到广泛重视和积极推广。生物质能发电并网在西欧一些国家占能源总量的 10％左右。

我国沼气发电有 30 多年的历史，在"十五"期间研制出 20～600千瓦纯燃沼气发电机组系列产品。但国内沼气发电研究和应用市场都还处于不完善阶段，特别是适用于我国广大农村地区的小型沼气发电技术的研究更少。我国农村偏远地区还有许多地方严重缺电，如牧区、海岛、偏僻山区等地区高压输电较为困难，而这些地区却有着丰富的生物质原料。如能因地制宜地发展小型沼气发电站，则可取长补短就地供电。

除了沼气发电以外，用沼气做燃料电池也是一项新型的能源技术。

沼气燃料电池与沼气发电机发电相比，不仅发电效率和能量利用率高，而且振动和噪音小，排出的氮氧化物和硫化物浓度低，因此是很有发展前途的沼气利用工艺。将沼气用于燃料电池发电，是有效利用沼气资源的一条重要途径。我国的燃料电池研究始于 1958 年。但是，由于多年来在燃料电池研究方面投入资金数量很少，就燃料电池技术的总体水平来看，与发达国家尚有较大差距。

沼气燃料电池的出现与发展，将会给便携式电子设备带来一场深刻的革命，并且还会波及汽车业、住宅以及社会各方面的集中供电系统。

100. 氢能利用技术

导言

我们知道，氢气球里面充的是氢气，因为氢气比空气轻，所以它能带着气球上升到高空。可是，我们还不知道的是，氢气实际上也是一种非常优秀的能源，它有着极高的燃烧效率，而且燃烧后和氧气反应变成水，完全无污染，是非常清洁环保的能源。

氢能有可能在 21 世纪的世界能源舞台上成为一种举足轻重的二次能源。它是一种极为优越的新能源，其主要优点有：燃烧热值高，每千克氢燃烧后的热量，约为汽油的 3 倍，酒精的 3.9 倍，焦炭的 4.5 倍。燃烧的产物是水，是世界上最干净的能源。氢资源丰富，氢气可以由水制取，而水是地球上最为丰富的资源，演绎了自然物质循环利用、持续发展的经典过程。20 世纪 50 年代，美国利用液氢作超音速和亚音速飞机的燃料，给 B-57 双引擎轰炸机改装了氢发动机，实现了氢能飞机上天；1961年，苏联宇航员加加林乘坐宇宙飞船遨游太空；1963年，美国的宇宙飞船上天；1969年，"阿波罗"号飞船实现了人类首次登上月球的创举。这一切都依靠氢燃料的功劳。面向科学的21世纪，先进的高速远程氢能飞机和宇航飞船离商业运营的日子已为时不远。

可是，这么优秀的能源，却因为它的化学结构不稳定，很容易与其他化学元素结合而在自然界中不能单独存在。我们要利用氢做能源，就必须把它从氢化合物中分离出来。分离需要能量，降低氢制备成本是应用这种清洁能源的关键。

氢是一种二次能源，不像煤、石油和天然气等可以直接从地下开采。它的制取需要消耗大量的能量，而且目前制氢效率很低，因此寻求大规模的廉价的制氢技术是各国科学家共同关心的问题。

在自然界中，氢已和氧结合成水，必须用热分解或电分解的方法把氢从水中分离出来。如果用煤、石油和天然气等燃烧所产生的热或所转换的电分解水制氢，那显然是不划算的。现在看来，高效率的制氢的基本途径是利用太阳能。如果能用太阳能来制氢，那就等于把无穷无尽的、分散的太阳能转变成了高度集中的干净能源了，其意义十分重大。目前利用太阳能分解水制氢的方法有太阳能热分解水制氢、太阳能发电电解水制氢、阳光催化光解水制氢、太阳能生物制氢等。利用太阳能制氢有重大的现实意义，但这却是一个十分困难的研究课题，有大量的理论问题和工程技术问题要解决，然而世界各国都十分重视，投入不少的人力、财力、物力，并且已取得了多方面的进展。因此在未来，以太阳能制得的氢能，将成为人类普遍使用的一种优质、干净的燃料。

现在世界各国都在研究氢能的利用技术，氢燃料电池、家庭制氢、工业制氢等技术都在不断发展。

中国对氢能的研究与发展可以追溯到20世纪60年代初，中国科学家为发展本国的航天事业，对作为火箭燃料的液氢的生产、H_2/O_2燃料电池的研制与开发进行了大量而有效的工作。将氢作为能源载体和新的能源系统进行开发，则是从20世纪70年代开始的。现在，为进一步开发氢能，推动氢能利用的发展，氢能技术已被列入《科技发展"十五"计划和2015年远景规划》。

氢的利用还有一个举足轻重的方面，那就是氢燃料电池的应用。这个技术一直被认为是利用氢能解决未来人类能源危机的终极方案。上海一直是中国氢燃料电池研发和应用的重要基地，包括上汽、上海神力、同济大学等企业、高校，也一直在从事研发氢燃料电池和氢能车辆的工作。随着中国经济的快速发展，汽车工业已经成为中国的支柱产业之一。2007 年，中国就已成为世界第三大汽车生产国和第二大汽车市场。与此同时，汽车燃油消耗也已达到 8 000 万吨，约占中国石油总需求量的1/4。在能源供应日益紧张的今天，发展新能源汽车已迫在眉睫，用氢能作为汽车的燃料无疑是最佳选择。

氢能汽车要解决的最大问题就是如何供氢的问题。目前将以金属氢化物为贮氢材料，释放氢气所需的热可由发动机冷却水和尾气余热提供。现在有两种氢能汽车，一种是全烧氢汽车，另一种为氢气与汽油混烧的掺氢汽车。掺氢汽车的发动机只要稍加改变，即可提高燃料利用率和减轻尾气污染。使用掺氢 5％左右汽油的汽车，平均热效率可提高 15％，节约汽油 30％左右。因此，制氢技术不成熟时，可以多使用掺氢汽油的汽车，待氢气可以大量供应后，再推广全燃氢汽车。

德国奔驰汽车公司已陆续推出各种掺氢汽车，其中有小客车、公共汽车、邮政车和小轿车。德国奔驰公司制造的掺氢汽车可在高速公路上行驶，车上使用的储氢箱也是钛铁合金氢化物。

此外，随着制氢技术的发展和化石能源的缺少，氢能利用迟早进入家庭，首先是发达的大城市，它可以像输送城市煤气一样，通过氢气管道送往千家万户。每个用户则采用金属氢化物贮罐将氢气贮存，然后分别接通厨房灶具、浴室、冰箱、空调机，等等，并且在车库内与汽车充氢设备连接。人们的生活靠一条氢能管道，可以代替煤气、暖气甚至电力管线，连汽车的加油站也省掉了。这样清洁方便的氢能系统，将给人们创造舒适的生活环境，减少许多繁杂事务。

当然，这美好的一切都要建立在能够廉价实用地制备氢这一技术基础之上，虽然这还需要很长久的过程，但在知识爆炸的今天，并不是难以企及的。